导游知识丛书

# 自然景观鉴赏

自然景观鉴赏

〇〇〇

张兆干　赵宁曦　主编

旅游教育出版社
·北京·

# 出版说明

近年来,随着旅游业的迅猛发展,我国的导游队伍日益壮大。具有"民间大使"美誉的广大导游员热情服务、认真钻研,为我国旅游业的发展做出了积极的贡献。然而,我们也清醒地看到,许多导游员的知识储备严重不足,对导游工作所涉及的旅游文化知识知之甚少。为了提高导游员的综合文化素质,以满足旅游者日益增长的知识需求,我们决定出版这套"导游知识丛书"。

"导游知识丛书"是一套融实用性、知识性和趣味性于一体,语言通俗易懂、深入浅出的文化读本。丛书内容丰富 ,涉及历史、文物、饮食、宗教、风物特产、诗词楹联、建筑园林、民族民俗、自然景观等旅游文化知识的诸多方面。丛书共分九本,包括《点击历史常识》《指点天下美食》《风物特产博览》《诗词楹联赏析》《旅游文物鉴赏》《民族民俗风情赏析》《宗教文化赏析》《自然景观鉴赏》《古建园林赏析》。综合来看,本套丛书主要有以下特色:

第一,作者权威,知识准确。本丛书作者或为地方旅游局负责导游员培训的专家，或为旅游院校相关知识教学的老师，均拥有丰富的一线实践经验和扎实的知识功底，保证了丛书内容的准确性。

第二，叙述灵活，实用性强。丛书打破了传统的写作方式，每册基本按“背景分析”、“阅读提示”、“知识问答”、“景区景点链接”四大模块组织编写，使每一专题知识化整为零，方便了导游员学习，具有极强的实用性。

第三，特色新颖，紧密联系实际。本丛书不仅专题知识丰富，而且专设了“景区景点链接”这一特色模块，为导游提供了模拟训练、领略实战的情景。

第四，版式活泼，图文并茂。丛书充分考虑了导游工作繁忙、劳累这一职业特点，尽量做到多插图片、版式灵活，使导游员能够在休闲中阅读，在愉悦中学习。

本丛书既是一般旅游者，尤其是导游员的知识读本，又是各旅游行政机构组织培训的教材用书。另外，旅游院校的学生阅读此书，也可以拓宽知识面，提高文化素养。

由于时间有限，书中难免有不足之处，真诚地希望读者能够及时反馈，我们定会“从善如流”，使本丛书不断提高与完善。

旅游教育出版社

2007 年 7 月

# 目录

前言

# 前言

自然景观作为大自然馈赠给我们的自然瑰宝，不仅仅是我们旅游观赏的对象，也是我们认识自然世界、探索自然奥秘的载体，更是我们生存的环境和财富。它不仅能带给我们精神上的愉悦，也能带给我们自然科学的知识；它不仅能让我们陶冶情操，也能让我们增强体魄。因此我们要亲近自然景观、了解自然景观、认识自然景观，更要爱护、珍惜自然景观。

自然景观类型丰富，包含了我们人类目前所能看到的绝大多数自然现象。要正确了解、认识、把握自然景观的真实内涵和科学意义，并不是一件很容易的事，需要有一定的学科知识积累。从涉及的学科看，既涵盖了天文、大气、地理、地质、海洋、生物、水文等直接学科，也包含了物理、化学等间接学科，同时在观赏它的时候，也用到了美学、心理学、文学、艺术等人文科学。作为导游，并不是说要我们成为行家里手或某一方面的专家，而是要我们对各种自然景观的了解不能停留在对解说词的死记硬背上，要有一定的理论积累和野外观察的实践，才能做到解说时游刃有余、得心应手，不犯“学科”上的低级错误。

从本书的内容上看，书中所选仅是自然景观知识、类型、景点“冰山”的一角。只是试图用科学、系统的体系把自然景观的基本知识、基本类型进行梳理，便于读者分类掌握。更多更细的知识介绍、更严谨的理论解释，需要读者进一步研读书中列出的有关参考书目。另外，对自然景观的认识是一个实践性很强的过程，我们要善于利用“导游”的有利机会，充分利用大自然这个实验室和课堂，理论密切联系实际，对各种景观现象不断地进行观察和对比，才能取得自然景观的“真经”。希望本书能对您取得“真经”有一定的帮助。

我国地域广阔，几乎拥有世界上所有的自然景观类型：从世界上最高的高原景观到世界上著名的低海拔盆地景观、从世界上最大峡谷景观到世界第三大河长江景观、从热带雨林景观到荒漠景观、从世界上最高的湖泊到特有的黄海景观、从“冰期”遗留下来的珍稀动植物景观到古树名木景观、从生物大爆发景观到恐龙灭绝景观、从大陆冰川景观到黄土景观、从泰山日出景观到西湖秋月景观、从黄山云海景观到峨眉佛灯景观、从世界自然遗产景观到世界地质公园景观，无不展示出我国自然景观的丰富和独特地位。就自然景观类型中的宇宙景观、地质景观、地貌景观、大气景观、水体景观、生物景观看，各种主要类型的典型景观都能在我国找到代表。这对我们更好地认识和掌握自然景观，具有非常大的实践意义。我们不仅有义务保护、珍惜我们的自然景观，更有义务介绍好、推广好自然景观，让我们的自然景观走向世界。

本书由张兆干制定篇章和框架,各篇章的编写者分别是:张兆干(第一篇),韦传慧(第二篇),赵雪玲、韩旭、梁丹丹(第三篇),赵宁曦、周强(第四篇、第五篇、第六篇)。在各篇章的编写过程中,纳入和参考了许多前人的研究成果,在此表示真诚的感谢。

张兆干

2007 年 4 月

# 第一篇　自然景观认知

# 自然景观基本常识

## 背景分析

自然景观作为日常旅游观赏活动中最常见、最富吸引力的旅游资源，备受游客、旅行社、景区管理者以及旅游开发者的重视，但是他们对自然景观的分类、成因及其变化等基本理论常识问题关注不够，知其然，不知其所以然，这大大影响了他们对自然景观的真实内涵、科学道理的深入认识，甚至形成了错误概念。因此自然景观基本理论知识的普及对提高导游讲解和旅游活动质量具有重要意义。

丰富多彩的自然景观，其每一种类型都有丰富的科学内涵和美学价值，许多科学发现、自然规律的探索都直接或间接地来源于人们对自然景观的认识，比如沧海桑田的变化、生物的分布演化及其灭绝事件、地震发生及其空间分布分析、火山喷发规律及其预测、地球演化、全球变化、生态环境演变等科学问题的研究探索，自然景观都扮演了重要的角色，就像地球发展演化历史过程的见证者。

人们对高品质生活的追求需要亲近和了解大自然，特别是随着人们知识水平和综合素质的提高对自然景观的赏析提出了更高的要求。对自然景观的观赏不能只是走马观花、观其外形，更重要的是要了解其形成演化规律、与人类生存的关系、对其利用保护的措施，以及其带给人们的遐想、意境、动力。五彩缤纷、变化多端、巧夺天工的自然景观是旅游观光的主要对象，是蕴藏无限自然奥妙的载体，也是人类共有的不可再生的资源和遗产。旅游观光带给了人们无限的乐趣、商机和动力，但也给大自然带来了沉重的负担和一系列问题。通过对自然景观的观赏使人们自觉地认识、善待和保护我们赖以生存的家园——地球。

## 阅读提示

自然界纷繁复杂的自然景观涉及了许多自然科学领域，诸如地理、天文、地质、大气、生物、环境及其交叉学科，又和美学、艺术甚至文学发生千丝万缕的联系，因此掌握认识其客观规律是非常重要的。自然景观既存在普遍规律又有特殊规律，要在掌握普遍规律的基础上逐步了解和掌握其特殊规律。其主要的普遍规律有层次性、周期性、不可转移性、不可再生性等，其特殊规律则随不同景观的变化而变化。

## 知识问答

### 什么是自然景观？

要想正确理解什么是自然景观，首先必须了解什么是景观。景观是人们日常生活中经常遇到的概念之一，是一个广泛的术语，在诸多领域都有使用。人们熟悉它，经常使用它，但是大都是从自己的领域进行释解。地理学认为景观是地球表面空间的一部分，是由岩石、水、空气、植物、动物，以及人类活动所形成的系统的复合体，并由外貌构成一个可识别的实体，即区域内的自然综合体。建筑学认为人为建筑与自然环境所构成的整体景象就是景观。生态学则认为景观是一个由不同土地单元镶嵌组成、具有明显视觉特征的地理实体。旅游景观意义上的景观是客观存在的能引起人们注视的实体，或简单地说就是人们认识到的客观存在的事物，有许多客观存在的事物，它们由于认识上的局限性，人们还没有认识到则不能成为景观，但是将来可能被认识而成为景观。

自然景观是指由自然因素作用形成（或构成）的景观，也就是指人们认识到的天然存在的景观。自然因素主要指天文、地质、地貌、水文、气象、生物等非人为因素，也被称为成景因素。自然景观可以由一种成景因素形成，也可以是几种成景因素综合形成，不同类型的自然景观显示出了自身的特色和形成原因。

## 自然现象与自然景观一样吗?

自然现象是指客观存在的自然形成的事物。根据前面自然景观的定义，自然现象与自然景观并不完全等同。自然现象更加广泛，而自然景观只是被人们认识到的那部分。许多自然现象通常人们无法看到，比如，发生在地下的、深海的，只有借助于仪器才能推测到，而不能真实的展现在人们的眼前，也许等到科学技术发展到一定水平人们才能看到。另外，自然现象中除了客观实体外，还有部分非实体现象，比如，像电流、万有引力这样的自然规律，一般人们是无法看到的，也就不能成为景观，尽管用一定的转换方法可以用肉眼看到，但是看到的已不是原来的自然现象了。

## 对自然景观的认知会变吗?

由于科学技术的不断变化和人们生存空间的不断扩大，我们对自然景观的认识也会随之变化。从我们对自然景观的认识过程来看，对景观的认识有个逐步发展和到位的过程。

许多自然景观伴随我们一生，我们却习以为常地感觉不到它的存在，可是一旦随着我们知识水平的提高或者观念的改变等，原来不是景观的自然现象一下子变成了自然景观。许多自然景观是我们前所未见的，一旦进入我们的视阈便成为新的景观了。像张家界雄壮美丽的砂岩地貌景观，对许多祖祖辈辈生活在湘西的居民来说已习以为常没有什么稀奇，但对外地人来说却不同了，雄奇的石峰、缥缈的云海、多姿的松林、清澈的溪流都会对他们形成强烈的感官刺激，被他们视为世界奇观。有趣的是随着专家、外来游客对景观的赞誉和宣传，当地许多居民对本已熟悉的景观又重新进行认识，不仅认识了她的美学价值、科学价值，更认识了她的经济价值，直至走向了极端，过度开发、利用景观，以致遭到了联合国教科文组织世界遗产委员会的黄牌警告。

古代由于受到科学文化、交通工具、人们活动和文化传播范围的影响，我们祖先所认识到的自然景观多集中在我国的东、中部地区。什么三山五岳、天下第一山、天下第一泉，哪一个不是在我国东、中部地区？就是在欣赏自然景观基础上形成的富有中国特色的山水诗、山水画，也是对我国东、中部山水草木云的描绘，这些都体现了我国东、中部地区是当时社会、文化、技术、经济相对发展好的地区，对自然景观的认识反映了在一定社会、经济、文化条件下人们对自然现象的认识水平和审美水平。现在我们对自然景观的认识从范围上看，已经跳出了东、中部这个范围，对世界第三极的青藏高原有了科学和深入的了解；从类型上看，也不仅仅集中在山水上而是扩展到整个自然界，自然遗产、地质公园、森林公园、风景名胜区、4A 旅游区等都是现在认识、欣赏自然景观的好去处，这样不仅开阔了我们认知自然景观的视野，也大大提高了我们认识自然、协调自然的能力。随着航天技术的不断发展，大众航天旅游的时代已经不远了，到那时我们对自然景观的认识可就要超出地球到浩瀚的宇宙中了。

## 自然景观具有层次性吗?

自然景观由于受构景因素控制而具有系统性和层次性。前面说过形成自然景观的因素主要是天文、地质、地貌、水文、气象、生物等，这些因素相互影响形成了自然景观的层次性。所谓的层次性就是我们用不同的尺度或比例尺去认识、观察自然景观，从而得到从宏观到微观的不同层次上的自然景观的综合体（景象），或者说在不同的分辨率下观看自然景观会有不同的景象，就像我们看一张报纸，在可视范围内，我们不仅能分清版面、标题，也能看到标题下的文字内容；如果稍放远一些，文字内容便会模糊成为黑斑，只能分清版面和大的标题；如果再放远一些，看到的可能是黑斑和白框；再放远一些，可能报纸和背景都难以辨认了。从自然景观在空间分布的角度看，自然景观可以分为无数个层次，主要取决于观察的尺度，但是这样不便于我们认识自然景观的特征和规律，于是，常用概括综合的方法把自然景观大致分为 4 个层次：一是指宇宙中星系星球综合体景观，如太阳系与其他星系层面上的景观，太阳系内水星、木星、金星、火星、土星、地球、海王星、冥王星、天王星 9 大行星和彗星之间的综合体层次，我们看到的是星球及其卫星的景观形态。二是地球表面综合体景观，我们看到的是陆地景观、海洋景观及其气旋云海（团）景观。三是指地球表面上一个陆、海区域内的综合体景观，在这个层面上，我们根据构景因素的不同可以看到不同的景观，其中许多是叠加的，如按照陆地表面上的起伏我们可以看到高原景观、山地景观、平原景观、盆地景观，当然我们也可以根据其表面覆盖物的不同看到荒漠景观、森林景观、草地景观、湿地景观、湖泊景观、河流景观、冰盖（川）景观等；在海洋上可看到远海景观、近海景观、海峡景观等。四是指一定区域内单一景物、景象组成的自然景观或几个相近的景物组成的自然景观，如森林景观中的阔叶林、针叶林等景观；山地景观中的山峰景观、峡谷景观、岩石景观、云海景观等；河流景观中的瀑布景观、深潭景观、激流险滩景观等；甚至可以进一步地细分为更微观的单一景观类型。

## 自然景观具有普遍性规律吗?

自然景观存在许多普遍性的规律能帮助我们更好地认识、把握自然景观的内涵。概括起来主要有以下几点：

自然景观具有规模大小　自然景观是受自然因力和作用时间控制的，因自然因力有大小和作用时间有长短之分，形成的相同类型的自然景观在空间分布上也就有规模大小，比如山体有大小、湖泊有大小、森林有大小、瀑布有大小等。往往规模是体现自然景观质量的重要指标之一。

自然景观具有时变性　变化是自然界普遍的规律之一。自然景观在时间的长河中随自然因力大小、方向、持续时间的变化在不断地演化变动着，在不同的时段所看到的景观形象是不同的。这种变化有的缓慢不易觉察，有的迅速极易识别，可以概括为长期变化、中期变化、短期变化和瞬间变化。一般把 1 万年以上才能发生景观质变的称为长期变化，如山体、河流(谷)、洞穴、瀑布等景观的形成变化；把 1 万年至百年之间才能发生景观质变的称为中期变化，如原始森林、冰川、沼泽湿地、河滩、雅丹、黄土等景观的形成变化；把百年之内就能发生景观质变的称为短期变化，如森林、荒漠、土林等景观；在几小时甚至几秒钟之内就能发生景观质变的称为瞬间变化，如火山喷发、地震、滑坡、气旋、彩霞、云海等景观。自然景观的变化有的表现出周期性，有的则是随机性，大多数具有一定的周期性，最常见的是自然景观随一年四季的变化周而复始地变化着，相同的季节展现了相同的景观风貌，但是这种周期性是相对的。

自然景观具有地域性　自然景观主要是地球表面物质受到地球内力和太阳、月球等外力共同作用的结果，由于地球内力和主要来自太阳、月球等的外力以及组成地球表面的物质具有一定的地域性，所形成的自然景观也就有地域性。比如森林、冻土、冰川等景观具有一定的纬度分布性和高度分布性，荒漠具有一定的内陆性，海岸景观具有沿海性，火山景观具有一定的沿地壳板块性，山脉主要形成在两个地壳板块碰撞带，喀斯特景观主要形成在可溶性岩石区，丹霞地貌景观主要分布在近水平的红色碎屑岩区，等等。

自然景观具有科学性　自然景观不仅有美丽的外观，其本身还蕴藏着许多的科学道理，是科学发现的空间和源泉。自然景观自古至今都是人类探索科学奥秘的主要载体和实验室，许多自然科学原理、科学发现、科学规律的产生和揭示都是源自对自然景观的认识，如板块构造、物种起源与演化、古地理环境演化等。无穷的自然科学奥妙，需要人们去探索。到目前为止，有的已被破解，有的仍然是谜，甚至有的连奥妙是什么还不知道！也许未知的科学发现，就是在你不经意间对自然景观的观赏中得到的。

自然景观具有人文性　自然景观自被人们认识开始，便成了人类情感表现的现实对象和空间载体，从古往今来的文人墨客到享受生活的普通游客，无不在欣赏自然景观时会流露出自己的感情。情以物移，辞以情发，压抑的景观使人“去国怀乡，忧谗畏讥，满目萧然，感极而悲”；优美的景观使人“心旷神怡，宠辱偕忘，把酒临风，其喜洋洋”。从古到今的无数游记、诗篇以及画卷都表现出自然景观的人文性，同时自然景观也是文学、艺术创作的源泉和宣泄对象。

自然景观具有易毁性　自然景观是地质历史长河中不同时段的产物，就其形态表现看大都是脆弱的，哪怕是一些由坚硬岩石组成的稳定的自然景观也是如此。因为一旦破坏了它的演化规律，其稳定性就被打破，演化速度就会加速，其生命周期随之缩短。这些破坏力包括自然的和人为的两方面，后者的作用越来越突出。如岩溶（喀斯特）地貌景观，就一个石灰岩溶洞而言，即使高度文明的游客能自觉维护洞穴环境，但若不控制洞穴容量，让过多游客涌入，也会改变洞穴小气候，加速洞穴化学沉积物的风化和破坏。如果游客不文明，钟乳石可在1秒钟内被破坏掉。所以我们应该倍加珍惜自然景观。

## 为什么自然景观具有独特性?

因为自然景观是受地球内外因力和组成物质控制的，内外因力和物质的不同组合所形成的景观除了以上的普遍性外，更多的表现在各自的独特性。独特性是区分自然景观类型的主要因素，不同的自然景观具有各自的特有属性，就是同类型的自然景观也会出现一些不同的形态特征。比如同是花岗岩地貌景观的黄山、华山、太姥山，由于花岗岩中节理发育的空间和程度不同，形成了不同的山体、怪石景观形态。又如都是热带雨林景观在西双版纳和海南岛却表现出不同景象。

## 自然景观有生老病死吗?

自然景观会生老病死。一般说来所有自然景观都有其生命期限，即从发生发育到衰亡有一定的时间期限。在这个生命过程中，也像人类的生长一样，自然景观一般具有幼年期、青年期、中年期和老年期等不同时期。但是在自然景观的生长进程中，如果受到外界的干扰或影响（像人类的生病），也会有非正常的过程，可以跨过某一时期直接到下一时期。处于不同时期的自然景观具有不同的景观形态，从这一特点上可以判定自然景观所处的相对年龄阶段。

## 自然景观可以再生吗?

自然景观不具有再生性。由于自然界中没有绝对相同的因力和物质组合，因此自然景观是不能再生的。尽管在发育过程中具有周期性，但是在某一个周期中景观只是大致的相同，不是绝对的相同，如植物叶、花、果的年际变化，动植物的生长繁衍，日出日落，看似是再生，但不是个体的绝对再生。

## 自然景观可以转移吗？

由于自然景观具有不可再生性和地域性，所以自然景观是不可以转移的，只有动物景观在一定范围内的转移例外。尽管植物景观在一定范围内可以转移生存下来，但是转移的植物景观和未转移前的景观形体和作用相比已经发生了变化，从严格意义上说原先的植物景观并没有完全转移到新的地点。

## 自然景观的价值有哪些？

自然景观主要有观赏、科学、文化、康娱、生态、环境、教育、经济等价值。观赏价值主要体现在自然景观的各种美学观赏功能上，科学价值主要体现在自然景观对自然科学研究、发现、规律探索的价值上，文化价值主要体现在自然景观是文学艺术创作的源泉和实践对象上，康娱价值主要体现在自然景观的休闲、探险、娱乐等功能上，生态价值主要体现在自然景观对生态背景和本体的生态贡献上，环境价值主要体现在自然景观对自然环境背景值及其演化的作用上，教育价值主要体现在自然景观对自然科学知识的普及教育上，经济价值则主要体现在自然景观开发利用中所体现的经济价值。自然景观的价值一般不能简单地看其单一价值，而是要看其综合价值，只有这样才能全面地体现出自然景观的价值。

## 自然景观可以组合吗？

自然景观是可以组合的。自然景观具有层次性和系统性，在一定的层次上，自然景观个体与其他自然景观个体在一定的空间内具有空间上的组合性，把自然景观个体的影像、形态、色彩等组合在一起当作一个整体视阈就形成了新的景观。自然景观的组合可以是不同景观类型的组合，也可以是同一景观大小之间的组合；可以是静态的组合，也可以是动态的组合、动静态的组合。像黄山怪石和奇松组合成的梦笔生花、怪石大小不同组成的飞来石等，其组合后的景观都提升了景观价值。

## 按成因自然景观可以分为哪些类型?

按照成因可以把自然景观分成六大景类30个景型以及更多的景种（见下表），景种以下根据需要还可以进行细分为亚景种。表中的景型的景种再分类，个别的有不同的分类方法。

自然景观成因分类表

| 景类 | 景型 | 景种 |
| --- | --- | --- |
| 地质景观类 | 地质构造景观 | 褶皱景观、断裂景观、构造体系景观 |
| | 岩石地层景观 | 火成岩景观、变质岩景观、沉积岩景观 |
| | 古生物化石景观 | 海洋生物化石景观、植物化石景观、哺乳动物化石景观 |
| | 矿物景观 | 矿物晶型景观、矿物晶簇景观 |
| | 火山景观 | 活火山景观、死火山景观 |
| | 地质灾害景观 | 地震景观、滑坡景观、泥石流景观 |
| 地貌景观 | 构造地貌景观 | 高原、平原、盆地、山地、丘陵、大陆裂谷、岛弧、褶皱山等景观 |
| | 岩石地貌景观 | 花岗岩地貌、玄武岩地貌、砂岩地貌、流纹岩地貌、变质岩地貌景观 |
| | 岩溶地貌景观 | 峰林峰丛、漏斗天窗、地缝、洼地、地下河（洞）化学沉积景观 |
| | 河流地貌景观 | 河谷、河道、河床、江心洲、矶头、河滩景观 |
| | 海洋地貌景观 | 海蚀穴（洞）、海蚀崖、海蚀拱桥、海蚀柱、沙滩、泥滩、岩滩、岛礁景观 |
| | 风沙地貌景观 | 雅丹、岩漠、沙漠、黄土、泥漠景观 |
| | 冰川冰缘地貌景观 | 冰蚀地貌、冰碛地貌、雪山地貌、冻土地貌景观 |

续表

| 景类 | 景型 | 景种 |
|---|---|---|
| 水体景观 | 河川景观 | 山地河川、平原河川。江河、溪流。嬉戏型、漂流型、观赏型、航游型河川 |
| | 湖泊景观 | 构造湖、火山口湖、堰塞湖、河迹湖、潟湖、冰蚀湖、溶蚀湖、人工湖景观 |
| | 海洋景观 | 海水、海浪、潮汐景观 |
| | 瀑布景观 | 构造型瀑布、差别侵蚀型瀑布、岩溶型瀑布、堰塞型瀑布景观 |
| | 泉水景观 | 溢出泉、裂隙泉、气泉（温泉）、特色泉景观 |
| | 冰体景观 | 冰山、冰川、冰凌景观 |
| 大气景观 | 烟雨雷电景观 | 烟雨、雷电 |
| | 彩霞云雾景观 | 彩霞、云景观，云海、云雾线、瀑布云、旗云景观 |
| | 霜雪雾凇景观 | 霜冻、雪景、雾凇景观 |
| | 佛光蜃楼景观 | 佛光、海市蜃楼 |
| | 气旋景观 | 台风、龙卷风 |
| 生物景观 | 动物景观 | 观形动物、观态动物、听声动物景观 |
| | 植物景观 | 森林、草地、湿地等景观。观赏、奇特、珍稀、风韵植物景观 |
| | 自然保护区 | 动物、植物保护区 |
| | 森林公园 | 天然林、人工林、次生林景观 |
| 宇宙景观 | 天象景观 | 日出（落）、月色、日食、月食、极光极昼（夜）、星相、流星（陨石）雨等景观 |
| | 星相景观 | 星系、星云、恒星、行星、卫星、星体组合景观 |

### 自然景观还有其他分类方法吗?

自然景观除了按照成因分类以外，还有许多其他的分类方法。比如按自然景观的形态特征进行分类，可以分成动态景观和静态景观。静态自然景观包括一切随时间变化而景观相对不变的自然景观，可细分为地貌、生物、地质等类型景观；动态自然景观则指自然景观随时间的变化景观形态也随之发生不断变化的自然景观，也可细分为气象气候景观、水体景观、天象景观和火山喷发景观等。按自然景观存在的空间位置进行分类，可以分为地上景观、地下景观以及空中景观、海底景观四大类。地上景观指一切存在于地面上的自然景观；地下景观主要指沉没、埋藏、发育于地表之下的自然景观；空中景观主要指气象气候、天空景象、宇宙奇观等景观；海底景观主要是指海底、海洋深处的自然景观，可分为海底地貌、珊瑚礁群、海洋生物景观。按自然景观的用途进行分类，可划分为物质享受型自然景观和精神享受型自然景观。物质享受型自然景观是以物质享受为主要使用价值特征的自然景象，分为阳光、大海、沙滩、湖泊、温泉、森林、山地气候等自然景观，是以亲身享受它们的物质存在为特征；精神享受型自然景观是指以精神享受和满足为主要使用特征的自然景观，此类景观主要通过观赏得到精神上的享受和满足，大部分自然景观属于此类。

## 自然景观欣赏方法与方式

### 背景分析

自然景观变化多端、丰富多彩、无奇不有。不同的自然景观有着不同的最佳观赏方法，就是同一个自然景观，在观赏过程中，由于观赏时间、位置、角度和方式不同，观赏者感受到的景象也会有较大的不同，甚至会得出相反的结果。因此，掌握自然景观的欣赏方法和方式在认识自然景观的过程中是非常重要的。

## 阅读提示

在了解和掌握自然景观欣赏方式、方法中，我们应根据欣赏对象的不同，积极寻找最佳的观赏时间、位置、角度以及适合的观赏方式和观赏工具。

## 知识问答

### 哪些因素会影响我们观赏自然景观?

影响我们观赏自然景观的主要因素可以概括为两个方面：客观因素和主观因素。

客观因素主要有形态因素、色彩因素、动态因素、音响因素、味道因素、综合因素六方面。形态因素主要指景观的轮廓线条、规模大小、空间分布等因素，是自然景观中最吸引人的因素和变化最多的因素；色彩因素主要指自然景观中色彩的组合、变化因素，是自然景观中最迷人、变幻最多的因素；动态因素主要指自然景观中引起形态变化的因素，主要有水体、大气、生物及时间、光线等自然因素，是自然景观中最具变异性和变幻最神秘的因素，动态景观因素是震撼人心的，如涌潮、波浪、瀑布、激流、云海、蜃景、佛光等；音响因素主要指自然景观中能够发声的因素，主要有水流波涛、风涛雷鸣、鸟语虫鸣等因素，是自然景观中令人陶醉赏心和富有节奏的因素；味道因素主要指自然景观中能够发出味道的因素，主要有水体、植物、气体等因素，是自然景观中沁人心脾的因素，自然景观中的味道是自然美餐，能给人一种美好的味觉享受；综合因素主要指自然景观总体形态与空间形式的综合，其中也包含欣赏者在欣赏过程中所产生的生理和心理感受，从古至今，文人墨客、旅行家、山水理论家、地理学家或景观地理学家们凭借在相对意义上具有历时性的共同观赏标准与观赏意识，对自然景观做了传承式的欣赏综合，并概括为雄、奇、险、秀、幽、旷、野等综合因素。

主观因素主要反映在观赏心理和观赏体验两方面。景观观赏都是伴随着复杂微妙、愉悦自由的心理进行的，心理不同对自然景观的认识和感受是不同的。观赏心理有四大要素：观赏知觉、观赏想象、观赏理解和观赏情感。①观赏知觉主要指景观对象刺激人们的感官而引起的各种感觉及与之俱来的知觉综合判断活动。观赏知觉具有综合特征，表面看来，它似乎是观赏者迅速地直接判断结果，实际上这其中渗透或交融着情感、想象和理解等心理因素，包含着观赏者的理想、偏爱、个性、信仰以及生活阅历等内容。②观赏想象主要指人们在观赏景观时对观赏对象的联想、概括、创造等心理活动。想象力是人类具有的一种自身的创造力，它或随意按感官接受景观的次序与方式来表现景观的形象，或用一种新的方式、根据一种不同的次序组合那些景观。在景观观赏活动中，想象的主要效用在于从诗情画意的视界出发，依据个人的观赏趣味与观赏理想，在观赏周围景观之时以因借、取舍或重新组合等方式，于自己的脑际里另行创造出一种新的景观来。③观赏理解主要指观赏者对景观的外形、内在规律及其意境的认识。感觉到的景观，我们不一定能立即理解它，只有理解了景观才能深刻地感觉到它。④欣赏情感主要表现为观赏者在观赏景观中对自然景观的一种主观情绪反应，是伴随着知觉活动而直接产生的。一般习惯于从联想和移情来分析和说明人们的观赏情感。

观赏体验主要是指观赏者以往的对自然景观的认识、了解经历和知识。在对自然景观的观赏过程中，同游某一景区或景点的旅游者会有相同的感受，也会有不同的体验。前者通常被认为是美感的共同性或共同感所致，后者在很大程度上与体验者的个性和观赏意识相关。另外，无论是相同的还是不同的观赏感受或观赏体验，也在很多情况下表现出程度上的深浅或层次上的差异。观赏体验主要体现在两个方面：观赏个性和观赏意识。①观赏个性主要是指观赏者的个体差异。这些差异反映在能力差异、气质差异、性格差异……所有这些差异集合起来，便构成个性差异。个性差异直接影响到人的意志、判断、趣味、言语、外貌和审美等意识形态和实践活动。影响观赏个性的因素，不仅有先天因素，更与后天训练有关。②观赏意识是指在现实意识基础上的自由创造心理过程。一般包括观赏观念、观赏趣味、观赏理想、观赏知觉和观赏感受彼此关联的五大因素。

观赏观念泛指人在观赏景观活动中逐渐形成的对美、丑、崇高等问题所持有的一种基本看法或观点，是人的世界观、人生观与价值观的重要组成部分。观赏趣味是人对观赏景观的一种带有倾向性的和富有情感性的直接评价意识，如喜欢或不喜欢、有兴趣或无兴趣等。观赏理想作为观赏意识形成的驱动力，是观赏者对观赏自然景观最高境界的一种追求。观赏知觉是指感觉或感性认知自然景观之内涵价值或意味的一种特殊能力。在观赏理想的推动或引导下，辨别、观赏以及把握自然景观，从中获得观赏享受或观赏满足。观赏感受是观赏需求或欲望得到满足后引发出的一种高度兴奋的体验。这种体验抑或表现为“情景交融，物我同一”的和谐心境；抑或表现为顿然了悟的情趣感受；抑或表现为“天人合一”的境界。

## 观赏自然景观应注意哪些问题?

观赏同一个自然景观为什么会出现不同的结论呢？除了以上的影响因素以外，观赏的方法也很重要，因此在观赏自然景观时还应该特别注意观赏方法以及观赏前观赏者对观赏对象知识的了解和准备。对自然景观知识的了解和准备，除了系统的了解外，有针对性地对观赏对象和景区的了解是十分必要的，可以到相关的景区网站中了解到，在这里不再详细介绍。这里只对观赏方法做一简单介绍。

自然景观的观赏方法，概括起来主要是主动选择动态观赏、静态观赏和移情观赏，把握好观赏距离、观赏时机、观赏角度和观赏节奏，并善于进行观赏取舍。

动态观赏是指人在游览欣赏中，沿着一定的景观路线，在移动过程中观赏体味那些包罗万象、流动幻变的自然景观。移动的速度会导致景变，景变则影响感受。譬如，步移景异是一种慢速度的观赏，人与景没有阻隔，在随心所欲和全身心都同时投入的悠然自得的观赏中，会体验到较强的亲切感和立体感。水中荡舟式的游览在审美效果上与此近似，但视野比较开阔，感受更为悠闲。车、船、飞机（艇）等快速移动引起景变，是动态观赏活动中快速度快节奏的游览形式：远近不同、形态各异、色彩缤纷的景物，犹如一组组电影镜头，或一幅幅活动图画，迎面扑来，使你眼花缭乱，目不暇接；结果，许多局部景点以画面组合的方式连贯起来，在空间腾跃飞动，此起彼伏，形成川流不息的节奏美。给人的视知觉以强烈的幻觉性运动感，使人有一种生机盎然、气势浩荡的审美感受。

静态观赏是指人在游览观赏中，在一定的景观点，在不动的过程中观赏自然景观的千姿百态和无限变化。静态观赏是一种选择性极强的观赏方法，是观赏者停留在某一时空背景中有选择的凝神欣赏周围景观的方法。在观赏过程中，只有入静仔细观赏，才能在静观中感悟景物的诗情、画意、哲理或禅味以及成因、演化的奥秘。

移情观赏是一种把观赏者自己融入或将自己的生命与情感映射到观赏对象中去的观赏方法，也就是在凝神观赏景观的过程中，在观赏知觉和理解的基础上，展开想象，使景化为情，使情化为景，达到情景交融的境界。如何才能做到移情观赏呢?有三点比较重要：首先是入景，观赏者要全身心地投入到景观观赏中。其次是择景，视阈内的景观丰富多样，要善于选择引起共鸣的景观，使其典型化和同构化，以达到移情观赏的需要。最后是融景，随着择景过程的完成，观赏者在凝神注视中，充分展开想象，将自身的情感完全映射到景观观赏之中，从中幻化出第二个自我，创造出第二个景观，进入到“神与物游，情与景谐”的自由审美境界。

所谓把握观赏距离是指利用调节景我之间的距离达到不同观赏效果的方法。对于自然景观的观赏者来说，距离是一种必不可少的观赏原理。观赏景观时，选择距离是很重要的，距离不适当，往往看不到最佳的景观美。在这里，观赏距离有心理距离和空间距离两种。心理距离就是观赏者暂时脱开现实景观的约束，把景观或者自己摆在适当的距离之外去观赏，使景观和观赏者的欲念和希望之间还存在一种适当的距离。“不识庐山真面目，只缘身在此山中。”是因为心理距离太近，习以为常，而不觉其美。空间距离指观赏者与自然景观之间的实际距离。距离不等，所看到的自然景观相异。距离不仅影响视觉感受，远近不同，可看到远景、近景、特写；同样也影响听觉、嗅觉等感觉因素。常有“远眺轮廓，近观细部”，“远望之，以取其势；近看之，以取其质”，“远观近校”等说法，都是指观赏距离的重要作用及其方法。

观赏时机是指观赏者能观赏到自然景观不同特征的最佳时期。特别是观赏自然景观的色彩美、动态美，只有在一定时机才为观赏者所领略。观赏时机受时间、天气及景观自身变化的控制，不同的自然景观有其独有的观赏时机。如看潮，要在农历的每月十五，尤其是八月十五中秋前后，潮差最大。观山景，“春山如笑，夏山如怒，秋山如妆，冬山如睡”，季节对山体植被景观有着重要影响。观瀑布，枯、丰水季节对瀑布的壮观程度有着重大影响，一般选择雨季观瀑布会带来美好的效果。看特殊景观，需要特殊的天气、云雾和光线的有机配合。若无时间的流逝、光照的转换，就没有日出奇观、夕阳彩云、月色朦胧，也无所谓“日落红湖白，潮来天地青”或“一道残阳铺水中，半江瑟瑟半江红”之类幻变奇丽的美景。所以，要想观赏特定时空中的景观形象，观赏者务必掌握好观赏时机，因为这种特定的景致只有在特定的时空中才能充分展现出特定的风韵。

在景观观赏活动中，观赏角度也是重要因素之一。观赏角度主要指视点、方位，从不同的观赏角度看景观，会对旅游者的景观体验产生不同的直接影响。“横看成岭侧成峰，远近高低各不同。”这两句诗说出了从远处、近处、高处、低处不同的位置看庐山的形象，各放异彩，变幻莫测。所以，旅游者在观赏景观时，要选择角度，例如，可正面观赏，也可侧面观赏；可以取平视，也可以取仰视和俯视。仰视可以产生雄伟、峻险的感觉；俯视视野开阔，视线的整体效果强，最具有感染力和想象力，多少情结，登高一望，豁然开朗。

景观观赏中还要善于把握节奏。观赏节奏是指观赏活动过程中的观赏节奏。这种节奏是自然景观的物理节奏与观赏者的生理、心理节奏趋于对应合拍或同步运动状态时形成的一种特殊节奏。观赏过程中如果超出了人的生理、心理负荷能力，就会使人紧张，给人带来痛感。

所谓观赏取舍，是指有选择地观赏自然景观中最具有个性特色或最富有审美价值的景观。据此，观赏者每次出外游览某一自然景区或景点时，需要事先查阅有关资料，了解景观的个性特色，在获得一定背景知识的基础上确定观赏重点，作出于时于人于景均有利的游览观赏计划。

### 观赏方式会影响观赏自然景观的效果吗?

不同的观赏方式会影响观赏自然景观的效果。前面谈了影响观赏景观的因素和观赏中应注意的问题，实际上观赏方式的不同会引起观赏景观因素和观赏方法的变化，进而影响观赏自然景观的效果。从观赏方式上看，主要有体验式和媒体式两种。体验式又可以分为地上、空中、水中等。地上观赏的方式可以采用车、马、人、船等工具进行动观和静观。空中观赏的方式可以采用飞机、气球、缆车、滑翔机等工具进行动观。水中观赏的方式可以采用游泳、潜水和游船、潜水器等工具进行动观和静观。媒体方式也可以分为影视录像、画报图册和网络等。

# 第二篇　地质景观

# 地质景观的成景因素

## 背景分析

地球在长达46亿年的漫长历史中一直处于运动变化之中。大陆漂移、板块运动、地壳升降变形、火山爆发、地震等塑造了地表多姿多彩的自然景观，而这些变化过程的点点滴滴也被地球清晰地记录着，它就是地质景观。地质景观既包括清晰、壮观且具有科研价值的地质构造景观和地层剖面景观，也包括极具观赏性的古生物化石景观、火山等灾变遗迹景观和矿物岩石景观等。它们是地球演化历程的见证者，是推测古地理环境的依据，同时也是不可多得的科学旅游资源。

## 阅读提示

地质景观是由内力和外力共同作用形成的。内力作用是指由地球内部能量释放引起的地质作用，如板块运动、地壳运动、地震、火山等，一般使岩石圈发生变形、变位、变质，形成褶皱、断层、裂谷等；外力作用是指风、流水、冰川等，通过风化、侵蚀、搬运、堆积作用对已形成的大地地貌进行改造，对地表形态起修饰作用。内、外力作用同时进行，但不同的地质历史时期各有侧重，留下了如今多样的地质景观。本部分内容从较大尺度上分析地质景观的成因，需要读者综合理解和把握。

## 知识问答

### 旋转的地球对自然景观有何影响?

地球旋转的形式有两种：自转和公转。所谓自转是地球自身的周日旋转运动，虽然地球绕地轴自转，但地轴是假想的轴。因地球本身不发光、不透明，所以自转产生了地球上的昼夜变化。公转是地球绕太阳的周年旋转运动。两者的方向皆为自西向东，并且是同时进行的。由于地球是歪着身子自转的，所以自转的轨道平面（赤道平面）和公转的轨道平面（黄道平面）相交，造成了地球表面接受太阳垂直照射的点（太阳直射点）也在一定范围内往返运动。显然有太阳直射机会的地方获得的热量多，相反则热量较少，由此形成了地球表面由赤道向两极热量的逐渐减少。自转和公转的叠加，形成了正午太阳高度和昼夜长短的变化，从而产生了地球上的四季和五带。不同季节、不同温度带有着不同的水热条件，致使依赖于此的气候、植被、土壤、水文、地貌、岩石等自然景观千差万别。但也呈现出明显的规律性：

纬度地带性　自然景观大体与纬线平行，沿纬线延伸，沿纬度更替。这主要是太阳辐射在地球表面从赤道向两极递减的结果。如我国南部沿海到东北植被依次为热带雨林、亚热带常绿林、温带落叶林、亚寒带针叶林等。

经度地带性　同一纬度带内，自然景观从沿海向内陆的更替，这主要是受水分条件的控制。如从山东半岛到新疆，植被依次为森林、草原、荒漠、沙漠。

垂直地带性　同一纬度带内，自然带从山麓到山顶的变化。

可以看出，自然景观的分布首先是受热量支配的，在纬度地带性的基础上，叠加经度地带性、垂直地带性以及非地带性，使得自然景观的分布既有一定的规律，又错综复杂。

## 漂动的岩石板块是如何影响自然景观的?

板块构造学说认为，地球的岩石圈是由六个大板块构成的，即亚欧板块、太平洋板块、美洲板块、非洲板块、印度洋板块、南极洲板块，各大板块又可以分为几个小的板块，板块之间以大洋中脊或海岭、深海沟、裂谷和巨大的山系为界线。这些板块是漂浮在流动的地幔上的，在漫长的地质历史上，它们分分合合，最终形成今天的面貌。

一般来说，板块内部，地壳相对比较稳定；而板块与板块的交界处，地壳活动比较强烈，常有火山、地震、断裂、挤压褶皱、地壳俯冲等发生。板块边界分为三种类型。一是汇聚型边界。若是大陆板块（如亚欧板块）与大洋板块（太平洋板块）碰撞，大洋板块会因密度较大、位置较低而俯冲到大陆板块之下，这里往往形成海沟；大陆板块受挤上拱，隆起形成岛弧或海岸山脉。如亚洲东部的深海沟和岛弧链。若是大陆板块（如亚欧板块）与海洋板块（如印度洋板块）相撞，则形成高大的山脉，如喜马拉雅山脉。二是分离型边界。在板块分离的地区，常形成裂谷或海洋，如东非大裂谷、红海、大西洋。三是平错型边界。相当于转换断层，两侧板块相互剪切错动，而不发生褶皱、增生和消亡。沿北美大陆西海岸分布的圣安德烈斯断层，就是在太平洋板块和北美大陆板块间形成的一条转换断层。

板块的运动，引起了海陆的变迁，形成了地表景观的骨架，为外力作用提供了基础，是地表丰富多彩的自然景观形成的前提。

### 从诞生时光秃秃的外表演化到今日五彩缤纷的自然景观经历了哪些阶段?

根据地层的顺序、生物演化阶段、地壳运动和岩石的绝对年龄可以把地球的演化历史分成五个阶段：

太古代　距今40亿~25亿年前，是地球演化的关键时期，地球的岩石圈、水圈、大气圈和生命都形成于这一时期。海洋面积广阔，没有较大的陆地，只有一些彼此孤立的岛屿。岩浆活动剧烈，火山喷发频繁，海水中逐渐形成类似蛋白质的最原始生命体。

元古代　距今25亿~6亿年前。海洋仍占绝对优势，但已有大片陆地出露。海水中生命活动明显加强，出现藻类、海绵等低等动植物。元古代早期火山活动仍相当频繁，但到晚期大大减弱，并出现广泛的冰川。

古生代　距今6亿~2.5亿年前。古生代即古老生物时代，这是一个生物发展的新阶段。古生代分为早古生代和晚古生代，早古生代距今6亿~4亿年前，地球发生强烈的构造运动，陆地面积进一步扩大，全球形成四个相互分离的巨型大陆板块：古欧洲大陆、古西伯利亚大陆、古中国大陆和冈瓦纳大陆。这一时期海生无脊椎动物大量出现，陆生裸蕨类植物开始出现，实现了从海生到陆生的飞跃，是生物演化的重要阶段。晚古生代距今4亿~2.5亿年前，构造运动使得先前的四块古陆相互连接，形成联合大陆，陆地面积继续扩大，陆生植物大量繁盛，是成煤的重要时代。这一时期出现两次大规模的生物灭绝，成为划分古生代和中生代的标志。

中生代　距今2.5亿~0.7亿年前。联合大陆逐渐分裂、解体，并产生大西洋、印度洋等新的海洋。环太平洋构造运动形成规模巨大的山系。爬行动物盛行，恐龙繁生，出现了始祖鸟，蕨类植物衰退，裸子植物大量出现。

新生代　距今0.7亿年前至今。规模巨大的造山运动——喜马拉雅运动，形成了许多高大山脉，地表形态已接近现代。哺乳动物和被子植物大发展，出现了灵长类。第四纪出现了人类，这是生物发展史的重大飞跃，距今约有240万年的历史。

## 组成自然景观的要素是什么?

地球经过漫长的演化，形成了如今复杂而又丰富多彩的自然地理环境。千奇百怪的地貌、雄伟壮丽的山体、波光粼粼的湖泊、生机盎然的森林，都给人们的生活增添了无穷乐趣。优美的自然景观，既能健身，又能启智。构成自然景观的自然环境要素主要有这几类：一是地质地貌。地质方面如构造剖面、生物化石、火山遗迹、珍奇矿物岩石等，地貌如黄土地表的“千沟万壑”、广东的丹霞山、西北的风蚀雅丹、西藏的雪域高原等。二是水体。包括湖泊、瀑布、大江大河、山涧小溪、泉水等。我国湖泊众多，姿态各异，西湖妩媚，太湖秀气，哈纳斯湖神奇，泸沽湖纯净，众家湖泊，各具特色。名江、名河、名瀑、名泉同样遍布祖国各地。三是气象气候。包括云、雾、雨、雪、风、雷、电及一些极端的天气，如台风、沙尘暴、龙卷风等。我国峨眉山佛光、黄山云海、泰山日出、吉林雾凇等奇特景观吸引无数中外游客。四是动植物。包括森林、草原、野生动物迁徙景观、古树名木、奇花异草、具有观赏性的动植物个体等。我国地域辽阔，气候类型多样，因此动植物资源较其他国家更加丰富，有观赏价值、科研价值或药用价值的动植物景观比比皆是。例如我国牡丹、梅花、月季、菊花等名花在世界各地都享有盛名。以上各要素不是孤立存在的，不同地区常常是集中其部分或全部要素，各要素之间的不同组合便形成了千变万化的自然景观。

附：

地质年代表（Geological Time Scale）

<table>
<tr><td>代</td><td>太古代</td><td colspan="2">元古代</td><td colspan="6">古生代</td><td colspan="3">中生代</td><td colspan="2">新生代</td></tr>
<tr><td>纪</td><td></td><td></td><td>震旦纪</td><td>寒武纪</td><td>奥陶纪</td><td>志留纪</td><td>泥盆纪</td><td>石炭纪</td><td>二叠纪</td><td>三叠纪</td><td>侏罗纪</td><td>白垩纪</td><td>第三纪</td><td>第四纪</td></tr>
<tr><td>距今年龄</td><td>40亿～25亿年</td><td colspan="2">25亿～8亿～5.7亿年</td><td colspan="6">5.7亿～5.1亿～4.38亿～4.1亿～3.55亿～2.9亿～2.5亿年</td><td colspan="3">2.5亿～2.05亿～1.35亿～0.65亿年</td><td colspan="2">0.65亿～2.4百万年至今</td></tr>
</table>

说明：地质年代的划分主要是以生物演化为依据的，共有五级单位：宙、代、纪、世、期。宙是最大的时间概念，期是最小的时间概念。例如中生代有三叠纪、侏罗纪、白垩纪三个纪。纪又可以分为世，如寒武纪进一步分为早寒武世、中寒武世和晚寒武世三个世，每个世还可以分成若干个期。

# 地质构造景观

## 背景分析

所谓地质构造（Geologic Structure）是指岩层或层体经地壳运动而发生变形与变位的产物。常见的地质构造主要有褶皱、节理和断层。不同地质构造类型形成的地表形态也不一样，如有的形成山脉，有的形成裂谷，有的形成断块山、断陷盆地、断陷谷等，但总的来说，地质构造扩大了地表景观的起伏。

## 阅读提示

本部分内容专业性较强，涉及一些专业名词，有一定的难度。阅读时不能仅仅记住字面概念，而要理解地质构造的成因，并能够掌握地质构造的标志，以便野外识别。

## 知识问答

### 褶皱构造形成的景观有哪些?

在地质学上，把岩层由于受到水平方向力的挤压而发生弯曲但未发生断裂的现象称为褶皱，褶皱的中心部分称为核，核部两侧的岩层称为翼。褶皱现象较为普遍，但规模大小不等，大者长达几十千米，甚至几百千米，小者在标本上就能观察到，甚至在显微镜下才可见。

褶皱根据岩层的弯曲方向分为向斜和背斜两种。向斜是岩层向下弯曲，所以向斜核部岩层最新，两侧翼部岩层逐渐变老。背斜是岩层向上弯曲，所以背斜核部岩层最老，两侧翼部岩层逐渐变新。野外可以据此判断褶皱类型，即出露地表的岩层，如果从中心到两侧，岩层由新到老，对称排列，是向斜；相反，如果从中心向两侧的岩层，由老到新，对称排列，则为背斜。

在未受外力扰动的情况下，向斜因为岩层向下弯曲而成谷，背斜因为岩层向上弯曲而成山。但野外常见的是背斜成谷，向斜成山，即地形倒置。这是因为褶皱形成后，背斜核部岩石由于张力作用而裂隙发育，易被风、流水等外力风化、剥蚀；而向斜核部岩石受挤压力作用，岩石更加结实，相对不易被外力侵蚀。这种差异侵蚀长期作用，就形成了“背斜成谷，向斜成山”。规模巨大的褶皱常形成巨大的山系，典型的如从欧洲阿尔卑斯山延伸至亚洲喜马拉雅山的褶皱带。

### 什么是节理?

节理是指岩石受力而出现的裂隙，且两侧岩石没有明显的位移。地质学上将这种裂缝称为节理，它是最常见的一种地质构造，出露地表的岩石上，均可见到节理。

两个方向的节理组形成的“雷”劈石——安徽大别山雷劈石

## 断层构造形成的景观有哪些？

断层是指岩层因受力而断裂错开的现象，其中断裂错开的面叫做断层面，断层面以上的岩块叫做上盘，断层面以下的岩块叫做下盘。断层形成的常见地貌有断层崖、断层线崖、断层谷、断陷盆地、地垒和地堑等。断层崖是指错动时直接形成的陡崖。断层线崖是指已经稳定相当一段时间的断层，由于两盘抗侵蚀能力的差异，形成上盘低、下盘高的倒置地貌。断层谷是沿断层破碎带发育的河谷，一般谷坡两侧高低不对称形成断陷盆地，断陷盆地是指多条断层合围形成中部相对下降，四周相对上升的盆地。地垒和地堑属于断层的组合类型，地垒是指两条断层之间的岩块相对上升，两边岩块相对下降，上升的岩块称地垒，在地表一般表现为块状山地，如我国的泰山、庐山。地堑是指两条断层之间的岩块相对下降，两边岩块相对上升，相对下降的岩块称地堑，在地表一般表现为狭长的凹陷地带，如东非大裂谷、我国的渭河谷地和汾河谷地等。

在自然中，大部分断层因受到外力侵蚀而不易识别，这时候要根据地层、构造、地貌、水文等特征来判别是否属于断层或哪一种断层地貌。如岩层是否突然中断、错开；断层面上是否有擦痕和阶步，擦痕常表现为一组彼此平行而且比较均匀细

断裂带风化后形成的石门景观

密的相间排列的脊和槽，阶步是与擦痕垂直的微小陡坡；地表是否表现为直立的陡崖等。

## 我国有裂谷景观吗?

这里的裂谷说的是大陆上的裂缝和谷地，常被人们形象地喻为“地球脸上的疤痕”。目前所知的世界上最长的裂谷是东非大裂谷，南自莫桑比克向北经坦桑尼亚至乌干达以北，长6000多公里，宽约几十至200公里，深达1000～2000米。我国裂谷景观较多，规模大小不等，仅青藏高原已发现有8条大型的裂谷，宽度不一，最宽处达35公里，最窄处不足5公里。我国最大的裂谷是位于西南地区的攀西裂谷，形成于喜马拉雅造山运动，裂谷南北长300公里，东西宽100公里。这里资源丰富，有“聚宝盆”之誉；矿产资源储量大，品种多；河流数量多，落差大，水能资源得天独厚；气候变化多样，动植物种类繁多。规模较大的还有重庆黑山原始森林中的大裂谷，长约4公里，宽3～4米，深300米。经考察，此裂谷是3亿～2亿年前的地壳运动形成。谷内林木葱郁，繁花点点，清新怡人。此外，还有一些规模较小、但险峻奇绝的裂谷景观，如皖西大裂谷、山东双龙大裂谷等。

## 杭州飞来峰真是飞来的吗?

飞来峰又名灵鹫峰，位于杭州灵隐寺前，山高 168 米，属于石灰岩地貌，堪称我国最奇特的山峰。在飞来峰西北、西南、东南三面分布有北高峰、美山峰、天竺山、天马山等高峻山岭。飞来峰与外围山岭之间为溪涧或平缓坡麓地形，呈环状紧紧裹着飞来峰，把飞来峰与外围山岭分割开来，形成“峰外有溪，溪外有山”的奇特景观。在这种地形环境下，飞来峰显得孤立突兀，给人以“飞来”之感。有人说它是从印度飞来的，也有人说是从峨眉山飞来的，这当然是美丽的传说。

整座飞来峰是一个典型的向斜构造，飞来峰处在向斜核部，由船山灰岩和少量黄龙灰岩组成。石灰岩遭受强烈溶蚀而“千疮百孔”，形成一线天、通天洞、玉乳洞、老虎洞等岩洞景观。而飞来峰外围的山岭处在飞来峰向斜翼部位置，由泥盆纪石英砂岩、石英沙砾岩组成。因砂岩抗蚀力强，形成高丘陵地形，山峰险峻，山坡陡峭。在飞来峰与外围山岭之间地区分布石炭纪砂、泥岩地层，岩性松软，同时又受北东及北西向断层切割。经风化作用与流水作用使这一薄弱地带剥蚀、侵蚀而形成低凹地形，把飞来峰与外围的山岭分割开。于是，飞来峰孤立无靠，宛似飞来。因此，飞来峰的塑造是因组成向斜的、不同岩性在漫长的地质历史时期差异侵蚀的结果，属于典型的“向斜成山，背斜成谷”，而非飞来的。

## 我国板块运动形成的山脉景观有多少?

我国是一个多山的国家，山地丘陵面积约占国土的 70% 以上。众多山脉都是由不同地质时期的板块移动碰撞逐渐形成，几次重要的造山运动有：

（1）加里东运动，是指发生在早古生代的强烈构造运动。在这次造山运动中，整个亚洲的地槽缩小了，而陆台扩大了，主要褶皱隆起的是俄罗斯西伯利亚南部的山脉。

（2）海西运动，是指发生在晚古生代的地壳运动。这一运动使中国北部阿尔泰山、天山、大兴安岭、阴山、昆仑山、阿尔金山、祁连山、秦岭等山脉隆起，形成巨大山系。

（3）印支运动，是指三叠纪中期至侏罗纪早期的地壳运动。此次运动改变了之前中国“南海北陆”的格局，川西、滇西北一带隆起成为山地，如岷山、邛崃山、大雪山、云岭等。

（4）燕山运动，是指侏罗纪和白垩纪期间中国广泛发生的地壳运动，以北京附近的燕山地区为标准而得名。这一运动不仅产生燕山、太行山、贺兰山、雪峰山、横断山、唐古拉山、喀喇昆仑山等山脉，而且形成许多山间断陷盆地，并在盆地内堆积了巨厚的砂页岩层。

（5）喜马拉雅运动，是新生代地壳运动的总称，是因喜马拉雅山的形成而得名。此次运动不仅造成了青藏高原的隆起，而且前期形成的古老山脉受其影响，都有不同程度的变化。

## 景区景点链接

### 喜马拉雅山

喜马拉雅山位于青藏高原南缘，是我国和尼泊尔、印度等国的交界处，是由第三纪印度板块和亚洲板块碰撞而形成的巨大褶皱山系，也是目前世界上最高大、最年轻的山脉。整座喜马拉雅山是由大、小喜马拉雅山等许多条平行山脉组成，呈向南凸出的弧形，全长约 2400 公里，南北宽约 200 ~ 300 公里，平均海拔 6200 米，其主峰珠穆朗玛峰海拔 8844.43 米，为世界第一高峰，此外还有海拔 7000 米以上的高峰 40 多座，并且现在仍在不断增高。喜马拉雅山南坡陡峻，降水丰富，多峡谷，北坡较平缓，多低山丘陵和盆地。山上冰川广布，集中分布于 7000 ~ 8000 米以上的高峰区，尤以冰塔林最为壮丽，各种姿态的冰塔应有尽有，好似大自然精心雕刻而成。冰川融水孕育了诸多河流，使喜马拉雅山成为许多江河的源泉，南坡是印度第一大河——恒河的发源地，北坡是我国雅鲁藏布江的发源地。

喜马拉雅山不仅高大，而且神秘。如喜马拉雅山雪人，似有似无，似人似猿，吸引了众多探险家、科学家前往考察，但都以失败而告终。专家还发现喜马拉雅山没有一般山脉所应有的巨大山根，类似空中楼阁，如此巨大的山脉是如何维系住平衡的呢？这些不解之谜为喜马拉雅山增添了许多神秘的色彩。

## 地层剖面景观

### 背景分析

所谓地层是指在地壳发展过程中形成的各种成层岩石的总称，主要指沉积岩层。地层具有一定的时间性，根据形成先后有新老之分；地层还占有一定的空间，是有机界（生物界）和无机界综合而成的层状地质体。出露完全的地层剖面可以清楚地看出岩性特征、地质构造、地层年龄、古生物化石等特征，具有重要的科普价值，是地质旅游资源的组成部分。由于构造变动使地层发生错、断、揉、皱和位移，所以，为了全球地层的统一划分和对比，必须为年代地层单位及其界线确定具体的划分标准，即标准地层剖面和全球界线层型。标准地层剖面是具有代表性的地层结构，是一个地质年代起始阶段地层发育最完整、生物化石含量最丰富、研究程度最高的地质剖面。它既是识别不同时期、不同等级地质年代的重要标志，也是开展地质学研究、开发地球资源的地质样板和对比标准。全球界线层型（英文缩写为 GSSP）是指地层界线的国际标准，它好比划分地球历史的里程碑，被喻为“金钉子”，代表了一个地质年代的最佳地质记录，全球各地都以此为标准。

### 阅读提示

地层与岩层的区别在于它具有时代的含义，某一地质时代所形成的一套层状岩石就称为那一时代的地层，例如寒武纪形成的地层叫做寒武系地层。每一个地质年代单位都有相应的年代地层单位，其对应如下：

| 地质年代单位 | 宙（Eon） | 代（Era） | 纪（Period） | 世（Epoch） | 期（Age） |
|---|---|---|---|---|---|
| 年代地层单位 | 宇（Eonothem） | 界（Erothem） | 系（System） | 统（Series） | 阶（Stage） |

地层的年代共有五级，宇是国际上通用的最大地层单位，相当于一个宙时代单位内形成的地层，如显生宇、隐生宇。界包括在一个代的时代内形成的地层，例如：古生界、中生界、新生界等。每个界又分为多个系，代表一个纪时间内所形成的地层，例如：寒武系、侏罗系等。统代表一个世的时间内所形成的地层，统的名称是在系的名称上增加下、中、上等字样而构成，三分的系分为下统、中统和上统。阶是一个期的时间内形成的地层，阶的专名适用于整个生物地理区，不同的生物地理区可以有不同的阶名，阶名常由其标准地层发育的地点命名，是最基本的年代地层单位。

## 知识问答

### “天书”景观是怎样形成的，如何欣赏？

地表遭受侵蚀后产生的物质（称为沉积物），在风、流水、冰川等的作用下，被搬运到地势低洼的地方堆积，日积月累，重量不断增加，松散的沉积物逐渐被压实、固结成为岩石。由于不同地质时代沉积物的物质成分和沉积条件不同，因此形成了差异明显的成层岩石，即地层。通过地层特征可以恢复当时的景观，也就是能够恢复岩石形成地区一定时期中占优势的局部地理环境，因此，由不同时代地层构成的地层剖面就成了记录地球沧桑变化的“天书”，而地层就是这本书的书页。

作为景观的地层剖面一般地层厚度较大，各层顶底界限清楚，出露连续完整；地层保存完好，没有因地壳运动而错位或

巨厚的“天书”——近水平状石灰岩地层景观

遭到破坏；并且具有典型的沉积特征，如古生物化石、层理构造等。河南嵩山地层发育齐全，层序清楚，在不大的范围内连续完整地出露35亿年以来太古代、元古代、古生代、中生代、新生代五个地质历史时期地层，被形象地称为“五世同堂”。又如天津蓟县地层剖面总厚度达9197米，顶底界线长达10亿年，剖面中沉积形象最丰富，表现波痕、斜层理、风暴沉积、地震沉积等数十种痕迹为世界各国同时期剖面所罕见。这两处可谓是地层剖面景观中的典型代表。

### “天书”景观为何七歪八扭?

在未受地质作用扰动时，地层一般都是按照沉积的先后，顺序排列，即上新下老。但事实上无论是内力作用还是外力作用，都在时刻进行着，只是大小规模不等，从而使先前形成的地层也随之发生上升、下降、扭曲等或大或小的变化。也正是因为如此，通常见到的地层剖面都是七歪八扭的，甚至还有沉积间断，而原始的、连续的、完整的地层剖面就难得一见了。内力作用下发生的扭曲变形，如前文所述的褶皱、断层等；沉积盆地的差异下陷也会使先前沉积的岩层发生挠曲；当坚固的岩层位于较弱的岩层之上时，两者都会多少发生变形。一层地层形成之后，另一层沉积之前由于外力冲刷可能被切成斜面，虽然这不会影响到层内层理，但如果上覆厚薄不一的物质，经过压缩或固结会使各层发生变形。

“天书”变成了醉汉——近垂直状地层景观——醉石

## “天书”景观中到底藏了哪些秘密？

整个地质时期的地球环境始终处于不断变化之中，例如气候不止一次发生过冷暖干湿交替变化，地壳从未停止过运动，生物界更是千变万化。不同的环境必然会对沉积作用和沉积物产生直接或间接的影响，因而在沉积地层中留下相应的“记录”。这本“天书”详细地记录了生物的变迁；区域构造运动的特点；古地理的变化，如海陆分布，海、陆地形和气候变迁；沉积和剥蚀作用的递变；岩浆活动和变质作用的出现等。例如含有冰碛物、膏盐、煤层和油页岩等标志明显的沉积地层，往往是地质史上的冰期、干燥期、潮湿期等。根据地层的岩性、岩相、成分、结构和分布特征，可以确定其形成的构造环境和所处的大地构造部位，并通过其系列演变、接触关系和变形期次等特征可以解释地区的构造发展历史。构成珠穆朗玛峰的岩石是石灰岩，便可证明珠穆朗玛峰原来是海底，因为石灰岩一般是海里形成的，现在的珠穆朗玛峰是经后来褶皱隆起而成的，加上喜马拉雅山中发现的鱼、海螺、海藻等海洋生物化石，更充分地说明这里曾经是一片汪洋大海。

“天书”中的故事——砾岩景观

## 我国有哪些著名的“藏书地”?

我国地域辽阔，各地质年代的地层无所不包，并且地层出露齐全，分布广泛，有很多具有代表性或国际公认的典型地层剖面。我国有两处著名的地层界线剖面，一处是云南晋宁梅树村震旦—寒武系地层界线剖面，1983 年经国际地联界线工作者会议确认为“震旦—寒武系地层层型剖面”，并装置“金钉”标志，成为中国第一条被国际选用的地层层型剖面。另一处是吉林省白山市江源县大阳岔镇的寒武—奥陶系界线剖面，是国际地科联地层委员会确立的全球寒武—奥陶系界线对比及地质年代、时限确立的标准剖面之一，是东亚—太平洋地区研究寒武—奥陶系界线的标准剖面。天津蓟县中上元古界地层剖面，记录着地球演化距今约 18.5 亿～8 亿年前的地质历史，是我国中上元古界的标准剖面。长江三峡元古界晚期与早期古生界地层剖面、安徽淮南八公山晚前寒武系—寒武系地层、贵州中西部三叠系地层剖面、四川峨眉山三叠系地层剖面、南京地区晚古生界剖面、泥河湾第四系剖面等，都是具有国际水平的地层剖面。

## 景区景点链接

### 云南梅树村地层界线剖面

梅树村位于昆明市晋宁县昆阳镇，这里分布有震旦系—寒武系界线地层剖面，总厚度达632米，整个地层构造连续，层次清晰鲜明，具有目前世界上最原始的小壳化石和地球史上最早的带壳化石动物群。1983年国际地联界线工作者会议确认梅树村剖面为“震旦系—寒武系界线层型剖面”，并装置“金钉”标志，成为中国第一条被国际选用的地层层型剖面。它对研究地球历史、探索生命起源和进化、寻找与这些地层有关的矿藏资源具有重大意义。因为在前寒武系地层中，蕴藏有十分丰富的矿产。据统计，地球陆地上铁矿总储量的70%，铜矿总储量的61%，锰矿总储量的63%，金、铂、石墨、石棉等的大部分均储存于前寒武系地层中。这颗世界上不朽的“金钉”所闪烁的光芒已招来五湖四海的游客，为昆明增添了光彩。

### 天津蓟县国家地质公园

地质公园主要地质遗迹为中上元古界地层剖面和古生物化石，也是我国第一个国家级地质剖面自然保护区。中上元古界剖面展布在山峦重叠的燕山南脉，以岩层齐全、出露连续、保存完好、质地清楚、构造简单、变质极浅和古生物化石丰富闻名于世，并被确定为中国中上元古界的标准剖面。剖面地层总厚度达9197米，记载着距今18.5亿~8亿年前的地质演化史，在地球46亿年的生命里，蓟县中、上元古界地层就占了四分之一，被地质学家公认为是世界一流的中、上元古界地层。更可贵的是在这些岩石中，古生物化石丰富，发现了极其微小的属蓝绿藻类的真核生物化石，为探讨生命起源和生物进化提供了极有价值的资料。另外，还有一些世界上最古老的地质现象，如形成于距今13亿~12亿年前的沉积海泡石矿床和铁岭组内发现的世界上最古老的喷气孔构造。地质公园内群峰俊秀，峡谷幽深，自然风光迷人，自然奥秘诱人，是休闲、度假、旅游、览胜的好去处，亦是探求自然之谜的难得场所。

**河北秦皇岛柳江国家地质公园**

公园南临渤海，北依燕山，东与辽宁接壤，西与唐山毗邻，以古生物化石、地层遗迹、岩溶地貌和花岗岩地质地貌为特色。地质公园的核心部分位于秦皇岛市区以北的柳江盆地，这里荟萃了太古代至新生代中国华北地区在漫长的地球演化过程中的地壳运动、岩浆活动、沉积环境变化及生物进化等各种地质现象。各地质时代、各种沉积环境的地层出露齐全，地层单位界线清楚，化石丰富多样，沉积构造发育，是一处典型的科考园地，享有“天然实验室”的美誉。区内还有内、外动力地质作用形成的千姿百态的地貌景观，构造类型多样，不同规模的褶皱、不同级别的断裂以及揉皱、牵引、裂隙、岩脉充填等宏观、微观构造发育，形迹清晰。岩溶地貌发育，形成许多大小不等的溶洞、天井、石芽、溶沟等。中生代花岗岩山体高大雄伟，陡峭险峻。现代海洋地质作用形成了我国最大的沿海沙丘和潟湖，形成了各种海蚀、海积地貌景观。流水作用形成了离堆山、跌水、河流阶地等景观。大自然的鬼斧神工使这里各种奇观聚集，成为理想的旅游、科研、科普基地。

# 古生物化石景观

## 背景分析

古生物化石是指在地质作用下、保存于各地史时期中、分布于不同地层中的生物遗体和遗迹。它是地球历史的见证，记录了地球上曾经丰富多彩的生物界。古生物化石为国内乃至国际研究动植物生活习性、繁殖方式及当时的生态环境，提供十分珍贵的实物证据，对研究地质时期古地理和古气候、地球的演变、生物的进化等具有不可估量的价值，为探索地球上生物的大批死亡、灭绝事件，提供罕见的实体及实地。不仅如此，纹饰清晰、形体完整的古生物化石还具有很高的美学观赏价值和收藏价值，受到众多奇石收藏者的青睐，因此，也是一种重要的地质旅游资源和旅游商品资源。

## 阅读提示

古生物是地质历史时期中曾生活于地球上的生物，一般将全新世（距今约1万年）以前的生物称为古生物，全新世以后的生物称今生物或现生物。化石也并非都是灭绝的生物变成的，有少数古生物至今仍活着，只是在某一地质历史时期可能遍及世界各地，而现在仅有少量存活于局部地区，通常称这些生物为“活化石”。

## 知识问答

**常见的构景化石有哪些，如何欣赏?**

构成景观的化石一般要求具备一定的大小，生物遗体保存完整，遗迹清楚、别致。动物化石观其纹饰是否优美自然，形体是否富于变化，但对于脊椎动物来说，因形体较大而易遭破坏，所以凡是完整的个体都有较高的价值。植物化石亦讲究造型美，例如，叶部化石以叶缘全、叶脉富于变化而清晰者为佳。除此之外，还有一类化石宝石，尤其强调色彩艳丽，如琥珀、珊瑚石、百合玉等，此类化石更具有艺术魅力。已发现的景观

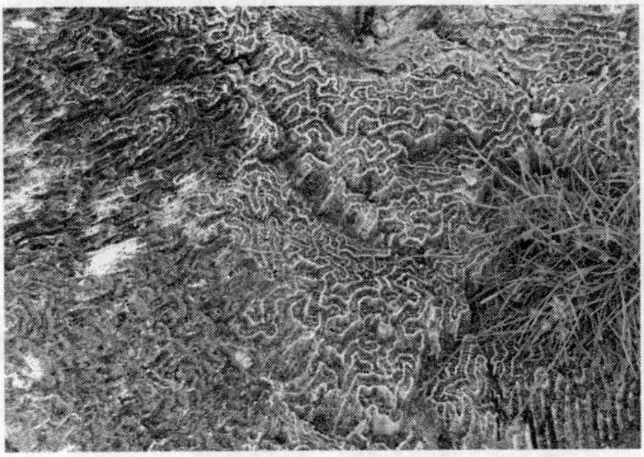

珊瑚礁化石景观

化石有恐龙化石、恐龙蛋化石、鱼化石、三叶虫化石、各种角石类化石、鸟类化石、海百合、硅化木、叠层石、菊石等。

## 古生物化石景观是如何形成的?

有人估计，一万个生物死亡以后，大概只有一个可能保存为化石，其中能够完整地保存且能被发现的就更少了，所以化石是珍贵而稀罕的。其形成大致需如下几个条件：

（1）聚居生活，集体死亡。一般来说，生物死亡数量越大，形成化石的机会越多。集体死亡的前提是生物集中生活在一起。因此，在海洋环境里形成的地层中寻找化石比较容易，在含煤地层中寻找植物化石也不难。相对地说，在陆地环境中形成的地层中找寻到化石的机会就小多了。

（2）迅速掩埋，及时保存。死亡以后的生物体必须迅速掩埋，否则，这些遗体就会遭到其他动物的噬食，或者腐烂，即使是坚硬的贝壳、骨骼之类，年长日久，遭受风化腐蚀也会消失。迅速埋藏可以较好地避免上述破坏的发生，从而保存下来。

岩石中的花朵——小型海洋化石

（3）硬体的优越性。常见的化石多是生物体的硬质部分化石，如恐龙化石多为骨架，三叶虫化石多为甲壳。这是因为被掩埋的生物遗体在地层内受到氧化和热力、压力等作用以及这些作用之间相互影响时，软体部分如皮肤、肌肉、毛发易被分解、腐烂而消失；而介壳、骨骼、牙齿、角、树干、孢子、花粉等硬质部分，不但不易腐烂分解，其中有些因含有相当分量的无机物质，反而容易和外界的矿物质起交替作用，从而加固其构造。早期的、低级的生物一般不具有硬质，所以保存为化石的很少。

（4）石化加固。这是一个十分漫长的过程，使生物遗体或遗骸变成坚如石头的化石。有化学作用和物理作用两种方式，前者是生物体原有成分被地下水溶液中的矿物质置换而形成新的矿物成分，但硬体的形态特点仍保持不变，如常见的骨骼化石、贝壳化石、植物的茎干化石；后者指的是生物体的外形或其壳体的花纹烙印在岩层上，或者是壳体、骨骼等空隙被泥沙或其他矿物质所充填，使之变硬。

## 自然景观能揭示地球生命的起源、演化吗?

在没有足够的证据时，人们对地球生命的起源和演化有过许多荒诞的说法，认为众生皆由神或上帝创造而来，质疑达尔文的进化论，但古生物化石的发现颠覆了这些不科学的说法，通过对化石地质年代的测定，可以知道化石生物生活的年代，从而成为揭示地球生命的起源和演化最有说服力的证据。根据澳大利亚和南非的两组最古老的生物化石，确定地球生命起源于38亿年前。加拿大安大略发现的冈弗林微体化石群距今约19亿年前，分布广泛，表明当时是原核生物的繁荣期；同期在我国河北张家口又发现真核生物化石，说明这也是一个原核向真核的过渡时期。安徽淮南的“淮南动物群”化石距今8亿~7.5亿年前，表明这是最早的一批无壳后生动物。贵州瓮安磷矿区的微体骨骼化石群距今5.8亿年左右，表明具有硬壳和骨骼生长能力的后生动物开始兴起。通过对古人类化石的研究，得知人类起源于二三百万年前。总之，在地球漫长的生命演化进程中，从最古老的单细胞生物到有着复杂生命系统与思维的人类，曾经出现过但现在已灭绝的生物都能在化石的发掘中得以验证。化石记载着不同时期的生物，记录生物的进化过程，让我们看到了生物进化的神奇历史。

## 我国哪些地点的化石景观反映了地球生命大爆发?

地球生命大爆发指的是在距今大约6亿年前的寒武纪，地球生命发生的一次最为快速、规模最为宏大、影响最为深远的演化事件，许多动物爆发式地出现，这一突变事件也被称作“寒武纪大爆发”。关于其原因至今仍是个谜，突变式的演化使达尔文由简单到复杂、由低级到高级的进化论受到了挑战。

20世纪80年代，在我国云南澄江发现了地球上种类最丰富、保存最完整的早寒武纪动物化石群，目前已发现了180种动物化石，尤其特殊的是这里的化石动物的软躯体保存极为完整，90%以上还保留了软体组织印痕，其姿态千奇百怪，能够较全面地反映寒武纪生命大爆发事件，大大推动了寒武纪大爆发的研究进程。此化石群的发现将寒武纪大爆发的时间向前推了1000多万年。1998年，科学家在贵州瓮安发现距今5.8亿年前的“瓮安动物化石群”，经研究发现，早在寒武纪生命大爆发前4000万年动物就已分化，出现了许多“长不大的动物”，从而初步破解了长期困惑世界古生界的寒武纪生命大爆发之谜。

## 神奇的“地下森林公园”是如何形成的?

远古时代的树木，由于地壳运动被埋藏于地下，在上覆物的重压下，并在富含二氧化硅的地下水和硅酸溶液的长期浸泡下，发生地球化学反应，使树木中的有机物质被二氧化硅置换取代，逐渐形成了具有原始树木结构的硅质岩石，被称为硅化木，实质上是一种树化石。如果是成片的原始森林，硅化后就成了现在的“地下森林公园”。硅化木有很高的地质和古生物研究价值，我国已开发的硅化木景观有浙江新昌硅化木公园、北京延庆硅化木公园、新疆奇台县硅化木公园，此外，辽宁、内蒙古、四川、海南等地也有硅化木分布。

## 如何识破假化石的真面目?

假化石主要有两种，一种是野外采集的假化石；另一种是人工制造的假化石。在野外，一般可以从三个方面判断化石的真伪，首先，假化石不具有化石的内部结构和构造，只是形状像化石，例如植物没有根、茎、叶之分，缺少叶脉等微细构造，这类假化石常见的有松枝石、菊花石、断层擦痕等。其次，假化石可以产生在不同的岩石，如沉积岩、变质岩和岩浆岩中，而化石则主要产在沉积岩中。最后，同一种假化石可以产在不同时代的地层中，而同一种真化石只能产在同一时代的地层中。人工制造的假化石，一般是用模具印上的，在市场上常会见到。可以先用手摸，真化石发凉，假化石发滑但不凉；然后可以拿几件“化石”对比，真化石没有一模一样的；再就是假化石是由石粉、火硝、胶质经高温高压制成的，所以放到热水里浸泡几分钟，假化石就融化了。

## 我国著名的化石群景观有哪些?

我国是古生物化石资源比较丰富的国家之一，古生物化石几乎遍及全国各地，其中有不少是国家乃至世界的宝贵遗产，受到国际上特别是科学界的广泛青睐。我国著名的化石群有：

*山旺古生物化石群* 山旺古生物化石群发掘于山东临朐山旺村，这里保存着距今1800万年前的各种动植物化石，现已发现的有10多个门类、400余种，其中有1/3是已灭绝的属种。植物化石有苔藓、蕨类、裸子植物和被子植物。动物化石有昆虫、鱼、两栖、爬行、鸟和哺乳动物各类。这些化石不仅种类繁多，而且保存完整，一些植物叶面上的叶脉、色泽，昆虫的翅、爪也清晰可辨，是一座古生物化石天然博物馆。著名的“山旺山东鸟”、“硅藻中华河鸭”、犀牛、“三角原古鹿和东方祖熊”等化石世界罕见，在同类化石中极具代表性，具有较高的科学价值。

*澄江动物化石群* 云南澄江县帽天山动物化石群是目前世界上发现的最古老、保存最完整的软体动物化石群，已发现的动物群达40多个门类、180种动物，其中不仅有大量海绵动物、腔肠动物、腕足动物、环节动物和节肢动物，而且有一些鲜为人知的珍稀动物，以及形形色色、形态奇特、现在还难以归入任何已知动物门类的化石。这里发现了世界上最古老的脊索动物——“云南虫”，它是所有爬行动物、哺乳动物的祖先，是人类的始祖，也是地球上最早的“居民”，这一发现在进化生

命科学上具有极为重要的意义。

澄江动物化石群的发现轰动了世界，被认为是“20 世纪世界的惊人发现”，它与澳大利亚的“伊迪卡拉动物化石群”、加拿大的“伯吉斯动物化石群”并列为“地球早期生命演化实例的三大奇迹”，为研究物种进化提供了重要依据，是揭示寒武纪生命大爆发秘密的实物。

*瓮安动物化石群* 1998 年，科学家在贵州省瓮安县境内的含磷地层中发现了许多生命大爆发前的生物化石，关于这些动物化石的年代，国外研究人员认为在 5.9 亿～5.7 亿年前之间，但国内研究者认为在 6.5 亿年前。现已被国际考古界宣布为“世界上最早的动物化石”。

瓮安动物化石群主要包括底栖的多细胞藻类、蓝藻和细菌化石、浮游的大型带刺源类化石及一些可疑的“海绵化石”和“动物胚胎化石”，描述的属种已超过 50 个。由于特殊的磷酸盐保护，这些化石群的大多数还保存了精美的细胞结构、组织分化特征及其他一些微细构造。瓮安化石群是研究后生动物早期演化的黄金时期，尤其是对早期动物胚胎的发现和深入研究具有重大科学意义，它为研究地球早期后生动物的起源、分类、谱系演化及个体发育等重大科学理论问题提供了有力的实证材料。

*恐龙化石* 恐龙是爬行动物中的一个庞大家族，生活在距

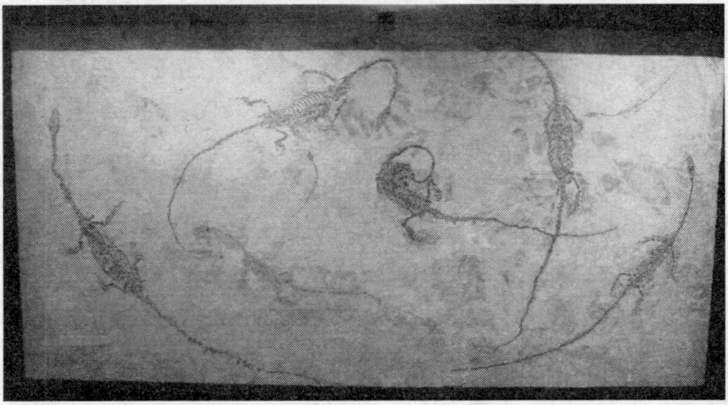

小恐龙组成的九龙壁

今2.25亿~0.65亿年前的陆地上，曾经统治地球达1亿5000万年之久。一直到约7000万年前，恐龙还是统治地球的霸主。然而在此后不到500万年之间——也就是6500万年前，它们全部灭绝了。而且，整个灭绝过程很可能是在仅仅数月内发生的。至于灭绝的原因，有的说是星球碰撞，有的说是火山爆发，有的说是性别失调，还有的说是疾病或食物中毒等，至今仍是不解之谜。恐龙种类很多，专家认为，在地球上生活过的恐龙有900~1200个属，有肉食性的、有植食性的、有杂食性的，体形有大有小，大的有几十头大象加起来那么大，小的跟一只鸡差不多。

人类发现恐龙化石已有180多年的历史。100多年来，恐龙一直是古生物学界和全人类最有兴趣的话题之一。我国发现的恐龙化石产地很多，并且大多保存完整，种类多样。全国已有17个省（区）内发现恐龙化石或恐龙蛋化石，其中较集中分布的有四川自贡、云南禄丰、内蒙古二连浩特盐池、重庆、黑龙江嘉荫一带、山东诸城、广东南雄、山西天镇、河南西峡、新疆准噶尔盆地，以及广西抚绥、宁夏灵武市、浙江天台、贵州平坝等地。

## 景区景点链接

### 新疆奇台硅化木——恐龙国家地质公园

奇台县地处天山北麓、准噶尔盆地东南缘。地质公园内分布着5亿年前到7000万年前的数百种古生物化石，种类之多、分布年代之久，在中国乃至世界上都是十分罕见的。园内有目前亚洲遗存规模最大的硅化木群，约有1000多株，而且大多保存完整，最长的一根达26米，位居世界第二。有中生代地球霸主恐龙的化石，主要分布于恐龙沟，自从1984年以来，沟内已先后挖掘出6具完整的恐龙化石。还有揭示准噶尔地区海洋变迁史的古生代海相古生物化石群落、造型奇特的魔鬼城，以及色彩鲜艳的烧变岩区，这些都尽显着大自然的无穷奥秘。走进地质公园，沿途经过了古尔班通古特沙漠东缘，是领略西部荒漠风光，进行科考、科普、旅游观光和猎奇探险的理想去处。

### 云南禄丰恐龙国家地质公园

地处云南中部的禄丰县是闻名中外的恐龙之乡，自从第一具恐龙化石被发掘以来，迄今为止，这里发现的恐龙化石已达25属34种120余具，植食性、肉食性及杂食性恐龙皆有，体形亦有大有小。根据专家研究，禄丰恐龙的生存年代为距今1.8亿年前，是中生代地球上早期恐龙起源、演化的重要组成部分，其后生活于侏罗纪的虚骨龙、弯龙、剑龙等，以及生活于白垩纪的霸王龙、甲龙、角龙等，都是从三叠纪的禄丰恐龙演化、发展而来的。恐龙化石标本保存完好，代表性强，尤以许氏禄丰龙震惊全球。

### 辽宁朝阳古生物化石地质公园

朝阳地区地处辽西，这里分布着世界上门类最齐全的古生物化石群，堪称世界第一大化石群。朝阳大地上到处都是化石，已出土各种鸟化石数千枚，还有大量的鱼类、龟鳖类、爬行类、叶肢介类、介形虫类、昆虫类、真蕨类、苏铁类、楔叶类、银杏类、松柏类、被子植物类等古生物化石，总计6门14纲近20类。迄今为止已发现了最早的鸟类——孔子鸟，最早开花的植物——被子植物辽宁古果，辽宁朝阳因此被誉为“第一只鸟飞起的地方，第一朵花绽放的地方”。这里的化石资源独一无二，在国际上具有独特性、完整性、稀有性，是世界级的古生物化石宝库，具有极其重要的科学研究价值。

# 火山景观

## 背景分析

火山是由固体碎屑、熔岩或穹状喷出物围绕喷出口堆积而成的隆起的丘或山。根据火山活动的情况，可分为死火山、休眠火山和活火山三种类型，死火山是指史前曾发生过喷发、但有史以来一直未活动过的火山；休眠火山是有史以来曾经喷发过、但长期以来处于相对静止状态的火山；活火山是现代尚在活动或周期性发生喷发的火山。三种类型之间没有严格的界线，都是相对而言的，也有人将后两种类型合称为活火山。火山喷发时，气体、岩浆、固体等物质向外排出的出口叫做火山口，一般呈椭圆形。有一类较特殊的火山口叫做破火山口，是因火山喷发时过于猛烈，岩浆一下子将火山颈和周围的岩石冲开，其直径往往超过5公里，也会使火山的高度大大降低。世界著名的火山有印度尼西亚的坦博拉火山和喀拉喀托火山、美国华盛顿州的圣海伦斯火山、菲律宾的皮纳图博火山、刚果的尼拉贡戈火山、意大利的埃特纳火山和维苏威火山等。因为不可接近，因为神秘，很多火山已经成为旅游胜地，如夏威夷群岛火山、台湾大屯火山群、黑龙江五大连池火山群、云南腾冲火山群等。

## 阅读提示

本部分内容对火山的成因、分布、火山景观，以及我国火山概况做了简要介绍，为人们了解火山提供一些基本信息。

## 知识问答

### 地球为何会燃放“烟花”？

岩浆是存在于地壳深部、以硅酸盐为主的高温熔融的黏稠流体。在巨大的压力作用下，岩浆会沿地壳裂缝向地面上升，如果地壳的裂缝距地面较近，或地壳较薄，岩浆就会冲出地面而喷发出来，这就是所谓的火山喷发，人们称其为“地球在燃放烟花”。火山喷发时浓烟滚滚，火光冲天，极其壮观。但产生大量有毒气体进入空气中，有时还伴有地震、海啸，给人类生产和生活带来很大危害。如1781年冰岛拉基火山喷发，其产生的有毒气体和饥荒使冰岛人口减少了1/5。不过火山喷发也带给我们许多好处，如肥沃的土壤、丰富的地热资源、独特的景观等。

## 火山景观的种类有哪些，如何欣赏?

火山景观包括火山喷发景观和火山地貌景观，前者是指正在喷发时的火山景象，猛烈的火山喷发，焰火飞腾，形成高达几千米甚至上万米的烟柱，炙热通红的岩浆喷涌而出，声如巨雷，闪电交加，映红天际，景象壮观而惊心动魄。全球每年约有 50 多次的火山喷发，人们观看火山喷发时的景象，一般都是远远欣赏，或坐在直升机上俯瞰。目前世界上喷发最多的活火山是位于意大利西西里岛的埃特纳火山，每隔几年就要喷发一次，吸引许多游客前往。火山地貌景观是指火山活动后在地表留下的各种痕迹，包括火山地层、火山口、火山锥及熔岩景观，如熔岩隧道和熔岩洞、熔岩流动构造、熔岩造型、喷气锥和喷气碟等。各种地貌形态千差万别，多姿多彩，如熔岩流动构造有象鼻状、爬虫状、绳状、馒头状等，熔岩造型有石熊、石猿、石人、石狗、石鼠、石牛、石海马等。诸多景观既有旅游观赏价值，又有科学研究价值。

## 什么是火山弹?

火山弹是典型的火山遗迹，是火山爆发时喷出的半凝固熔岩在空中飞行、旋转、冷凝而成的石头，属于火山喷发的碎屑产物之一。其形状有纺锤状、椭球状和麻花状，内部常呈多孔状或气泡状，外壳多为玻璃质。

## 有的火山景观为何会成排分布?

世界上有很多火山，除少数以外，大部分呈规律的带状分布，全球共有四个主要火山带：环太平洋火山带、大洋中脊火山带、阿尔卑斯—喜马拉雅火山带和东非火山带。根据板块构造理论，板块边界地区地壳活动强烈，因此火山活动频繁，上述火山带均分布在板块交界处。

环太平洋火山带包括太平洋东、西两岸，全长 4 万余公里，日本、我国台湾岛、菲律宾以及印度尼西亚就在这条火山带上。这里有活火山 512 座，占全球现代喷发火山的 80%，主要发生在北美、堪察加半岛、日本、菲律宾和印度尼西亚，其中印度尼西亚有“火山之国”之称。大洋中脊火山带地跨全球，总长8万余公里。大洋中脊也称大洋裂谷，在全球呈“W”形分布，由大西洋中脊、印度洋中脊、太平洋中脊组成。但火山并不是均匀分布，而是集中于大西洋中脊，即从格陵兰岛经冰岛、亚速尔群岛至佛得角群岛段，其中冰岛号称“火山岛”，岛上有200多座火山。阿尔卑斯—喜马拉雅火山带因地处亚欧板块边缘，地壳运动活跃。火山带西起比利牛斯岛，经阿尔卑斯山脉至喜马拉雅山，全长10余万公里。举世闻名的维苏威火山、埃特纳火山就在这条火山带上。东非裂谷自中生代形成以来，火山活动频繁，裂谷两侧耸立着一座座火山。两个世界闻名的火山奇观就在这里：一是第二大破火山口——恩戈罗恩戈罗火山口，二是尼拉贡戈火山的熔岩湖。非洲第一高峰乞力马扎罗山和第二高峰肯尼亚山就是两座死火山。

## 我国的火山景观地区分布有何规律?

我国火山也分布于板块边界区，一是太平洋板块和亚洲板块边界的东部地区大量火山，二是印度板块和亚洲板块边界的青藏高原及周边地区的火山。全国目前已发现火山约有1060座，主要集中在内蒙古南部、东北、台湾、云南、海南岛等地，其中东北有800多座，如著名的五大连池和长白山。

## 我国的火山还会喷发吗?

我国火山活动主要发生在新生代，近年来活动的火山很少，最近一次火山喷发是1951年新疆阿什库勒盆地的阿什火山，因为这里人迹罕至，没有造成人员伤亡或财产损失。全国大部分火山属于死火山，再次喷发的可能性很小。目前已确认有喷发可能的火山有黑龙江五大连池火山和镜泊湖火山、吉林长白山天池火山、吉林龙岗火山、云南腾冲火山、新疆阿什库勒火山、台湾岛大屯火山和龟山岛火山、海南琼北火山，这些火山已受到监测，不会有意外伤害，我们不必恐慌。

## 景区景点链接

### 云南腾冲火山

腾冲位于云南省西南边陲，处在阿尔卑斯—喜马拉雅火山带上，是我国著名的火山区之一。区内共有火山 97 座，其中火山口保存完整的火山有 23 座，火山景观类型多样，如火山堰塞湖、火山口湖、熔岩堰塞瀑布、熔岩巨泉等，并伴有温泉、地热、地震，是科考、旅游、疗养的首选之地。

### 安徽浮山火山遗迹

浮山位于安徽枞阳县，是中生代白垩纪火山喷发形成的破火山，现存的形态是原始火山锥解体塌陷的结果。这里环形山脉、环状断裂、放射状断裂、塌陷火山洼地和复合穹丘等火山构造清晰可见，地质现象典型，现已成为国家地质公园。

### 吉林长白山天池火山

位于吉林省东南部，是我国和朝鲜的界湖。天池为火山口积水而成，常年清澈碧绿。火山喷发物在周围堆积形成 16 座山峰，其中 9 座在我国境内，主峰白头山因山上有许多白色浮石和积雪而得名，海拔 2749 米，从山脚到山顶，形成多姿多彩的垂直自然景观带，景色绮丽迷人。根据考察监测，此火山喷发危险性居我国首位。

# 矿物岩石景观

## 背景分析

矿物在日常生活中随处可见，如盐、明矾、石膏、钻石等，它是经过大自然复杂的地质作用天然形成的并具有特定的化学成分和内部晶体结构的均匀固体。矿物是组成岩石的基本单位，所以岩石是指由一种或几种矿物组成的集合体。通常所说的宝石即是同种矿物组成的晶体，玉石是由同种或多种矿物组成的集合体。矿物的价值很大，可以提炼工业用的金属、合成农业用的肥料，也可以利用其物理性质制作精密仪器，有的矿物还可以用作中药，如砒霜、朱砂、铅丹等。作为景观的矿物或岩石，一般都具有独特的造型，或艳丽或纯净的色彩，或耀眼的光泽，质感、硬度、纹理等也都恰到好处，深受大众喜爱。

## 阅读提示

这里所说的矿物岩石景观不包括一些景区中的象形石，如黄山的“猴子观海”、三峡的神女峰、石林的石象等。阅读本部分内容，学会能够解释常见矿物或岩石景观的成因，科学地认识我们的生活环境。

## 知识问答

### 精美的石头会开花吗?

在自然界中，常常可以见到岩石的裂隙或空洞中长出由矿物的单晶体所组成的簇状集合体，好似“石头开花”，其实这朵花叫晶簇，是由一种或几种矿物的晶体组成。晶体是由结晶构成的物体，一般表现为一定形状的几何多面体，晶簇即是晶体群。矿物晶体发育完整的重要条件是，有一个能自由生长的良好空间，且溶液的过饱和度比较低，使矿物结晶速度进行得比较缓慢。在一定温压条件下，流体和洞壁围岩不断相互作用，才能生成各种发育完好的矿物晶体。我国地质环境复杂，矿物晶簇分布很广，常见的有：水晶、方解石、萤石、绿柱石、刚玉和辉锑矿。

### 红色的岩石是血染的吗?

岩石是自然形成的产物，是由一种或多种矿物组成的固态集合体，影响岩石颜色的主要是铁质和有机质的含量。根据岩石中铁的氧化程度，会呈现多种色调，低氧化铁具淡绿色、淡青色，当含氧量增高时，则呈黄色、橙黄色、红色直至紫褐色。含有机质较多的岩石呈暗色甚至黑色，如没有有机质时，岩石几乎是白色的。所以红色的岩石并非染成的，而是与其所含的矿物成分有关，多数岩石因含氧化铁而呈红色。例如，红色花岗岩的成色矿物是赤铁矿，赤铁矿的含量越多，颜色越红。因此观察岩石的颜色，也可以了解岩石的矿物组成。

## 玛瑙的花纹是怎样形成的?

玛瑙是硅酸胶体凝聚而成的一种胶状矿物，其主要成分是二氧化硅，一般存在于火山岩地区。火山活动时，岩浆喷出地表后大量水汽以及挥发性气体散逸，岩石中留下许多空隙或孔洞，饱含二氧化硅胶体的岩浆残余热液从深部挤上来钻入这些空洞，逐渐冷凝形成玛瑙。由于是由内壁开始，从外向内多次逐层沉淀，因而形成一圈一圈的花纹。

玛瑙以丰富的色彩、奇妙的花纹而深得人们的宠爱，常见颜色有红、蓝、绿、黄、褐、紫、灰、黑、白等。质纯的玛瑙一般为白色，因含有有色离子或其他杂质，才会出现其他颜色。花纹有粗有细，变化奇妙，花纹越清晰、越细致的玛瑙价值越高。精美的花纹还是玛瑙和玉髓的区别所在，有花纹的才是玛瑙，没有花纹的叫玉髓。

## 如何赏石?

赏石是中国优秀的传统文化之一，我国自古有之，上至皇亲国戚，下至平民百姓，对奇石、石玩都十分喜爱。尤以宋代为最，北宋米芾是有名的藏石、赏石大家，首创石头之美在于“瘦、透、漏、皱”。赏石一般没有固定的模式，但是也有基本规律可循，通常从色彩、造型、花纹或图案、质地四个角度观赏。色彩是赏石的第一要素，色彩的多少、浓淡、纯杂、冷暖以及组合是否和谐对不同石头有不同的影响，例如雨花石以五彩斑斓取胜，而红碧玉则以色彩纯正受到珍崇。造型，有的奇特，有的怪异，有的雅致，有的古朴，把观赏者引入无尽的想象空间，灵璧石即以造型独特而著称。花纹图案属点睛之笔，每种花纹、每种图案都记载着沧桑变化，清晰、自然、流畅的纹理属石中上品。质地，一般以坚硬细腻为佳，即内质坚硬，外皮光洁细润。

## 奇石探秘

### 奇石的欣赏

奇石又称观赏石、雅石、供石、石玩，国外称“水石”或“寿石”，是指天然形成的具有自然美感的石头。奇石奇在色泽、造型、纹理、质地组合得恰到好处。我国赏石历史悠久，最早可追溯到春秋战国时期，发展至今天，已积存种类繁多的奇石，矿物晶体类如红蓝宝石、祖母绿、水晶、绿柱石、石榴子石等，岩石类如雨花石、灵璧石、菊花石等，还有一些具有研究价值的陨石、古生物化石和火山弹等。

*天下第一石——安徽灵璧石* 灵璧石，产于安徽灵璧县，属于隐晶质石灰岩，是由颗粒大小均匀的微粒方解石（主要成分是 $CaCO_3$）组成。灵璧石以造型美和音韵美独立于万石之上，具有“雄、漏、顽、丑、皱、圆、灵、奇”之美，叩击时声如青铜，清脆悦耳，余音悠长，声是灵璧石的灵之所在。

*玲珑俏丽——太湖石* 因主产于江苏太湖流域而得名。太湖石也属于石灰岩，为流水冲击溶蚀而成。其特别之处在于多窟窿和皱纹，玲珑精致，线条柔和。有深灰、浅灰等色，其中纯白色为最佳。我国古代园林建设中广泛利用。

*瘦骨嶙峋——英石* 因产于广东英德县而得名。属于地表石灰岩侵蚀而成，峰棱突兀，动感十足。

*洁白典雅——昆石* 因产于江苏昆山而得名，与灵璧石、太湖石、英石，并称“我国古代四大名石”。其形态与太湖石有相似之处，但雪白晶莹，以小品居多。

*纹奇色艳——雨花石* 主要产于南京周边地区，通透、水灵，多为砾石，小巧玲珑。色彩丰富，纹理千变万化。

*富丽堂皇——大化石* 因产于广西大化县而得名，属硅质岩浆岩。颜色丰富，以金黄色为主，鲜亮温馨。表面光泽圆润，玉化程度好。

*清澈通透——水晶* 天然水晶是一种透明的石英晶体，呈六角状结晶，化学成分为二氧化硅。水晶的清澈透明给人超凡脱俗的感觉，因此备受青睐。

*最珍贵的宝石——钻石* 钻石是经过琢磨的金刚石，金刚石是在地球深部高温、高压下形成的一种由碳元素组成的单质晶体，也是唯一的单元素组成的宝石。钻石是世界上硬度最高的物质，经久耐磨，光芒四射，耀眼夺目，历来被视为权力、地位和富贵的象征，号称“宝石之王”。

*天国之石——蓝宝石* 蓝宝石是色美而透明的刚玉，其化学成分为三氧化二铝，因含微量元素钛和铁而呈蓝色。蓝宝石并非都是蓝色的，它是包括除了红色系列以外的所有颜色的刚玉宝石，有蓝、绿、黄、橙、灰、黑等多种颜色。蓝宝石象征慈爱、忠诚和坚贞，是世界五大珍贵高档宝石之一。

# 第三篇　地貌景观

去广西欣赏桂林山水、去贵州揭开溶洞神秘的面纱、去黄山探访云海里的奇峰异石、去长江三峡感受江水雕塑沿江大山的气魄……地貌景观的丰富性、差异性持久地激发游客的好奇心。我国的旅游景区自然景观占多数。我国幅员辽阔，横向上从东部的海岸、丘陵到中部的峡谷、山地再到西部的高原雪山、沙漠戈壁，纵向上从海南的海滩、岛礁到广西的峰林、溶洞再到壮阔的黄土高原、旖旎的草原河曲。这些引人入胜的地貌景观在旅游景观中占据着十分重要的地位。

地球上的自然景观千变万化，精彩纷呈，地貌则是形成风景的骨架，它决定了风景的骨架、气势和纹理，也影响着动植物的生长，形成了风景的雄、奇、野、险、秀、幽、旷等美感。看到造型丰富的溶洞景观我们会不自觉的打起问号：它们是怎么形成的？面对层出不穷、千奇百怪的黄山的造型石，我们不禁感叹大自然的奇妙，岩石怎么会变成猴子、鞋靴、手机？我们不禁要问：荒凉的沙漠里怎么会有“魔鬼城”？作为旅游爱好者，你发现答案了吗？作为一名导游，你能解答出这些问题吗？在追求深度旅游的今天，对导游要求更高。导游要知道“十万个为什么”的答案，才能解答游客的疑问，才能保证游客满意而归，才能提供给游客更深的旅游体验，让游客不虚此行。总体上说，我国导游员的地理知识水平还是有欠缺的，到了一个地貌景观前，除了谈一下名字的来历，描述外貌特征，很少能讲出更深的东西，游客也只能走马观花。因此导游要了解地貌景观的相关知识。正是出于这样的考虑，我们编写了地貌景观这一篇，介绍了地貌景观的基本知识，分节详细介绍了构造地貌景观、岩石地貌景观（包括花岗岩、变质岩地貌、丹霞地貌、火山喷出岩地貌等）、河流地貌景观、沙漠与黄土地貌景观、海岸海岛地貌景观、冰川冰缘地貌景观等，基本囊括了我国所有的地貌景观类型。

# 地貌景观的成景因素

## 背景分析

地貌景观是以固体地球表面高低起伏的形态为基础而形成的千姿百态的景观。地貌景观的发育是固体地球表面组成地貌形体的物质在地球内动力作用、外动力作用以及两者共同作用下的位移运动。地貌景观按其形态可分为山地、丘陵、高原、平原、盆地和海洋；按地貌景观成因可分为构造地貌景观和外动力地貌景观，其中构造地貌景观有板块构造地貌景观、褶皱、断层、火山、地震，外动力地貌景观有重力地貌、流水地貌、岩溶地貌、风沙地貌、黄土地貌、冰川地貌和海岸地貌等；按地表组成物质分为各种岩石地貌景观。以后的各节将分别有针对性地进行介绍。

## 阅读提示

导游在讲解时，首先要明白所讲解的地貌景观是属于什么地貌景观，该种地貌景观是怎么形成的，是什么时期形成的，为什么会形成这种景观。只有懂得了这些才能真正领略到自然的神奇与美丽。

当今时代的旅行者文化素质已经普遍提高，他们的旅行已经不再仅仅停留在走马观花的看风景，而是开始追求自然的真谛，领略自然真正的美，使自己增长见识获取知识，这就对导游在文化素质上有更高的要求。要想成为一名优秀的自然景观导游必须掌握地貌景观的成景原理，同时要有地貌景观在时间序列中的三维意识。

## 知识问答

### 谁是天然景观的雕塑师?

我们说太阳是大地之母。那么地球上这多彩的自然景观从本质上说是太阳这个伟大的雕塑师塑造的。为什么这样说呢?地貌景观的成景因素中最主要的是地球内动力和外动力作用,地球内动力促成地表基本起伏,形成地貌景观的基本轮廓,对自然景观的形成具有一定的控制作用,而外动力主要起削凸填凹、塑造各种中小地貌形态的作用。外动力作用中除了重力作用之外,其能量几乎均来自于太阳。可以说内动力作用奠定了地貌形态的基础,而来自于太阳的能量却在原来的地貌形态上精雕细琢,塑造着各种中小地貌形态。太阳用她那无形的双手赋予地球无穷的能量,按照她自己的意愿尽情地雕刻着这个地球,地表各种地貌景观都留下了她的手笔。

具体来说地貌景观的成景因素主要有地球内动力和外动力、地表组成物质、气候、人类活动、时间。

地球内动力是地球内能的积累与释放引起的地壳构造运动,表现为垂直升降运动、水平运动以及伴随出现的褶皱、火山、地震和断裂运动等。地球外动力是指大气、水和生物在太阳能、重力和日月引力等的影响下而产生的动力对地壳表层所进行的各种作用,如风化、块体运动、流水、喀斯特、冰川、冻融、风沙以及波浪、潮汐和海流等作用。地球内动力不仅促成地表基本起伏,如海陆分布、岩浆活动、地势起伏等,而且还决定着外动力的作用性质与强度。地球内动力对自然景观的形成具有一定的控制作用。地球内力造成地表起伏,外动力将隆起部分的物质剥离,经搬运在湖盆或海盆等沉降地区堆积下来。外动力主要起削凸填凹、塑造各种中小地貌形态的作用。在地貌景观的形成与发展过程中,地球的内动力作用与外动力作用同时进行贯穿始终。如在构造运动中上升形成的山地,它们同时又受外营力的雕塑,形成高岭深谷;而在构造运动下沉区,由于沉积作用,形成广阔的平原与盆地。地貌景观的形成发展是内外动力相互作用于地表的结果。

多数外动力地貌景观都受气候因素的控制，不同纬度区由于气候水热组合条件的不同，导致外动力性质和强度的不同，最终将形成不同的地貌景观组合。在高山和高纬度寒冷气候条件下，常发育冰川和冰缘地貌景观；在温湿气候条件下，河流地貌景观及河流切割作用所形成的地貌景观比较发育；在干旱气候条件控制的区域，常形成黄土景观及荒漠景观；在半干旱气候条件下发育草原景观。

人类活动也影响地貌景观。人类活动对地貌景观发育的影响通常有两种方式：一种方式是改变地貌发育条件，加速或延缓地貌发育过程，如在我国西部植树种草固定沙丘，减缓沙漠化的蔓延等，采集薪材和药材致使固定沙丘复活；另一种方式是直接干预地貌发育过程，如修筑梯田可以使原本平滑的山坡转而具有阶状结构，再如修建水库形成的景观。

在今天地表上呈现的各种地貌景观，实际上是不同时期形成的。在同一区域同时存在着不同时期形成的地貌景观，同一时期形成的地貌景观分布在不同的区域，所以，今天我们看到的景观是一种复合的叠置的景观。可以说从地球形成开始就形成了地貌景观，只是经过了56亿年，今天的地貌景观是经过地球的内外作用力改造了的。

以上地貌景观的成景因素是相互交织、同时进行的。只是各因素对不同区域来讲表现为作用力的强弱不同、时间长短不同，从而造成了不同区域有着自己独特的地貌景观。

## 地表物质是如何影响自然景观的?

从地貌景观角度来看，影响自然景观的地表物质，一是各类有自己个性的岩石。岩石在内外力的作用下形成不同的景观。二是覆盖在地表的冰川、河流。三是地表的植被本来就是美丽的景观，加上各异的地貌则相映成趣，如黄山的奇松与怪石的完美组合。第三点不在本部分的讨论范围内。

组成地表物质的基础是岩石。岩石根据成因可分为岩浆岩、沉积岩和变质岩。岩浆岩是由于岩浆喷发形成的岩石，当其沿岩石圈破裂带上升侵入地壳时，冷凝结晶形成侵入岩，喷出地表后迅速冷却形成火山岩或者称喷出岩。沉积岩是由成层堆积于陆地或海洋中的碎屑、胶体和有机质等疏松沉积物固结而成的岩石。变质岩是固态原岩因温度、压力和化学活动性流体的作用而导致其矿物成分、化学结构与构造发生变化而形成的岩石。各种岩石因其矿物成分、硬度、胶结程度、水理性质、结构和产状不同，抗风化和抗外力剥蚀的能力常表现出很大差别，形成的地貌景观往往很不相同。

岩浆岩中常构成地貌景观的有花岗岩和玄武岩。花岗岩地貌景观有黄山、华山、泰山、九华山、天柱山、衡山、崂山、千山、普陀山等；玄武岩地貌景观有美国夏威夷、我国吉林长白山天池和江苏六合的英雄岭。沉积岩中常构成地貌景观的有页岩、砂岩、黄土和石灰岩。四川广泛分布着中生代紫色砂页岩，使四川享有“天府之国”的美誉；红色砂岩构成了丹霞地貌，主要有广东丹霞山、江西龙虎山、福建武夷山、浙江方岩等；黄土构成了中国北方的黄土高原景观；湿热气候下的碳酸盐易遭溶蚀，因此石灰岩构成的地貌景观主要是喀斯特地貌，主要有桂林山水、路南石林、北京石花洞、北岳恒山等。变质岩中常构成地貌景观的有石英岩和大理岩。大理岩构成了云南大理的美丽风光，江西庐山是以古老变质岩为基础的名山。从形成景观的具体形状特征来说，坚硬和胶结良好的岩石如石英岩、石英砂岩、砾岩常形成山岭和峭壁；松软岩石如泥灰岩和

单斜山景观——江西九江市庐山五老峰

页岩常形成低丘缓岗；柱状节理发育的玄武岩易形成陡崖与石柱；垂直节理发育的花岗岩易形成陡峻山峰；片岩分布区多发育鳞片状地貌黄土，黄土状岩石干燥时稳定性强，遇水即溶蚀并发生湿陷。软硬相间分布的岩石在水平方向上常形成河谷盆地与峡谷相间分布，在垂直方向上则形成陡缓更替的阶梯状山坡。

除了岩石之外，地表覆盖在岩石之上的物质也影响自然景观。如冰川地貌景观是由冰雪覆盖而形成的，河流地貌景观是由水流作用对岩石的侵蚀与堆积作用而形成的。在以后的章节中将进行详细介绍。

## 冷暖对地貌景观有何影响?

冷暖对地貌景观的影响主要是由气候、地理位置、地形和海拔高度控制的。在高山或高纬度地区，温度较低，冰雪常年不融，土壤冻结，形成冰川地貌景观和冰缘地貌景观，如南极冰盖、天山雪山，四川的贡嘎山等。在温暖半干旱的中纬度大陆内部，降水稀少，气候温暖，常形成温带草原景观，如内蒙古大草原。在热带地区，气温较高，岩石风化强烈，可形成红壤和砖红壤，在热带的石灰岩地区，喀斯特地貌景观也更加发育，如路南石林、桂林山水。在副热带高压控制下的地区，由于气候炎热，降雨稀少，发育形成沙漠景观，如非洲北部的一些沙漠地区。

对于同一地区来说，在地球的不同地质时期，由于气候条件的不同也会发育产生不同的地貌景观，比如南京地区在白垩纪大暖期时的气候比现在温暖的多，相当于当今的云南地区，今天的石头城公园就是当时的泥石流在出山口处形成的冲积扇堆积而成的。而现在的南京地区发育的地貌景观是长江中下游的冲积平原。

## 如何欣赏地貌景观?

欣赏地貌景观要懂得它是怎么形成的，有什么地貌遗迹可以证明，比如擦面与擦痕同时存在成为鉴别冰碛石的重要标志，而冰碛石的存在说明该地区是冰川地貌的遗迹。它在什么地质时期形成的，它的地质基础是什么，这些是欣赏地貌景观的基础。比如地壳的褶皱抬升形成重庆缙云山，地壳的断块抬升形成江西庐山，地表流水强烈下切岩体形成重庆四面山，火山喷发或熔岩溢流形成吉林白头山等。

在此基础上结合自然地貌景观的形象美、色彩美、听觉美、嗅觉美、协调美，再运用定－散点法、分离－欣赏法、联合－想象法、情景交融法来综合欣赏自然的魅力。从另一个方面讲，可以从科学的角度、美学的角度、艺术的角度等欣赏地貌景观。

# 构造地貌景观

## 背景分析

构造地貌景观是指主要由地球内力所引起的地壳岩石变形、变位而形成的地貌景观。要想对它的形成原因有一个了解，必须知道地球内部的一些基本情况。如果我们可以进入地球内部进行一次探险旅行的话，就会发现这是一个奇妙的世界：

首先，地球的内部是一个热源，随着深度的增加，温度是不断上升的。中国华北地区 5000 米深度的地方温度为 180℃，而人们估算，地表下 100 公里处的温度为 1300℃，到了地表下 1000 公里处，温度为 2000℃，地球中心的温度可能高达 5500℃。这些热能的源泉目前说法不一，大多数认为是由于岩石中放射性元素的衰变产生的。另外，地球的重力作用也可以产生很多的热能。

其次，地球内部是具有圈层结构的，由外到内依次是地壳、地幔、地核，地幔中又有一层软流圈，其中的物质由于高温、高压而处于熔融状态。地球内部热能的释放、传导会引起物质的运动，从而影响到地壳，使地壳产生了变形、变位的运动，称为构造运动。

目前关于构造运动的主要学说是板块构造学说。这个学说认为，地球上部分为岩石圈和软流圈。岩石圈并不是一个整体，而是分为几个大小不等的球面板状块体，全球一共分为七大板块：欧亚板块、太平洋板块、北美板块、南美板块、非洲板块、印度—澳大利亚板块、南极洲板块。它们之间的边界处就是一系列的构造活动带。这些板块漂浮于软流圈之上，不断地运动。板块内部是相对稳定的，而在板块交界处的构造活动带构造作用很强烈，火山、地震多发，全球的地震能量的95%是通过这些活动带释放的。板块之间有挤压、拉张和剪切三种作用类型，如印度—澳大利亚板块与亚欧板块之间的挤压导致了喜马拉雅山持续不断地增高。

中国目前的构造地貌景观主要由地质历史上的几次大的构造运动来完成的，影响较大的有五次：加里东运动、华力西运动、印支运动、燕山运动和喜马拉雅运动。其中燕山运动奠定了中国三大阶梯的基本构造地貌格局。而喜马拉雅运动是发生在新生代的最年轻的造山运动。分为两幕：第一幕是在渐新世至中新世，使喜马拉雅山主体、冈底斯山、念青唐古拉山、长白山、武夷山脉等大幅度隆起；第二幕发生于上新世至更新世，这时青藏高原大幅度上升。喜马拉雅运动对那些古老的山脉都有不同程度的影响，但对大兴安岭—阴山一线以北的地区影响比较微弱。所以中国的山脉虽然形成的地质时代有先有后，但并非都是前几次造山运动所形成的地貌，而是它们先后作用形成了今天中国大格局上的构造地貌景观。

构造地貌可以分为以下几种：

**大地构造地貌**　构成地球上规模最大的两级地貌单元。第一级地貌单元是大陆和海洋，第二级地貌单元是陆地上的各种山系、平原、高原和盆地，海洋中的大洋盆地、洋脊、海沟和岛弧等。

**褶皱构造地貌**　地壳运动时水平岩层受到挤压而产生的一系列波状弯曲，称为褶皱，其中每个弯曲称为褶曲，在褶皱影响下所成的地貌称为褶皱构造地貌。

**断层构造地貌**　岩石受力发生断裂并有相对位移叫断层，断层直接形成断层构造地貌。

## 阅读提示

构造地貌景观在自然界非常常见，它的尺度有大有小，视我们的观察角度来定。在宇宙飞船上可以看到大到整个海洋景观和陆地景观。而在山区中行走时，可以发现岩层中的一个小小褶皱。它们都是不同尺度的构造地貌景观。具体来说，构造地貌景观可以分为三个不同的尺度。

第一级为陆海构造地貌景观：包括大陆景观和海洋景观。第二级为大地构造地貌景观，包括陆地上的各种山系景观、高原景观、盆地景观和平原景观，海洋中的大洋盆地、洋脊、海沟和岛弧等景观。第三级为小型褶皱和断裂，包括方山、单面山、猪背山、断崖、裂隙等景观。

另外，地表形态在形成与演化过程中并不只是由单单一种内营力或外营力塑造而成的，即使是以内动力为成因的构造地貌，也或多或少地受到外营力作用的影响。例如构造运动上升形成的山地，它们同时又受流水作用的雕塑，形成一些高岭深谷；而在构造运动下沉的地区，如华北平原，它又受到河流的强烈的堆积作用，形成广阔的平原地貌。总之，地貌是内外营力共同作用的结果。我们观察构造地貌景观时，要注意分析它受到的外营力的影响，比如一座山峰原来是一个向斜褶皱，可是由于对原来背斜的侵蚀作用反倒使其出露为山峰，这就要我们欣赏的时候结合其岩层的产状和周围的构造环境特征来仔细观察。

## 知识问答

### 在宇宙飞船和飞机上分别能看到哪些构造地貌景观?

当人类跨入宇航时代并步入太空的时候，才真正有机会从地球以外来俯视我们这颗星球的全貌。她是一颗蓝色的星球，表面蓝色的海洋与蜿蜒相接的大陆美景交辉，飘忽变幻的白云环绕其上，堪称宇宙间最美丽的天体。

其中的海洋和大陆就是全球最大的构造地貌景观，它们构成了地球上最基本的地貌形态，其他的一些构造地貌则叠加在这两种地貌之上，构成次一级的地貌景观。如果我们将宇宙飞船的轨道高度降低，我们可以更加清楚地看到海洋和陆地上叠加的构造地貌景观：巍峨辽阔的高原、白雪皑皑的巨大山系、比较大的平原，这些是大地构造地貌景观。如果我们改乘飞机来欣赏的话，会看到更多壮观的地貌景观：大江像游龙一样，浩浩荡荡，几条支流交汇而流，则像条条彩带，秀丽壮观。湖泊大的似明镜，小的如宝石，晶莹闪亮。群山则重重叠叠，绵延起伏，如波涛滚滚。如果我们再换乘直升飞机的话，连一些基本的构造地貌也可以看得到，比如断崖、褶皱等。

### 海水之下有哪些地貌景观？

现在在某些海滨旅游景区，已经开展了浅海潜水旅游，可是要进入更深更远的深海和洋底旅游，则还需要一段时间。如果未来我们进行海洋洋底旅游，就会发现海洋洋底世界并不像它表面那样的平缓和宁静，而是和陆地上一样，有高山、平原、深沟峡谷等。在波涛汹涌的大洋下面隐藏着地球上最活跃最动荡不安的地带：地震、火山活动频繁，构造活动极其剧烈，只不过这些都被海水掩盖着。

洋底的构造地貌景观有大陆架、大陆坡、岛弧海沟、大洋盆地、洋中脊（海底山脉）几种。

大陆架是大陆以极为缓和的坡度延伸至大约 200 米深的海底的那一部分。这一部分其实是一个微微倾斜的平原，生物活动强烈。大陆坡是大陆架向大洋底过渡的斜坡，坡度陡然增大，水深急剧增加，一般为 200～2500 米。它的底部才是大陆与海洋的真正分界线。

接着向大洋中心前进，就会遇到深邃岛弧—海沟系。这个地方是大洋板块与大陆板块的交错地带，形成了深邃狭窄的海沟，是海洋中最深的地方，全球最深的海沟马利亚纳海沟就位于这种地带。由于是两个板块的交错地带，所以这里地震、火山活动频繁发生，大的地震还会产生海啸。

大洋盆地深度在 2500～6000 米之间，大部分是深海平原，辽阔平坦，但却是一个宁静死寂的世界。在平原的周围，分布着绵亘千里的海岭、平顶山、深海谷、断裂带和海槽等。大洋的中部就是洋中脊，横贯整个大洋，而且全球各大洋的洋中脊彼此相连，逶迤连绵约 7 万余公里，就好像是大洋的脊梁。任何一条陆地山脉都不能与之相媲美。洋中脊是海底扩张的中心，是热地幔物质上涌的地方。地幔物质的上涌会使大洋中脊顶部受拉张而裂开，形成纵向裂谷。同时，岩浆溢出，新洋底不断在中脊顶部形成，并不断向两侧扩展。所以洋中脊的中轴为中央裂谷分开，两侧内壁陡峻，两峰嶙峋，蔚为奇特。

## 世界屋脊在哪里？

在世界的版图上有一块神奇、神秘而神圣的高地——青藏高原，以其巍峨挺拔、地域辽阔、秀美壮丽的雄姿傲然屹立于地球之巅。正因为她海拔最高、面积巨大以及世界上最高大的山脉贯穿其上，所以有了“世界屋脊”的美誉，还被各国地理学家和探险家称为地球的“第三极”。它面积辽阔，占我国陆地面积的 1/4 强。是亚洲几条大河，如长江、黄河、印度河、恒河、雅鲁藏布江、怒江和澜沧江的发源地。

青藏高原的崛起从根本上说是由于印度—澳大利亚板块向北漂移、最后与欧亚板块碰撞的结果。在晚二叠纪（距今 2.25 亿年前）以前，那里是一片汪洋大海，这个海叫特提斯海，或者叫古地中海。以后，由于板块碰撞的结果，产生了海西运动、印支运动和燕山运动，先后隆起了昆仑山、可可西里山、唐古拉山和冈底斯山。到了距今 4000 万年前的喜马拉雅运动时期，古地中海从喜马拉雅山区消失了。这次强烈的喜马拉雅造山运动才使得高原开始强烈上升，一直到今天这个高度。

如果你认为今天雄壮辽阔的青藏高原已经抬升到了世界屋脊的高度、不会再发展下去的话，你就错了，青藏高原和山脉在地质历史时代还处在婴儿期，它还会继续增高。

## 华北平原为何广阔平坦？

华北平原是中国第二大平原。位于黄河下游。西起太行山脉和豫西山地，东到黄海、渤海和山东丘陵，北起燕山山脉，西南到桐柏山和大别山，东南至苏、皖北部，与长江中下游平原相连。它的主要特征是广阔平坦、一望无际。

构造运动是使华北平原如此辽阔平坦的主要原因。华北平原所在的巨大的地台（板块内相对稳定的一块地区）在燕山运动之前经历了沉降与抬升。1亿3000多万年以前的燕山运动时期，北方地区曾发生过一次强烈的地壳运动，形成高耸的太行山，而华北平原地区则转而开始沉降，先形成了盆地，成为中国三大阶梯中最低的部分。到了距今3000万年前的喜马拉雅运动时，太行山再次抬升，东部地区继续下陷。又由于黄河等水系每年都要挟带大量泥沙，自西而东冲刷并堆积到东部低洼地区，使古冲积扇面积不断向东延伸扩大，久而久之，便形成了坦荡辽阔的华北平原。

华北平原上的沉积层的厚度达到了1500～5000米。据研究，如今的华北平原地区仍然继续在沉降，然而，堆积作用一直到今天也还在持续着。

## 山体为何长得不一样高？

我们把海拔低于1000米的山称为低山，1000～3500米的山称为中山，高于3500米的山称为高山。那么，为什么会有这么多高低各异的山峰呢？为什么山体之间千差万别，形状各异呢？

从地质构造的角度来说，主要是因为不同的构造作用形成了不同的山体，而构造作用的强度和细节又各不相同。按照山的形成原因可分为褶皱山、断块山、褶皱—断块山。

褶皱山是由褶皱构造形成的山地。它包括简单的隆起并经过侵蚀形成的背斜山、向斜山、单斜山、猪背山，还包括复式褶皱形成的山地。断块山是指地壳因断块活动隆起的山，它的特点是山连线平直，山坡陡峻成崖，与相邻平地之间没有过渡地带，常常急转直下。断层崖受到横向沟谷的分割，变成一系列的三角形的平面，又称断层三角面。断块山可以在各种构造的基础上形成，如在褶皱构造上形成则是褶皱断块山。断块山包括：地垒式断块山、地垒山、掀斜式断块山、桌状山。

另外，外力作用对山的外貌和高低的形成也有很大的作用。构造作用形成山的同时，外力作用也在不停地对其进行影响，流水侵蚀、风力侵蚀、风化作用等不断地改变着山体的具体形状。横断山脉由于流水侵蚀的作用，形成了狭窄的深谷，山峰与谷底高差悬殊，构成了壮观的山体。

不同的内营力环境和外营力环境造就了高低形状各异的山体。

## 泰山为何拔地而起天下雄?

泰山位于山东省泰安市，在中国诸名山中泰山声望最盛，影响最大。其主峰天柱峰玉皇顶海拔 1548 米，虽然和西部高山相比并不算高，但它平地拔起，与四周平原和低山丘陵形成强烈对比，高差在 1300 米以上，大有通天拔地、雄风盖世的气派，自古被称为“五岳独尊”。

泰山之所以拔地而起，雄视四野，主要和地质构造作用有关。泰山的形成经历了漫长而复杂的构造演化过程。中生代晚期，在燕山运动的影响下，在山的南麓产生了数条断裂，处于该断裂北盘的古泰山一方面不断地掀斜抬升隆起，另一方面又不断地风化剥蚀了原来覆盖在表面的沉积盖层，25 亿年前形成的变质杂岩又重新出露地表。新生代期间，在喜马拉雅山造山运动的影响下，泰山沿泰山断裂继续大幅度抬起，它的活动强度在这段时期达到了高潮，使其北盘的泰山继续大幅度的掀斜抬升，至新生代中期，今日泰斗挺拔的总体轮廓基本形成，泰山出露的地层也从南向北构成一个向北倾斜的单斜断块山系，造成泰山南陡北缓的势态。当人从泰安城仰望泰山之巅，在很短水平距离内相对高差达 1300 多米，颇有“高山仰止”之感。如果我们从东路拾级而上，越回马岭，经中天门，登十八盘，历尽艰险到达玉皇顶时，登高远眺，俯视群山，方能真正体会到“会当凌绝顶，一览众山小”的雄壮情怀!

## 以断裂作用和褶皱作用为主形成的名山分别有哪些?

前面我们已经讲过泰山是一座断块山，拔地而起，雄伟壮观。断块山在中国有很多名山，除了泰山，黄山也是其中之一。

黄山是燕山运动孕育的花岗岩体的胚胎，这次运动奠定了黄山地区的山川大势和构造格局，使黄山的构造地貌轮廓初步形成。然而，在喜马拉雅运动早期出露地表的黄山岩体当时尚无今日如此巍峨伟丽的风姿。第三纪和第四纪期间，喜马拉雅运动使地壳普遍抬升，隆起扩大，黄山亦相应不断升起，同时经受了剥蚀。新构造运动使黄山地区发生过三次幅度不等的抬升。尤其是在距今约200万年前的中更新世初期，中国南部大陆的断块升降运动规模更大，黄山山体更为急剧地上升和沟谷的强烈侵蚀下切形成了高逾千米、翘首云天的花岗岩峰林。

另外，西南的哀牢山、无量山、大雪山，山西五台山，江西庐山和以险著称的五岳之一——华山也都是不折不扣的断块山。断块山的总体特征是高耸险峻，巍峨峥嵘，又不失奇丽秀美。

褶皱山是由褶皱构造形成的山地，嵩山就是一座褶皱山。

早在25亿年、18.5亿年及5.7亿年以前，嵩山这里曾发生过一连串造山运动，在地质学上叫“嵩阳运动”、“少林运动”和“中岳运动”，使得岩层强烈变形，造成褶皱和隆起。先后形成嵩山背斜、颍阳—东金店向斜、箕山背斜以及中岳庙断裂、五指岭断裂，后者将嵩山背斜截为太室山、少室山和五指岭三段，这便是今天嵩山的雏形。喜马拉雅运动又使嵩山进一步抬升，加上外营力作用，才形成了如今嵩山奇峰耸翠、层峦叠秀的风光。嵩山东部为太室山，主峰为峻极峰，高1494米，太室山峰峰相连，葱葱茏茏，如苍龙卧地，所以清代的魏源称之为“嵩山如卧”。

褶皱山山体一般不如断层山高大险峻，但秀丽奇景毫不逊于前者，尤其是当褶皱山在后期的地质作用叠加下，如断裂、节理、剥蚀等，可以使得褶皱山千姿百态。其他的褶皱名山有：武夷山、武当山和梵净山等。

## 单面山和猪背山有哪些特征？

单面山是发育在单斜构造上的山地。单斜构造是被破坏了的背斜或向斜的一翼。它的特征是山体沿着岩层走向延伸，两坡不对称，一坡陡而短，另一坡缓而长。与岩层倾向相反但与层面近乎垂直的一坡是陡而短的前坡，与岩层倾斜一致且与层面近乎平行的一坡是缓而长的后坡。紫金山就是一单面山，南坡与岩层倾斜一致，缓而长，而北坡则陡而短。

猪背山是单面山的一个特殊形态，指形成于岩层倾斜较大的单斜构造上的两坡较陡、并且近似于等长的山岭。由于岩层倾角都超过45°，所以由构造面控制的后坡同由侵蚀形成的前坡常形成对称的斜面，形如猪背脊。

## 景区景点链接

### 华山——断块山

西岳华山是我国著名的五岳之一，它位于陕西关中平原东部华阴县南，东临潼关，南接秦岭，华山主峰海拔达1997米，在五岳中高度仅次于北岳恒山，而其山势险峻峭拔，雄冠五岳之首。

华山是侵入于太古界太华群古老变质岩系中的一个花岗岩体。这个岩体东西长60余里，南北宽20余里，从平面上看，类似一只跃跃欲起、挺身昂首的猛虎。这就是有名的华山花岗岩，华山则处于这个大岩体的东端。

大约距今10亿~6亿年前，甚至还要早，这里的地壳发生了隆起，形成东西狭长的陆地。约在1亿3700万年前，这一块狭长带发生强烈隆起，岩石层发生了挤压、褶皱。约8000万年前秦岭和渭河平原交界地带断裂，秦岭断块山地几经抬高，渭河地堑不断陷落降低。位于秦岭北坡的华山由于内部岩层受到

节理发育较少形成的花岗岩景观——陕西华阴市华山

特大的横压力，从而形成了陡峭如削的山势。

## 举世罕见的海岸断崖奇观——我国台湾清水崖

清水断崖位于和平和崇德之间，是台湾东岸的一大奇景，更是台湾八大景之一。由于断层构造的作用，形成了海底拔起、峭壁插天的大断层，成为世界上罕见的海岸奇观。清水断崖高1000多米，以极近90度的角度紧临太平洋。公路绵延20多公里，蜿蜒曲折，一边是悬崖峭壁，一边是茫茫大海，形势险峻，气象万千，令人胆战心惊，叹为观止。而在苏花公路的崇德隧道旁，有步道通往两个观景台，可将太平洋及清水断崖的水光山色尽收眼底。

## 断块陷落盆地——中国海拔最低的吐鲁番盆地

吐鲁番盆地是一个断陷盆地，以全球陆地第二低地著称，是中国海拔最低的地方。随着华力西运动使天山山系强烈褶皱隆起，吐鲁番地区在石炭纪晚期已具盆地雏形，二叠纪末盆地轮廓基本形成。长期接受来自周边山地被剥蚀的物质，沉积了厚度很大的地层。到晚第三纪与早第四纪，已被剥蚀夷平的古天山发生大规模的断块升降，盆地周围山地大幅度隆升，而盆地底部急剧下沉，故形成了今天中国最低的吐鲁番盆地。

吐鲁番气候独特，雨量稀少，蒸发量大，素有“火洲”之称。位于吐鲁番盆地中心的艾丁湖低于海平面154米，是全国最低的地方。这里有著名的火焰山，有特殊的灌溉系统人造地下水利工程——坎儿井。

## 河南云台山的构造单面山体景观

河南焦作云台山国家地质公园位于河南省焦作市修武县北部的太行山南麓。因山势高峻，群峰似刀削崖台，常见白云缭绕，故名云台山。其景观主要以云台山园区的构造单面山体地貌和断崖飞瀑、幽谷清泉地貌为特征。

这里出露有形成于距今约14亿~3亿年前的完整地层剖面，有太古宇—早元古界基底，还有典型的构造遗迹。尤其是新构造运动遗迹遍布园区各处，十分典型。始于2300万年前的喜马拉雅运动使得云台山区进一步抬升形成现今的地质地貌景观。

### 沂蒙“七十二崮”——桌状山

在沂蒙山区，随处可见一些姿态奇特的山：呈圆形的顶部平展开阔，峰巅周围峭壁如削，峭壁下面坡度由陡到缓，这种像戴着平顶帽子的山就是地貌学上的“桌状山”。在中生代的燕山运动和新生代喜马拉雅运动中，地壳激烈地沿着断层垂直错动，形成无数地垒式的断块山。又经过几百万年的流水侵蚀和风化侵蚀，逐步演变为“桌状山”，就是现在的崮。沂蒙山区崮的数量之多，形态之美，不仅在中国大地首屈一指，就是在世界上也十分罕见。这些崮千姿百态，形状各异。难怪解放战争时期，陈毅将军写下“一片好风光，七十二崮堪爱”的诗句。

# 岩石地貌景观

## 背景分析

不同的岩石存在不同的形状、颜色、节理、矿物成分、粒度、结构及抗蚀强度、溶蚀速率等物理、化学性能，在内外力作用相同的条件下，它们能朝着不同景观形态发展，从而构成了多种多样的地貌景观。根据成因，岩石可以分为岩浆岩、沉积岩和变质岩。

岩浆岩是由高温熔融的岩浆在地表或地下冷凝所形成的岩石，也称火成岩。因岩浆在侵入过程中有高温烘烤作用、侵入作用、交代作用、包裹作用以及成分不同可形成直接的景观，如岩墙、岩脉、岩床景观及花岗岩、辉绿岩、橄榄岩、玄武岩、流纹岩等景观。火成岩又分为两类：形成于地表以下地壳深处的叫侵入岩，其中有很高观赏价值的是花岗岩和流纹岩地貌景观。花岗岩地貌景观之丰富可在以黄山为代表的众多名山的美景中得到见证。流纹岩节理发育，构成的景观变幻无穷，以有“造型地貌博物馆”之称的雁荡山为代表。喷出地表的形成火山岩（喷出岩），如多孔的玄武岩就是其中分布很广泛的一种，如黑龙江五大连池就是典型的玄武岩地貌。

沉积岩是在地表由风化作用、生物作用和火山作用的产物经水、空气和冰川等外力的搬运、沉积深埋、压实和成岩固结而形成的岩石。在形成沉积岩的过程中受沉积动力、沉积环境及沉积物来源、粒度和胶结物的影响，可以形成不同的沉积岩景观。可以分为碎屑沉积岩、化学沉积岩和生物沉积岩等，如碎屑沉积岩常见的有砾岩和砂岩，化学沉积岩有岩盐，生物沉积岩有煤和生物灰岩。最具有观赏价值的沉积岩是石灰岩和红色砂岩。中国四大名石灵璧石、太湖石、英德石、昆山石的前三种主要是石灰岩形成的。石灰岩被波浪冲击和溶蚀形成的太湖石瘦、皱、透、漏、丑的特点，在园林中被广泛的使用。红色砂岩则形成丹霞地貌、嶂石地貌。沉积岩多有不同的颜色显现，不同时代的沉积物成分结构不同，表现在外的色彩各异，同一岩性经过不同程度氧化还原也会呈现不同的色彩。例如，沉积岩中常含有铁元素，铁是变价元素，还原环境下成二价铁，表现为绿色；氧化环境下的铁则是三价铁，则为红色。沉积岩其层理、缝合线、燧石皆可成为美丽奇妙的景观。

变质岩是指先成的岩浆岩、沉积岩或变质岩由于所处地质环境的改变，经变质作用而形成的岩石。原来的原岩在长期的高压、高温及区域变质作用下岩石的矿物、结构构造等发生变化，形成新的岩石。许多变质岩特有构造可以构成景观，如眼球状、香肠状、片麻状构造景观及其岩脉景观等。变质岩有板岩、千枚岩、片岩、片麻岩、角岩、大理岩、蛇纹岩、千枚岩、混合岩等，其中大理岩是最富有观赏性的变质岩。由变质岩构成的名山中最著名的是山东泰山和江西庐山。

因此岩石地貌景观可分为以下 6 种：花岗岩地貌景观、玄武岩地貌景观、砂岩地貌景观、流纹岩地貌景观、变质岩地貌景观 、岩溶地貌景观。观赏岩石地貌景观一观其势，雄奇险幽秀；二观其貌，象形象物的神奇。我国以山石取胜的景点数不胜数，名山奇峰、怪石异洞吸引旅游者探幽寻胜。导游除了要讲解依附于此景中的历史故事、神化传说，还需要对其成因作出科学的解释，从而给旅游者带来深度的获知旅游体验。

## 阅读提示

本部分主要介绍旅游地貌景观中的花岗岩地貌、碎屑岩地貌、变质岩地貌、喷出岩地貌的成因和景观类型，要求掌握中国名山的岩性和奇峰异石的形成机理。

## 知识问答

### 花岗岩地貌景观为何奇冠天下?

“黄山天下奇，华山天下险”，仅凭借这两座名山，就可以看出花岗岩地貌景观奇冠天下了。很多山体几乎全部或大部分为花岗岩所组成，如安徽的九华山、天柱山，陕西华山、太白山，山东崂山，浙江莫干山、普陀山，福建太姥山，湖南衡山，宁夏贺兰山，甘肃祁连山，四川贡嘎山，海南五指山等，其中许多已成为国家地质公园和国家风景名胜区。在花岗岩节理发育地区，凭借花岗岩的“先天优势”，展现出丰富多彩的景观类型，如石蛋、石柱、峰林、悬崖陡壁、一线天、洞穴、天生桥以及各种造型地貌等。

花岗岩纵节理形成的山体与沟谷——安徽青阳县九华山

*球状风化形成的石蛋* 花岗岩是深成的岩浆岩，地下深处炽热的岩浆上升冷凝收缩，从而在花岗岩体产生节理，一般是三个方向的节理。这些节理裂隙则在地壳运动的作用下部分发育成为断裂构造。被许多横纵节理分割的岩块其棱角部位最易受风化剥蚀脱落，久而久之，块体变成不太规则的球体，这就是花岗岩地貌常见的“球状风化”。山顶山脊等突出的暴露部位的岩块球状风化最多，如黄山天都峰上的四块仙桃石、鸡公峰前的“天鹅孵蛋”、鳌鱼峰的“金龟”和“螺蛳”、排云亭前的“仙人靴”和“猴子观海”及“飞来石”、三清山的“司春女神”、海南岛的“天涯海角”等。

*石柱、孤峰和峰林* 当构造抬升时，流水沿花岗岩的垂直节理裂隙下切，形成石柱或孤峰、峰林。花岗岩峰林显得极为雄伟壮观。如黄山切割深达500～1000米，形成高度在千米以上的山峰就有70多座。华山则是东西南北中五峰对峙局面。天柱山的天柱峰和九华山的观普峰也都是非常典型的峰林地貌。“梦笔生花”就是流水冲刷形成的巨大的柱峰，又沿着水平节理面侵蚀，分为笔头和笔杆。恰好笔头石隙中盘旋生出一棵松树，故称“梦笔生花”。如果垂直节理长且稀疏，则形成的山峰比较平整；若有多组横纵斜节理面，形成的山峰就比较险峻，如黄山的莲花峰。若节理小密，形成的山峰则小而造型多变了。

花岗岩景观——安徽潜山县天柱山

*绝壁、陡崖* 花岗岩体中部或边缘发育有断裂构造时，断裂带岩石破碎，抗风化能力变弱，或由于断裂的抬升，在花岗岩体的周边或内部产生悬崖绝壁。另外，流水沿垂直节理冲刷，

也会产生高差较小的陡崖。绝壁和陡崖为花岗岩地貌增添了险峻的美感。这一点在华山体现最为明显。华山之险，名冠群山。华山四周均是绝壁，从东峰沿长峰至石楼峰更是构成了一个巨大的崖壁，被称为“华山仙掌”。

一线天　当流水沿花岗岩体中近于直立的裂隙冲刷下切时，形成近于直立的沟壑，沟壑越来越深，形成两壁近距离夹峙，仅仅看到窄如线的蓝天，这就是“一线天”。大部分的花岗岩山体都会见到一线天的景观。

花岗岩垂直节理风化形成的一线天景观——
安徽潜山县天柱山一线天

洞穴　花岗岩虽然不像岩溶地区的石灰岩那样易溶解，但也会形成洞穴，但是形成机理是不一样的。花岗岩洞穴的形成是以物理作用为主，后者主要是化学溶蚀作用。雨水沿花岗岩体内断裂和节理面冲刷，岩块渐渐松动崩塌，形成不规则的堆石洞，即洞穴。而石蛋间的空隙也可以构成岩洞。如黄山的莲花洞、鳌鱼洞，崂山的白云洞、明霞洞，太姥山的璇玑洞等。

## 碎屑岩地貌景观有哪些?

酷似古人遗留下来的城堡的新疆风城，湖南武陵源景区中个个直指苍天的石柱，广东丹霞山赤壁丹崖、嶂谷、壁龛状洞穴，被称作“万丈红绫”的河北嶂石岩的长崖，这些奇观都是碎屑岩形成的景观。

碎屑岩是沉积岩中的一个重要类型。碎屑岩主要由碎屑物质组成，包括由母岩风化产物中的碎屑物质组成的正常碎屑岩和由火山碎屑物质组成的火山碎屑岩。按碎屑颗粒的大小，前者可分为砾岩、砂岩、粉砂岩和黏土岩。一般来说碎屑岩空隙和层理发育，因此在构造运动内力影响，以及流水、风力、冰川等雕刻师的鬼斧神工下，形成多彩的地貌景观。碎屑岩地貌景观主要有丹霞地貌、雅丹地貌、黄土地貌等。在后面的沙漠景观与黄土景观一节中，我们将对雅丹地貌和黄土地貌做详细的介绍。火山碎屑岩有熔集块岩、熔角砾岩和熔结凝灰岩。

碎屑岩景观中最有观赏价值的就是沙砾岩地貌景观了，由它构成的地貌景观或粗犷雄伟，或秀丽袅娜，似人似物，让人遐思。而沉积岩沉积了不同环境下不同色彩的物质，后期发生氧化—还原反应又会变化成其他颜色。如云南陆良的彩色砂林地貌，表现为紫、红、黄、蓝、绿、黑等多种色彩。

### 丹霞地貌是怎么形成的，有何特色？

丹霞地貌一词取自于其丹崖赤壁的外貌。构成红色峰群的是一种含钙质的红色沙砾岩，主要发育于侏罗纪至第三纪的水平或缓倾的红色地层中，以我国广东的丹霞山最为典型，也因此把这种地貌称为丹霞地貌。我国丹霞地貌多分布在降水丰富的长江以南地区，因此，丹霞风光的主要特征是陡峻的红色砂岩峰群与碧水的组合。红色柱峰与碧水相掩映，景色妩媚动人。其中最为著名的风景区有广东丹霞山、福建武夷山和大金湖、江西龙虎山、安徽齐云山、湖南张家界和四川青城山等。北方也分布有丹霞地貌，如河北的棒槌山。

丹霞地貌有一线天、奇峰、巷谷、岩堡、石墙、石柱、岩峰、峰丛、丹崖赤壁、天生桥、穿洞、岩槽、洞穴壁龛、石钟乳等地貌景观。峰成柱状、墙状、岭状。水从砂岩中渗出汇流成溪，水流清冽。这些丰富的丹霞地貌景观形态是如何形成的呢？要从遥远的第三纪谈起了，第三纪的喜马拉雅造山运动使沉积着巨厚层沙砾岩的红色盆地抬升，形成外流区，流水向盆地中部低洼处集中。由于其岩层大致接近水平展开，透水性很

丹霞地貌景观中的象形景观——海狮——广东韶关市丹霞山

好，雨水很容易渗透到地下，不易形成地表径流，因此岩石表面受到的流水侵蚀的作用不大。但是岩层中垂直节理和断裂发育，因而形成窄深的“一线天”景观。一线天发育以后，流水、风力继续作用，陡壁沿着垂直节理面崩塌形成较宽的巷谷，巷谷再进一步发展成为较大的山洞。同时沟谷通过裂隙深入山体内部，把山体切割成墙状、柱状等具有平顶和陡壁的奇峰。而崖面的崩塌后退还使山顶面范围逐渐缩小，形成堡状残峰、石墙或石柱等地貌。石墙被蚀穿形成石窗；石窗进一步扩大，变成石桥，即通常所称作的“天生桥”。最终石桥崩塌，残峰石柱逐渐消失，地貌形态演变成缓坡丘陵。由于砂岩和砾岩的孔隙度及成分不同，砂岩比砾岩更容易被风化掏蚀水流冲蚀溶蚀，岩层差异风化可以形成丹霞崖壁上的大大小小的洞穴壁龛，如丹霞山的“梦觉关”。长期被剥蚀冲蚀，再加上重力作用下的崩塌，可以形成“天生桥”景观。在红色沙砾岩层中有不少石灰岩砾石和碳酸钙胶结物，碳酸钙被水溶解后常形成一些溶沟、石芽和溶洞，或者形成薄层的钙华沉积，甚至发育有石钟乳。

## 火山喷出岩景观有哪些?

火山喷出岩景观主要有玄武岩景观和流纹岩景观。在火山可见千姿百态的熔岩地貌景观，火山蛋、火山谷、玄武岩石柱林、火山灰等岩石景观，如江苏六合的桂子山玄武岩石柱林、黑龙江五大连池丰富的熔岩地貌景观和火山蛋景观、内蒙古克什克腾火山地质公园、广东湛江硇洲岛、福建澄海牛首山等。流纹岩景观典型出露在浙江雁荡山。

熔岩地貌景观　火山喷发时，大量岩浆溢出火山口后向低洼处流动。特别是基性玄武岩流动较远，覆盖面积较大。熔岩流基本可分为结壳状熔岩流和渣块（翻花状）熔岩流。在火山喷发溢出岩浆形成的玄武岩台地上遗留有极其丰富的微地貌景观，主要有千姿百态的熔岩流构成的栩栩如生的熔岩造型，熔岩洞和熔岩隧道，喷气锥和象花冠的喷气碟等。

结壳状熔岩　系指熔岩流动比较畅通、连续冷凝成岩后的岩石，表面有结壳的熔岩流，其可形成种类繁多的微地貌景观，如象鼻状、绳状、爬虫状、木排状、瓦楞状、树干状等熔岩。绳状熔岩是结壳熔岩流表层局部受到不同程度的推挤、扭动、卷曲而成的。规模有大有小，每条绳束通常由几股、几十股甚至几百股圆形的熔岩绳紧紧拧在一起，也常见很多绳状熔岩相互绞叠缠绕在一起，很像盘根错节的树根。木排状熔岩，是结壳熔岩的一种平行褶皱构造，一般宽约4米，长约20米，每个褶皱条纹之间界限平直，延伸整齐，延伸方向与熔岩流动方向一致，其成因是受两边侧向挤压和剪切力的作用，极像漂流在江河中奔腾而下的木排。

熔岩河　是老黑山、火烧山喷发出来的熔岩流在向外延伸的过程中沿着较低洼处移动、火山停止喷发后形成的长形沟槽，状似激流奔腾的河流。熔岩瀑布，熔岩在流动过程中遇陡坎、呈散流顺坡而下、形成清晰的熔岩流动构造，极像流水形成的瀑布，瀑布一般宽3～5米，最大宽8米，落差3～4米。还有馒头状、树干状熔岩。

渣块状（翻花熔岩）　是熔岩流前进受阻、后部熔岩流继续向前运动、把前部处于半塑态或固态岩石推碎、变成岩块继续向前运动；也有的是上部呈现半塑态或固结而下部岩流继续向前、使上部变成岩块；也可能岩流在前进中遇水体而急速冷凝固结而成，其表面崎岖不平，由大小不等的岩块组成，因而也形成了千姿百态的熔岩造型。小股岩在前进中遇到陡坎向下堕落形成的状如象鼻的熔岩即为象鼻状熔岩。爬虫状熔岩，当前进中的熔岩沉黏度很大，前锋形成陡坎，硬壳内液态熔岩在后边熔岩的挤推作用下将陡坎处外壳冲破，于是壳内的液态熔岩蜂拥而出，一条条熔岩“爬虫”就出现在陡坎前缘处。

熔岩洞和熔岩隧道　从火山口溢出的熔岩流在流动过程中如遇坡谷，表层冷却凝固以后，下部熔岩继续向前流动，当火山喷发停止后，岩浆来源不足就出现空隙直至出现空洞，即熔岩洞和熔岩隧道。如五大连池景区的仙女宫、水帘洞、白龙洞、水晶宫等。

喷气锥　是高温熔融状态下岩浆使地表汽化而产生大量气体并不断外逸，吹动熔浆外掀，每一次气体逸出就有一些液态熔岩跟着上来，有喷口的四周堆叠起一层薄薄环状熔岩饼，形似喇叭，这样喷逸连续多次发生，并逐层向上堆叠起来，于是形成喷气锥。

火山蛋　是火山喷发时岩浆随火山熔岩喷飞到空中、旋转跌落到火山灰里后、岩浆团形成的纺锤形或圆球形的岩石，大的可以有数吨重，小的可以跟黄豆大小。火山蛋多在岩层褶皱处形成，含有大量铜元素及其他金属，虽经千万年的岩石挤压、地质变迁，仍然保持着水珠似的浑圆形状。

玄武岩石柱　岩浆喷出地表以后冷却收缩则形成规则的五棱、六棱柱。一根根整齐排列的石头柱子像是有人摆布过似的。这种奇特的火山现象地质学上称为玄武岩“柱状节理”。南京桂子山、广东湛江的硇洲岛、福建澄海牛首山等地有分布。

流纹岩景观　流纹岩景观特色之一在于其悬崖陡壁。“予观雁荡诸峰，皆峭拔险怪，上耸千尺，穹崖巨石，不类他山。”这是北宋科学家沈括在游雁荡山时所感受到的景象。雁荡山是在1亿多年前火山喷发时形成的流纹岩山体，中间又经历了四次火山喷发。火山喷发造就了雁荡山雄奇壮丽的景观。到了距今三四千万年前，雁荡山沉没在海中，岩体受到海水的侵蚀。又过了2000多万年，它逐渐露出海面。冰期中又受冰川、洪水的侵蚀，岩体又进一步崩解和剥蚀。层层叠置的巨型流纹岩经过1亿多年的地壳抬升、断裂切割、重力崩塌和流水侵蚀作用，形成了雁荡山的叠嶂、方山、石门、柱峰、岩洞、天生桥和峡谷、瀑潭、涧溪、河湖等地貌景观，被誉为“天下奇秀”。雁荡山的听诗叟、朝天鲤、小剪刀峰是由石墙沿断裂崩塌而逐渐形成的。由于山峰多沿断裂发育，因此具有挺然拔起的峰柱形态，有时几个石峰基座相连构成峰丛。雁荡山有很多两壁矗立的嶂谷分布于岩性坚硬处或支谷的出山口，是由于新构造运动上升比较迅速、河流垂直下切而形成的。雁荡山的洞穴很多，被侵蚀切割后岩石沿着断裂面风化剥落或崩塌，崩塌下来的大岩块架空也可以形成洞穴。有的岩石软硬差异明显，中部较软岩石崩塌剥落，从而形成洞穴。雁荡山各洞壁上，由于沿断裂带的岩脉与围岩的差别，常形成龙形造型，其中尤以灵岩后的龙鼻洞最为突出。洞壁还由于不同岩石抗侵蚀能力的差别，而形成各种造型，其中以将军洞的“立壁将军”最为著名。

许多火山分布在沿海构造活动地带，在海水冲淘以及溶蚀作用下，火成岩形成其特有的海蚀地貌，将在海岸海岛地貌中进行详述。

## 最古老的山体景观为何多是由变质岩形成?

变质岩地貌景观的典型代表是“天下雄”、“小天下”的东岳泰山。泰山的泰山群花岗混合岩已经有近25亿年的历史了。中岳嵩山也是在距今19亿~17亿年前的嵩山运动中由沧海变高山的。为什么最古老的山体景观多是变质岩形成的呢?变质岩跟沉积岩、岩浆岩相比，空隙小且少，硬度大，不易在外力作用（流水、风力、冰川、人为等因素）下快速侵蚀风化，因此经历了漫长地质时代的变迁，依然矗立在大地之上。

泰山混合岩是怎样形成的呢?泰山地区是古代海槽的一部分，堆积了一套泥砂质和基性火山物质的巨厚地层，这就是泰山岩石的原来的成分。在地壳强烈运动的影响下，地层褶皱隆起，大量温度高、活动性大的流体物质沿裂隙渗透到岩石中，与岩石发生强烈的交替作用，流体物质不断地从岩石中溶解和带走一些铁、镁物质，同时又送来一些硅、钾、钠物质。在交替作用进行得不完全、不彻底的情况下，原岩的残留体与流体物质就形成黑白相间的条带。这些条带宽窄不一，时而平直，时而弯曲，形态各异，有的像肠状，有的像飘带，有的像眼球，有的像云雾。在岩石学上将这种岩石称作混合岩。正是泰山混合岩的形成，才有了东岳泰山。

嵩山是什么时候形成的呢？远在25亿年前的太古代，嵩山地区还是一片汪洋大海，海底沉积了泥沙物质、火山喷出物等，在漫长的地质历史时期，这些物质变成了石英砂岩和火山岩。在距今19亿~17亿年前，嵩山地区发生了一次强烈的地壳运动，地质上称为嵩山运动，使海底沉积的石英砂岩和泥质岩石变质，形成了石英岩。这种石英岩的化学成分是 $SiO_2$，它坚硬且不易被流水和风力侵蚀，在地壳抬升后它仍然矗立至今，供世人观赏。

我国有许多变质岩构成的名山，除以雄伟著称的泰山，还有江西的庐山、山西的五台山、大理的苍山、湖北的武当山、贵州的梵净山、江苏的花果山、浙江的南明山等。

## 景区景点链接

### 花岗岩名山

黄山　位于安徽省黄山市。为世界自然与文化双重遗产。以雄峻瑰奇的花岗岩峰林地貌而著称。垂直节理和断层发育在外力营造下形成群峰峭拔的峰林地貌。千米以上的高峰有72座，峰高峭拔，其中天都峰、莲花峰、光明顶是黄山三大主峰，海拔高度皆在1800米以上。山体峰顶尖陡，峰脚直落谷底，形成群峰峭拔的中高山地形。山顶、山腰和山谷等处广泛地分布有花岗岩石柱和石林。黄山自中心部位向四周呈放射状地展布着众多的“U”形谷和“V”形谷。区内奇峰耸立，巍峨雄奇；峭石嶙峋，如雕如塑。已被命名的怪石有120多处。同一块造型石，在不同的角度看却有不同的效果，如站在半山寺前望天都峰上的一块大石头，形如大公鸡展翅啼鸣，故名“金鸡叫天门”；但登上龙蟠坡回首再望，却变成了五位长袍飘飘、扶肩携手的老人，故又有“五老上天都”之名。黄山以“奇松、怪石、云海、温泉”的组合表现其特质，显示了黄山天然的完美和谐，在丰富多变中见其有机统一。

华山　位于陕西西安以东120公里的华阴市。华山以险著称，登山之路蜿蜒曲折，长达12公里，到处都是悬崖绝壁。以险峻的花岗岩地貌著称。华山之奇险源于三个基本条件：①花岗岩体中发育的多组节理构造。华山五峰区及其周围的华山花岗岩体中线状构造尤为发育，有多组断裂和节理构造。这些节理构造是在花岗岩形成时及其以后由于区域应力场的作用而形成的，它对华山主峰平行四边形柱体及苍龙岭等奇险地貌的形成起着决定性的作用。②后期的新构造强烈抬升。第三纪末第四纪初期因强烈的新构造抬升，使花岗岩原始节理进一步开裂的同时，急剧上升，为地表流水的垂向深切创造了条件。③花岗岩岩性比较均一，中、粗粒结构，块状构造，质地坚硬，不含或基本不含可溶性矿物，主要沿定向节理缝进行机械（物理）侵蚀破坏。另外，除了发育在花岗岩体上的平面“X”形节理及区域性断裂外，其余部分均形成致密坚硬的长方形或菱形岩块，华山花岗岩体周围的太古代古老变质岩因含铁镁矿物多而较花岗岩易遭受风化剥蚀，故确保了华山主峰基本形态的构成。如果没有花岗岩体的强烈抬升或抬升速率小于侵蚀速率，就不可能有今日华山的地貌景观。

### 变质岩名山

泰山　五岳之首，位于山东泰安市。以雄伟的变质岩地貌为特色。在新构造运动的影响下，泰山大幅度掀斜抬升。侵蚀切割作用十分强烈，广泛发育不同类型的侵蚀地貌。由于泰山南坡的上升量远比北坡大，南坡的侵蚀强度相对比较强，侵蚀地貌也相对比较发育。泰山主峰玉皇顶周围以及老平台、黄石崖和黄崖山一带，海拔高度在1000～1500米，组成山体的岩性主要是变质岩和花岗岩，是区域内地势最高、抬升幅度最大、侵蚀切割最强的山地。这里峰高谷深，地形陡峻，切割的最大深度达500～800米，谷坡陡，跌水多，重力崩塌作用显著，崩塌后形成的绝壁陡崖和倒石堆随处可见。在傲徕峰、中天门及尖顶山一带，海拔高度在 700～1000 米之间，相对高度在 200 米以上，组成山体的岩性主要是变质岩和花岗岩及闪长岩。侵蚀切割强度较主峰一带稍弱，但地形仍然十分陡峻，深沟峡谷、尖顶山头、锯齿状山脊、绝壁陡峰举目可见。

*庐山* 位于江西省九江市南。为断裂隙起的断块山，周围断层颇多，特别是东南部和西北部，呈东北—西南走向的断层规模较大，因此多奇峰峻岭、悬崖峭壁。大汉阳峰海拔 1474 米，为庐山第一高峰。铁船峰海拔 950 米，危崖耸立，似一艘巨舰，伟岸壮观。山地的周围则满布着断崖峭壁，峙谷幽深。但从牯岭街至汉阳峰及其他山峰的相对高度却不大，起伏较小，谷地宽广，形成“外陡里平”的奇特地形，极便于旅游。直立的石英岩被剥蚀为簇林地貌或壁立千仞的悬崖。众多的奇峰、怪石、壑谷、瀑布、岩石等形成了奇特瑰丽的山岳景观。

## 流纹岩名山

*雁荡山* 位于浙江温州乐清市。流纹质火山岩在外动力作用下形成叠嶂、锐峰、柱峰、方山、石门、岩洞等组合。锐峰是由火山爆发的凝灰岩和熔结凝灰岩构成的山峰，山脊尖狭而高耸，代表就是观音峰。905 米高的观音峰如白衣观音从天而降，从头部到腰部再到莲花座分别属于三种不同岩层：熔结凝灰岩、凝灰岩和流纹岩。熔结凝灰岩在高温下冷却发生垂直节理，从不同方向产生断裂、风化剥蚀，从而形成如观音打坐的锐峰形象。雁荡山更多的是柱峰。因为在巨厚流纹岩上出现一组平行断裂或者节理切割，并且经过流水侵蚀和风化剥蚀形成柱状山峰，以灵岩景区的天柱峰为代表。“矗立高何极，孤标柱九天”的天柱峰平地挺立 260 米，四壁几乎垂直。雁荡山峰显示出多棱、多角、多面、多姿、多变的特征，组成苍劲、刚健、挺拔的画面线条。以大龙湫景区剪刀峰为代表，岩嶂经两个方向断裂崩落，中间留下剪刀状裂缝，不同位置看来有啄木鸟、黑熊、风帆、桅杆多种形态。昼夜变换的代表则是灵峰夜景之中著名的合掌峰，有手掌、少女、情侣、雄鹰、双乳诸多变化。雁荡山各种形态的山峰都是在嶂的基础上形成的。呈环状分布、

厚度在500米以上的流纹岩层系形成的雁荡山叠嶂显然有别于其他名山的断崖绝壁。嶂的特征就是山体直立，四壁或者数面方展如屏障，顶部平整。因为雁荡山由多次火山溢流形成岩层叠置，所以称为叠嶂。

## 丹霞地貌

张家界　位于湖南张家界市，特色景观为砂岩峰林地貌、岩溶洞穴。地质公园分布区内出露泥盆纪（距今4亿~3.5亿年前）厚层石英砂岩，由于岩层产状平缓，垂直节理发育，受后期地壳运动抬升、重力崩塌及雨水冲刷等内外地质动力作用的影响，形成了奇特的砂岩峰林地貌景观。在园区内有3000多座拔地而起的石崖，其中高度超过200米的有1000多座，金鞭岩竟高达350米，石峰形态各异，优美壮观，是世界上极为罕见的砂岩峰林地貌。其他尚有方山、岩墙、天生桥、峡谷等造型地貌。

龙虎山　位于江西省鹰潭市。龙虎山丹霞地貌分布于保护区中北部。主要有马祖岩、峨眉峰、帽子峰等丹霞地貌。龙虎山景区以单斜山、石寨、崩塌和造型地貌较多，如龙山、虎山、骆驼峰、云锦石等。道教遗址丰富，如正一观、水帘洞、炼丹池、飞升台等。仙水岩景观区为丹霞地貌景观最为丰富和集中的区域，尤其是泸溪河畔，丹霞峰林、残峰孤石、石寨、赤壁石崖密布，奇景绝景众多，如文豪峰、仙桃石、僧尼锋、水岩十天等。各种形态洞穴发育，洞穴与古崖墓群人文景观融合为一体。马祖岩景观区丹霞地貌景观奇特，以陡峻的石寨、孤峰众多，洞崖密布为特色，甚至出现有穿洞，为疏散型峰林地貌。

## 火山喷出岩

黑龙江五大连池　位于黑龙江省五大连池市。以山水相映的火山地貌、熔岩地貌、湖泊为特色。浩瀚的熔岩地貌千姿百态，形态各异，以石龙熔岩地区最为壮观。所谓石龙，是火山喷发时巨大的熔岩流向河谷低处倾泻，一直延伸到17公里以外，冷却后形成长龙似的熔岩，当地群众称之为石龙。石龙熔岩外貌奇特多样，有蟒蛇状石龙熔岩，有绳状石龙熔岩，有树根状石龙熔岩，有面包状石龙熔岩，还有扁平状石龙熔岩等。微地貌就更

水平状红色沙砾岩形成的丹霞地貌景观——江西鹰潭市龙虎山

多，有波纹状的，有酷似假山或馒头的翻花石，有熔岩流平台，有熔岩流岩壁，有熔岩流广场，有形似巨蟒、蜥蜴、犀牛角、蛤蟆、蘑菇等的熔岩流。至于石龙熔岩中的熔洞更是五花八门，有“水帘洞”、“仙女洞”等。洞内有多种形状和颜色的“冰瘤”。熔岩台面上还有一种外观十分好看的“石塔”，有二三米高，是由层层熔岩盘叠而成的“喷气锥”，多成串分布。在石龙熔岩上有几百座喷气锥，构成了玲珑的石塔群。喷气锥下粗上细，中间有一气孔，一般认为这是熔岩流经裂缝冒气的地面时熔岩被破坏、堆在气孔的周围而形成。有的喷气间断，形成喷气碟，更加美丽壮观，宛如正在开放的蔷薇花和牵牛花。

# 河流地貌景观

## 背景分析

河流地貌集秀美、险峻、曲折、险要、幽深于一身。山地河流奔放险峻，如长江三峡。平原河道蜿蜒秀美，如在青海东南部滑出一个美丽的“S”形的黄河。河流地貌景观是由流水的侵蚀、搬运、沉积作用形成的地貌景观。水流在流动的过程中侵蚀形成各种峡谷、宽谷、矶头等地貌，被侵蚀的物质沿着沟谷向下游搬运并堆积，形成江心洲、河漫滩、冲积扇、三角洲等堆积地貌。

山间河谷中常见的壶穴景观

河谷的发育过程是由河口向河源推进的过程。一般来说，上游深切狭窄，形成险峻幽深的峡谷景观；中游河谷较宽，发育阶地和河漫滩；下游展宽，河床坡度较小，河谷宽浅，多形成曲流和汊河；到了河流入海（湖泊）的河口段泥沙堆积，形成三角洲或侵蚀而成的三角湾。

阶地和河漫滩　随着河流越来越深切，原来的河谷两侧露出水面，成为洪水期也会出露的一级级的阶地。科罗拉多大峡谷谷坡上分布的河流阶地尤为壮观。平水期露出但是洪水期会淹没的河谷部分即为河漫滩。河漫滩在平原地区发育且宽广，常在河床两侧分布，或只分布在以堆积作用为主的凸岸。山地河谷比较狭窄，洪水期水位高度较大，因此河漫滩的宽度较小，相对高度却比平原河流的河漫滩要高得多。

河床是河流在平水期占据的河槽，山区河床较窄，如果河床基岩节理发育或者是构造破碎带，水流往往沿着岩石节理面或者破碎带侵淘蚀河床，渐渐形成小穴，水流就会在这里形成旋涡，水中夹带的沙石随着旋涡旋转不断地磨蚀壶穴四周。壶穴会越来越深越来越大，深度可以达到数米甚至几十米。大者则是我们平时所称的水潭了，如皖南牯牛降九龙池景区的九大水潭。壶穴外表看起来与冰川作用形成的石臼很像，但石臼是冰川移动和冻融作用下形成的。如果河床基岩较坚硬称为岩槛，阻挡在河床下部，则会形成瀑布。有些是活动断层形成的岩槛，有的可能是基岩中的岩脉形成的岩槛。瀑布下方常出现激流冲磨形成的壶穴了。在平原河流边可以看到突出的山石即为矶，如石钟山、南京燕子矶、马鞍山采石矶。

冲（洪）积扇指山地河流在坡度降小的山麓出山口处流速减缓、从山上携带的砾石堆积形成的扇形堆积体。冲积扇是在有经常性水流的湿润、半湿润的地区形成的，而洪积扇是干旱、半干旱地区暂时性的洪水侵蚀再堆积形成的。洪积扇的上层沙砾粗大，因此山上的水流易渗入，下层则是透水性差的黏土，原本垂直下渗的水转为水平流动，到了洪积扇的边缘，地下水位接近地面，水以泉的方式出露，滋润出一片绿洲。

三角洲景观　河流携带大量泥沙倾泻入海（湖泊），往往形成近似三角形的平原，即为三角洲，如著名的长江三角洲平原和珠江三角洲平原。在潮流作用很强和河流泥沙量比较少的河口，涨潮时候潮流很快的溯河向上，强烈侵蚀，退潮时潮水和积存的河水一并冲下，冲刷侵蚀作用更大，形成喇叭形的三角湾，如杭州湾。

## 阅读提示

本部分主要介绍河流地貌的类型、成因、特点。要求掌握峡谷地貌、壶穴瀑布景观、曲流的成因。熟悉河流堆积地貌和侵蚀地貌的景观特色，了解河流地貌发育阶段。河流地貌景观的形成是一个动态的过程，因此，把河流地貌当做一个生命体来看待，就容易理解其不同条件不同阶段形成的景观。

## 知识问答

### 峡谷景观是年轻的河谷吗?

像人有自己的孩提、青年、垂暮之年一样，河流亦有自己的幼年期、壮年期、老年期。对应这三个阶段，发育了不同外貌和性格的河谷。峡谷景观以险峻幽深壮观著称，从地貌学上讲峡谷指河谷横剖面呈“V”形、深度大于宽度的河谷。它具有通透性，即两端各连接两个开阔的盆地或者开阔地，纵览可感受到出谷的豁然开朗或入谷的局促幽深。严格来说，谷坡几近垂直十分陡峭的峡谷为隘谷，横剖面呈“U”形，如四川大渡河峡谷从汉源乌斯河到乐山金口河一段。而谷底两侧略有缓坡、倾角大于60°则称为嶂谷，如大渡河上游的丹巴一带。如此说来，惊涛拍岸壮观的峡谷是年轻的河谷吗?

大峡谷景观——云南虎跳峡

假定一地区的原始地貌是一个平原，最初河网稀疏，在河谷之间存在着宽广平坦的分水地。随着构造抬升到某一高度停止，但是这种非绝对平均的抬升使得地面倾斜。随着构造抬升，河流下切侵蚀加剧，河流纵比降开始加大，形成跌水，河谷的横剖面呈狭窄的“V”形，河谷两岸陡峭。随后河道渐渐增多，地面分割加剧，河谷加深，谷坡的剥蚀速度相对大于河流下切速度，河谷不断展宽。此时的河谷即是峡谷了。所以，峡谷景观是年轻的河谷。其后随着流水侵蚀，两岸物质被流水带走，谷坡不断后退，使分水岭两侧的谷坡日益接近，终于相交，原来宽平的分水地面最后变成狭窄的岭脊即分水岭。随着谷坡侵蚀作用的进行，谷坡逐渐减缓，山脊浑圆。河流发展到了老年期，脾气渐缓。河流停止下切侵蚀，分水岭也将渐渐下降，地面成微微起伏的波状地形，河谷展宽，蜿蜒曲折，形成曲流或河流裁弯取直形成牛轭湖。原来被曲流环绕的小丘则成为离堆山。如果局部有坚硬岩石区，因抗侵蚀力强或一些较高地面尚未被完全侵蚀殆尽而成突出的山丘，孤立在迂缓起伏地形之上，称为侵蚀残丘。整个地面称为准平原，它代表河流地貌发育的终极阶段。如果地壳再次抬升，那么河流再从这个准平原轮回，重新开始它的下切侵蚀。

## 世界最大的峡谷在哪里?

世界上著名的大峡谷有美国的科罗拉多大峡谷、秘鲁科尔卡大峡谷、尼泊尔喀里根德格大峡谷。我国有雅鲁藏布江大峡谷、长江三峡、金沙江虎跳峡、太行山大峡谷、大渡河金口大峡谷。其中，世界上最大的峡谷是我国西藏的雅鲁藏布江大峡谷，长 496.3 公里，最深处达 5382 米，平均深度在 2268 米以上。雅鲁藏布江大峡谷的长度和深度远远超过美国科罗拉多峡谷（长 370 公里，深 1800 米）和秘鲁科尔卡峡谷（深 3200 米），当之无愧为“世界第一大峡谷”（最长、最深）。因此，1994 年美国地理委员会、英国《吉尼斯世界纪录》研究认定：中国西藏的雅鲁藏布江大峡谷为“世界第一大峡谷”。雅鲁藏布江峡谷的一个惊人之处就是它绕着海拔 7000 多米的南迦巴瓦峰形成了一个壮观的马蹄形的大拐弯。

我国峡谷最集中的地方在横断山区和念青唐古拉山东南段。正如前面所阐述的，峡谷除了河流的深切作用，还有内力作用的配合就是地势的抬升，因此我国的峡谷多分布在三个阶梯的交界处，如在二、三阶梯的抬升处出现了太行山大峡谷、长江三峡、云台山红石峡谷。一、二阶梯交界处即是横断山区，因此这里除了拥有世界第一的雅鲁藏布江大峡谷，还拥有世界第三深的帕隆藏布江大峡谷，深 4001 米。这里从印度洋吹来的丰富水汽滋润着繁茂的植物，绿色的森林和高洁的雪山相映成景，可以说是天堂胜景。

## 九曲之河哪里来?

新疆开都河在巴音布鲁克草原如仙女丝带一般蜿蜒而舞，成为巴音布鲁克草原之旅的精华景观。最著名的“九曲回肠”要算嘉陵江曲流。从广元张王庙到合川龙洞沱，河道蜿蜒长达600公里，直线距离仅200多公里。中游从金溪到合川段为典型的变形深切曲流，即是素有“九曲回肠”之称的青居曲流，曲流度达359°。从合川至重庆朝天门为嘉陵江下游，河谷深切，仅在北碚形成一个较大的“U”形曲流。那么为什么河道会由直变弯?

曲流的形成原因基本可以归为三类。第一类是水的横向环流作用使得凸岸堆积成浅滩，凹岸侵蚀成深槽，浅滩继续堆积，河流继续向凹岸侵蚀，渐渐河道弯曲形成了流。第二类是河床底部泥沙堆积阻碍水流，使得水只向其中一边偏去，形成曲流。第三类是河岸两边的岩性不一致，一边较软易被侵蚀，一边较硬，使得河道靠向岩性较软的岸。或者由于构造运动造成的两岸差别侵蚀（层理和岩性不同，抗侵蚀能力差异）形成曲流。如嘉陵江中游一段，因构造平整，岩性松软，河道多沿构造迂回斜向盆地中，曲流发育完美。荆江（湖北枝城到湖南城陵矶之间的长江）亦有“九曲回肠”。不到87公里的直线距离之内，长江转了一个又一个弯，竟然走了240公里，人们称它的形状如“九曲回肠”。它是怎样形成的呢?长江从三峡进入了坦荡的江汉平原。由于河床坡度减小，流速减慢，使得向下的侵蚀作用减弱，向两侧的旁蚀增强。旁蚀主要是对凹岸的侵蚀，河水不断冲击河床两岸的凹岸，使河曲的弯度越来越大。

曲流有深切曲流和自由曲流两种。自由曲流指形成于广阔的冲击平原地区，河谷宽阔，不受限制地自由摆动，如荆江曲流、渭河下游曲流、密西西比河曲流等。曲流形成以后，构造抬升，曲流深切到基岩中则为深切曲流，因此深切曲流多发生在山地。相对于泛滥在平原的自由曲流，深切曲流更少见。

## 江心洲（岛）谁主沉浮？

河流除了曲流还有辫流，即河床分汊，宽窄相间像发辫一样。分汊之间的沙岛称为江心洲。江心洲的雏形是水下淤积的浅滩。如果河流持续带来泥沙堆积在浅滩，渐渐在枯水期也不会被淹没，出露为心滩，将水流分向它的两侧，形成两股汊道。两股汊道逐步被拓宽，变弯，环状流就会进一步将心滩加大加高。经过几次大洪水以后，心滩被堆高到超出滩水位，生长植物，进一步稳定，就成为江心洲。因此江心洲（岛）的存亡取决于河流泥沙量和水的流速。河流泥沙供应充足，流速较缓，泥沙会继续在江心洲两侧堆积。泥沙量减少，相应水的流速加大，侵蚀作用明显，则冲刷江心洲两侧，江心洲渐渐萎缩。有些江心洲上已经有常住居民，为了保护江心洲不被流水侵蚀而加固洲岸。其他条件不变，如果河流的主河道方向变化也会引起江心洲形状的改变，主河道经过的一边侵蚀作用明显，岸坡后退。次河道一边流速慢，泥沙堆积为主，岸坡会不断加厚。

## 为何江边山体多雄奇？

水是塑造大自然千变万化奇观的伟大的塑造师。顺江而下，长江两岸群峰怪石，或雄伟或秀丽，或圆润或陡峻，造型地貌

长江三峡之一——西陵峡

让人应接不暇。随着西部地势抬升，长江不断深切基岩，切出1000多米的深槽，在时间的长河中，长江塑造了两岸沿线峡谷、群峰等蔚为壮观的地貌景观。国际知名度最高的是长江三峡：瞿塘峡、巫峡和西陵峡。瞿塘峡长8公里，是三峡中最短的一个，但最为雄伟险峻。以幽深秀丽著称的巫峡绵延40余公里，包括金盔银甲峡和巫山十二峰，峡谷特别幽深曲折，是长江横切巫山主脉背斜而形成的。整个峡区奇峰突兀，怪石嶙峋，峭壁屏列，绵延不断。西陵峡约长70公里，是长江三峡中最长的一个，以滩多水急闻名。整个峡区由高山峡谷和险滩礁石组成，峡中有峡，大峡套小峡；滩中有滩，大滩含小滩。

距今4000万年前的新生代初期，喜马拉雅造山运动使中国的西部地区迅速抬升，形成世界第三极高峰和整个青藏高原，形成了中国西高东低的地势，强迫长江东流，去冲刷切割阻挡长江的巫山山脉。长江左突右冲，终于波涛汹涌劈开巫山山脉，夺路奔流形成了壮丽雄奇、举世无双的长江三峡。

## 瀑布有哪些成因?

河流遇到岩槛，水流从中断的河床跌落下来，状如悬挂着的布匹，即为瀑布。一种是河床基岩岩石软硬不一，较松软的岩石更易被流水侵蚀掉，相对硬的岩石则残留下来，地势高差大，河流演变成瀑布，如黄果树瀑布。另一种就是内力因素。断层、凹陷等地质构造运动使流动的河水突然近于垂直地跌落形成瀑布，如庐山三叠泉瀑布；火山爆发，火山口积水成湖，湖水从缺口溢出，也会形成火山瀑布，如镜泊湖吊水楼瀑布。

从时间尺度上看，瀑布是一种暂时性的特征，它最终会消失。在一些情况下，瀑布的位置因悬崖或陡坎被水流冲刷而向上游方向消退；而在另一些情况下，这种侵蚀作用又倾向于向下深切，并斜切包含有瀑布的整个河段。随着时间的推移，这些因素的任何一个或两个在起作用，河流不可避免的趋势是消灭任何可能形成的瀑布。

## “三江并流”景观是如何形成的?

“三江并流”是指金沙江、澜沧江和怒江这三条发源于青藏高原的大江在云南省境内自北向南并行奔流 170 多公里，穿越担当力卡山、高黎贡山、怒山和云岭等崇山峻岭，形成世界上罕见的“江水并流而不交汇”的奇特自然地理景观。其间澜沧江与金沙江的最短直线距离为 66 公里，澜沧江与怒江的最短直线距离不到 19 公里。三江并流区域内，南北向的大江与大山相间排列，由西往东依次为高黎贡山、怒江、怒山（碧罗雪山）、澜沧江、云岭、金沙江、沙鲁里山。从空中望去，三条大江由北往南纵贯全区，平行流动近 170 公里，形成了四山并列、三江并流这一世界独有的地理奇观，因而得名“三江并流”。如此奇观是怎样形成的呢?

4000 万年前，印度次大陆板块与欧亚大陆板块大碰撞，引发了横断山脉的急剧挤压、隆升、切割，形成了世界上最为独特的山系横断山。构成青藏高原骨架的一系列呈东西延展的山系延伸到东侧横断山区却突然转向呈南北向展布，同时空间距离也被大大压缩在一个极小（约 1/5）的范围内，至藏、滇、川接壤地带甚至被挤缩在 100 公里的宽度内，形成三条大江和四列山脉并列而行的“三江并流”的世界自然奇观。三江并流区于 2003 年 7 月入选《世界遗产名录》。

## 景区景点链接

### 峡谷景观

雅鲁藏布江大峡谷　位于西藏林芝，可以用十个字来概括：高、壮、深、润、幽、长、险、低、奇、秀。大峡谷位于雅鲁藏布江下游大拐弯处的南迦巴瓦峰附近，长达 496.3 公里，险峻幽深，侵蚀下切达 5382 米，具有从高山冰雪带到低河谷热带雨林等九个垂直自然带，是世界山地垂直自然带最齐全、完整的地方。雅鲁藏布江大峡谷环抱南迦巴瓦峰地区的高山峻岭，冰封雪冻，它劈开青藏高原与印度洋水汽交往的山地屏障，像一条长长的湿舌，向高原内部源源不断地输送水汽，使青藏高原东南部由此成为一片绿色世界。雅鲁藏布江大峡谷里最险峻、最核心的地段，是从白马狗熊往下长约近百公里的一条河段，峡谷幽深，激流咆哮，至今还无人能够通过，其艰难与危险，堪称“人类最后的秘境”。

**曲流景观**

九曲黄河第一弯　位于四川若尔盖县唐克乡索格藏寺旁，距若尔盖县城68公里。黄河奔下巴颜喀喇山的约古宗列，一头碰在海拔6000米的阿尼玛卿山口，迫使它转折身躯，又转身流回青海，完成一个“S”形的大转折，这就是九曲黄河第一曲。在这里看到的黄河悠闲而又洁净，河面宽约300米，水深2米，河水以每秒1.5米的流速缓缓而下，又继续转了8个弯，最终流向更广阔的天际。黄河第一弯地势平坦，水流舒缓，岸边红柳成林。傍晚，黄河在夕阳下泛着红色的粼光，自由舒展地蜿蜒而行，显出一种雄浑的气魄与从容的风度。

## 岩溶地貌景观

### 背景分析

喀斯特（karst）原是指前南斯拉夫西北部伊斯特里亚半岛石灰岩高原的地名，意为岩石裸露的地方，那里有各种奇特的石灰岩地形。19世纪末，前南斯拉夫学者司威治研究了喀斯特高原的各种石灰岩地形，采用喀斯特一词称呼碳酸盐岩地区的一系列特殊的地貌过程和水文现象，之后喀斯特一词成了世界地学上的专门术语。喀斯特，在我国又叫岩溶，主要是指经过天然水对可溶性和易溶性岩石的溶解作用后所形成的地表和地下各种地质现象与景观。可溶性岩石主要有碳酸类岩石、硫酸盐类岩石和卤化物盐类岩石。由于硫酸盐类岩石和卤化物盐类岩石出露地表的面积较小，而碳酸盐类岩石出露的面积广阔，所以碳酸盐类岩石地区的岩溶地貌景观最为广泛和壮观。

岩溶地貌景观在我国分布非常广泛。全国碳酸盐岩石分布面积130万平方公里，以广西、广东、云南、贵州、四川、湖北、湖南的石灰岩分布集中而广泛，面积约占全国分布面积的一半，这些地区的喀斯特是在2亿年前海洋环境沉积下来的碳酸盐的基础上发育的，现在这些海洋沉积已经变成坚硬的岩石。另外，在山西、西藏等地也有大面积的碳酸盐岩石分布。岩溶地貌常常形成特殊的风景资源，成为旅游胜地，如我国世界自然遗产中的九寨沟、黄龙寺、桂林山水，世界地质公园云南石林，以及众多的旅游洞穴。

喀斯特地貌景观的发育首先在于该地区岩石的可溶性。可溶性岩石的溶蚀速率一方面取决于岩石本身的化学成分、岩石结构与岩石裂隙的发育程度，另一方面取决于水的溶蚀能力，水的溶蚀能力与水中的二氧化碳含量有关，还与水的流通量有关。地下水中的二氧化碳来自于大气和土壤中生物的呼吸作用；水的流通量则与降水量、渗透量以及岩石的裂隙发育程度有关。岩溶地貌景观有地上的和地下的景观，其中在地表出露的有石芽、溶沟、漏斗、落水洞、喀斯特洼地、喀斯特盆地、干谷、盲谷、峰丛、峰林、孤峰、喀斯特山地、喀斯特高原、喀斯特丘陵、喀斯特平原和喀斯特海岸等；隐蔽在地面以下的有喀斯特管道、地下河、溶洞等地下水溶蚀侵蚀形成的蚀空形态以及其中的碳酸盐堆积物所组成的各种形体，如石钟乳、石笋、石柱、石灰华等。

常作为被观赏的岩溶地貌景观有地上的峰丛、峰林、石芽、天生桥、穿洞景观和地下的地下河、溶洞及洞内的石钟乳、石笋、石柱、石幔、石盾、石花、石盆等。峰林为分散的石灰岩山峰，峰丛为底部相连而上部分离的碳酸盐岩山峰。石芽为可溶性岩石表面溶沟的沟间凸起部分，高大的石芽可达数十米高，称为石林。天生桥是地下河顶板连续崩塌后残留的狭窄顶板部分。山体内部的溶洞被揭露地表，两侧山体崩塌，形成穿山而过的洞穴，成为穿洞。地下河是地下水沿裂隙溶蚀而成的地下水汇集和排泄的通道。溶洞是大型的地下管道。钟乳石是溶洞顶部向下垂直悬挂生长的碳酸钙沉积物，悬挂如古钟，外形如乳，下端常有短鹅管凸起，故得名。溶洞底部向上生长的碳酸钙沉积物称石笋，钟乳石与石笋连接形成的柱状堆积称为石柱。石幔是当水沿洞顶、洞壁往下漫流时形成的以片状延展为特征的悬挂帷幕状、布幔状洞穴灰华沉积。石盾是渗流水沿某一裂隙以一定角度渗出、沉淀，形成呈盾状的堆积物。这里所说的渗流水是指从洞穴顶部裂隙渗流出的含有饱和碳酸钙的岩溶水。石花是由下滴水流和水花溅出的水珠黏附在碳酸钙沉积物上而形成的花絮。石盆是由中心向外、向上生长形成的底小面大的盆状碳酸钙沉积物。

## 阅读提示

在阅读本部分知识时需要掌握的知识点主要有喀斯特名称的由来、喀斯特地貌景观的成景原理、在我国的分布概况、喀斯特地貌景观有哪些更细小的景观，以及它们的实物及成因，同时要学会区分更细小的景观。

导游在讲解这些景点时要立足于科学的基础之上，在讲解了它们美丽的形象之后要讲解一下科学的成因，把科学事实与美丽的神话传说相结合。另外要正确区分溶洞中更细小的微地貌景观，把大环境与微环境结合起来讲解。

## 知识问答

### 桂林山水何以甲天下?

桂林山水是世界著名的喀斯特地貌景观区，峰丛、峰林非常发育。这里的山平地拔起，千姿百态；漓江的水蜿蜒曲折，明洁如镜；山多有洞，洞幽景奇；洞中怪石琳琅满目，于是形成了“山青、水秀、洞奇、石美”的桂林“四绝”，而自古就有“桂林山水甲天下”的赞誉。

桂林附近有几千平方公里的石灰岩出露，那里有群峰丛聚的山地，也有孤峰兀立的平原。岩石表面处处是溶蚀的沟槽石芽，还有小片的石林生成以及漏斗、干谷、洼地、盆地等地貌景观，地下河主要分布在石灰岩山地，而大小洞穴更是遍布各处，数以千计。应该说，桂林地区不但是典型的喀斯特地区，也是一种特殊的峰丛与峰林地貌类型的喀斯特地区。桂林平原地面上挺立的石山是在地面水流的侧蚀、脚洞的发育等作用下不断平行后退而形成的（脚洞是溶蚀作用在岩溶石山基部水面附近形成的浅洞），如桂林市区的普陀山、月牙山、西山及伏波山、独秀峰、象鼻山那样的景观。

广西桂林市象鼻山

阳朔山水园、世外桃源、十里画廊、龙胜梯田、温泉、兴安灵渠、猫儿山、资江、八角寨、荔浦银子岩等，都是桂林美丽的自然景观。桂林水文景观中以漓江最为著名。漓江两岸青山不断，高峰耸翠，江水清澈，山峰倒影，景色变幻，衬以户户农舍和点点渔舟，形成一幅美丽的山水画长卷。

漓江上的景点黄浦倒影堪称一绝，喀斯特峰林、峰丛倒影在漓江水中景色秀丽无比。景点九马画山石灰岩山峰上的水墨画实际上是藻类对岩体的着色作用。在石灰岩山体悬崖上，通常可由于管胞藻等藻类沿崖面节理附近裂隙水渗出带生长而形成所谓的“墨水带”。

## 石头何以成林？

在可溶性岩石地区，岩石受水的溶蚀作用，发育喀斯特地貌景观。在热带亚热带地区，喀斯特作用尤为显著。当可溶性岩石在地表出露后，在水流的作用下，发生不均衡的溶蚀，沿层面及其他裂隙较强烈处逐渐形成许多凹槽，称为溶沟，其间的突出部分称石芽。规模从数厘米到数米不等。石林是特别巨大的石芽，一般在气候湿热多雨条件下发育，生成在近于水平的巨厚层或厚层质纯石灰岩之上，具有两组以上的垂直节理，地形一般较平坦。

石林是一种稀有的喀斯特地貌形态，是石灰岩在长期的喀斯特作用下沿节理溶蚀而形成的高5米以上的石柱组成的林状地貌景观，国外称为“针状喀斯特”或“剑状喀斯特”。在我国，最具代表性的石林当数位于滇东的路南石林，其石柱之高、形态之丰、分布之广等都堪称我国之最。此外，在其邻近的云南师宗、罗平、弥勒、个旧 以及贵州兴义、修文、贞丰，四川兴文，湖北巴东，浙江淳安，福建永安，海南三亚等地也有分布。在国外，马达加斯加、印度尼西亚、马来西亚的沙捞越穆鲁（Mulu）丘陵、巴布亚新几内亚的凯正德（Kai jend）山、巴西东部、澳大利亚东北部等地也有石林分布。

## 水里可以变出景观吗?

水里变出来的景观主要是喀斯特洞穴里与水有关的堆积景观。石钟乳、石笋与石柱是最常见的洞穴堆积景观。地下水沿洞顶渗出时，因水的蒸发及二氧化碳的散失，使溶在水中的碳酸钙沉淀下来，开始只成为一小凸起附在洞顶，以后逐渐增长，具有同心圆状结构，中心部分有一空管，形如钟乳，称钟乳石或石钟乳。当洞顶的水滴落到地板后，经水的蒸发和碳酸钙的沉淀，形成由下而上增长的碳酸钙沉积，形如笋状，称石笋，如宜兴善卷洞口高2米多的砥柱峰。向下长的石钟乳与向上长的石笋相连接，变成为石柱，如贵州镇宁犀牛洞内有高达27米的石柱。

此外，尚有在洞壁随裂隙管道流水而沉积的石帘、石幔、边石、云盆、钙板等，由于洞内浅水池里静水过饱和沉积的石珍珠，有凝结水或毛管水形成的卷曲石、石花、石珊瑚等。洞口或洞底多石灰华堆积。有的地表水流经碳酸钙地层，含有过饱和的碳酸钙离子在适宜环境下可形成巨大的石灰华台地，实为大型的边石群，如云南白水台、川西的九寨沟和黄龙寺。

## 地下溶洞是水冲出来的吗?

溶洞是地下水沿着可溶性岩石的层面、节理或断层进行溶蚀和侵蚀而形成的地下管道。当地下水沿着可溶性岩石的较小裂隙和孔道流动时，水流速度缓慢，这时只能进行溶蚀作用。

随着裂隙的不断扩大，地下水除继续进行溶蚀作用外，还产生机械冲刷、崩塌作用，使地下孔道进一步扩大而成为溶洞。

溶洞内常充满水，成为地下河、地下湖和地下瀑布。如果地壳上升，潜水面下降，溶洞将随之上升，使洞内无水。随着地壳的多次间歇性抬升，就会出现多层溶洞。

洞穴整体地貌可按几何形态和分布地形部位分成三种基本形态：通道、洞穴大厅、脚洞石窟。洞穴通道的形成通常受地质构造（断层、大型节理、层面等）的控制，发育直线形、曲折形、方形、三角形、拱形、椭圆形、葫芦形等类型。正因为洞穴廊道形态及组合如此丰富多彩，所以岩溶洞穴导游词中常有"洞中有洞，洞外有洞，洞洞相连"的说法。洞穴大厅是溶洞与溶洞交会处由于各种地貌营力（溶蚀、流水冲蚀、崩塌等）强度加大而形成的相对开敞的地下空间，形似厅堂。洞厅的规模可以很大，形成极为壮观的洞穴景观。一般旅游洞穴的主要观光景观资源往往集中于洞穴大厅。脚洞是溶蚀作用在岩溶石山基部水面附近形成的浅洞，成因上与水面溶蚀作用相关。岩屋是非溶蚀作用形成的浅洞，大小规模在 10 米以内，洞口大，但深度小，成因常包括构造因素和重力作用，形态上常受构造及地层产状控制。

在喀斯特溶洞中常存在多种碳酸盐沉积物，如石钟乳、石笋、石柱、石幔、石盾、石花、石盆等。这些沉积物和溶洞一起构成极具观赏价值的洞穴景观。

碳酸盐沉积景观——石柱

溶洞景观很多，而且各具特色，如广西桂林笛岩洞和七星岩、广西宁南伊岭岩，浙江金华双龙洞，江西湖口石钟洞，湖北神农架的燕子洞，贵州同仁县的九龙洞，湖北宜昌金狮洞等。

## 天坑是地下河的源头吗?

地理学者朱学稳最先将一类喀斯特形态命名为天坑，其含义为：发育在碳酸盐岩层中、从地下通向地面、四周岩壁峭立、深度与口部宽度达数十米至数百米以上的陷坑状负地形。

重庆及川南地区也称喀斯特地貌景观中的特大型漏斗及其底部的落水洞为天坑，有时也称竖井。

岩溶漏斗是由流水沿裂隙溶蚀而成，呈碟形或倒锥形洼地，宽数十米，深可达10余米，底部有垂直裂隙或落水洞。落水洞是连接地表水流与地下暗河的垂直管道，一般沿裂隙发育，受裂隙的形态控制，可以是垂直的，也可以是倾斜的，其宽度比深度小得多，也常分布在溶蚀漏斗、溶蚀洼地、干谷和盲谷底部。

竖井是暗河顶部崩塌而形成的。缝隙状落水洞在发育过程中如果崩塌作用显著，也可形成竖井。竖井与一般井状落水洞的区别在于其井壁特别陡直，往往可以从竖井中直接看到暗河的水面。

天坑是形态规模很大的喀斯特漏斗，但并不是所有的漏斗都会发展成为天坑。就目前科学界的发现和初步的研究结果来看，形成于碳酸盐岩层中的喀斯特天坑有两种成因类型，即起源于地下水流溶蚀崩塌作用的塌陷型和起源于地面水流溶蚀冲蚀作用的冲蚀型。

喀斯特天坑是一种自然奇观，多具有奇特、险峻、壮观的特点，在生态和环境等诸方面具有一系列自然界相对稀有的属性。高高的峭崖、幽深的坑底、浩大的空间、神秘的地下水流、终年郁郁葱葱的地下绿色宝库、特殊的生态系统、坐井观天的奇特境界，都会开拓人们的视野，引发人们对大自然造化功力的无限遐想，并使人们获得精神上的美好享受。天坑也是一个难得的喀斯特与洞穴科学的科普课堂。同时，天坑又常常与奇峰怪石、壮丽的喀斯特地貌以及众多的洞穴、地下河、地下大厅共存于一体。故天坑多是一种重要的旅游资源，并可达到自然旅游资源中的世界品级。

1994 年，奉节县小寨天坑的发现是一个重要的起点。继之于2000 年，广西乐业县发现了大石围天坑群。2001 年3 月，在武隆县发现起源于地面水流的冲蚀型天坑群。2002 年底，广西巴马县的号龙天坑和交乐天坑被确认。根据国内近几年的调查研究工作报告，十分有趣的是，目前发现的重要天坑主要分布在具有深切特征的长江南岸和红水河南岸。在国外，如巴布亚新几内亚的新不列颠岛、马来西亚的沙捞越、墨西哥地中海沿岸和意大利南部的 Gorgano 及 Murge 高原等地，这类大漏斗也有所发现。

## 地缝是地壳的缝合处吗?

喀斯特地貌景观中的地缝是喀斯特峡谷的一种，喀斯特峡谷类型繁多，形态各异，按地貌结构可分为简单峡谷和复式峡谷，按形态可分为“V”形峡谷、箱形峡谷和地缝式峡谷等，按形成时间可分为现代地表河峡谷和干峡谷。地缝式峡谷也是一个在喀斯特学和地貌学中从未使用过的术语，和天坑一样，首先出自天坑地缝风景名胜区。

地缝式喀斯特峡谷的系统形成条件表现在以下两个方面：一是地表深切和地表、地下统一排水基准面的长期大幅度下降。当某一局部地区的侵蚀基准面下降时，该处地表水流的势能加大，并转化为动能，从而加大了河流的侵蚀能力，促进峡谷的形成。二是地表与地下喀斯特作用的长期协同，地表水的侵蚀切割速度与区域排水基准面的下降速度应保持协调与基本一致，否则河道水流便会在河床中寻机潜入地下，地表深切作用将因此受到削弱以至终止。

世界著名的峡谷中有许多是岩溶峡谷。大型岩溶峡谷，如我国金沙江的虎跳峡段、长江三峡、黄河上的万家寨峡谷等，美国的科罗拉多大峡谷的部分峡谷段也属于岩溶峡谷。中型岩溶峡谷，如贵州的猫跳河、马岭河、六冲河干流的瓜冲河段，广西的桂林漓江峡谷段、靖西县通灵峡谷等最具代表性。国内外的中、小型岩溶峡谷很多，由于峡谷线状延伸和形态多变，从具体数值上对峡谷进行对比甚为困难。最有名的地缝式岩溶峡谷可能是被誉为“燕京小三峡”的龙门涧，其中的乌龙峡峡谷段长约1000米，宽度为数米至10余米，两壁陡崖高达一二百米。重庆武隆芙蓉江支流三会溪峡谷全长511公里，谷底宽5~10米，最窄处3米，两岸陡崖高数百米，也是地缝式峡谷。重庆天井峡地缝的长度大且连续性好，峡谷极为狭窄，切割深度大，是世界上罕见的地缝式岩溶峡谷。

## 石笋一年能长多少？

李廷勇等用U系不平衡法测定重庆新崖洞中长145毫米的石笋生长时代是4.5ka以来的中晚全新世，平均生长速度是0.035毫米。但石笋在各年龄段里的生长速率有些差异。从老到新的生长速率分别是每年0.034毫米、0.016毫米、0.065毫米、0.046毫米。另外，与沉积特征相对应，生长速率相对快的石笋部分颜色也比较浅。沉积速率以及石笋沉积颜色的变化反映了当时的气候环境特征：石笋颜色为灰白、白色的时期一般沉积速度较快，气候湿润；而石笋颜色为灰暗的时期，沉积速度较慢，气候比较干燥。

杨琰等对贵州荔波县衙门洞高3100毫米的石笋用铀系测年的形成年龄为5.0万~0.7万年，生长速率在每年11.6~303.0微米间波动，平均生长速率为每年117.7微米。

石笋的年生长量在几十微米到上百微米之间，根据气候条件的不同有所变化。我们看到的石笋景观大部分是经过几千年到几万年形成的。

## 钟乳石能开花吗？

在喀斯特洞穴中由于含碳酸的水不断从洞顶或洞壁裂隙渗出，形成了各种洞穴中的碳酸盐沉积物，如钟乳石、石笋、石柱、石幔、石花、云盆、泥林、边石、石珍珠、卷曲石等。它们形态美丽，具有很高的观赏价值。石花是由下滴水流和水花溅出的水珠黏附在洞壁或石笋、石幔的表面后，由于温度和压力的变化，使二氧化碳逸去，水珠中的碳酸钙再凝结而形成的花絮、花瓣状沉积。

我国比较有名的以石花著称的溶洞有北京的石花洞、杭州的瑞晶石花洞以及英岛山石花水洞。英岛山石花水洞位于海南省儋州国营八一农场内一座海拔约200米的小山，距儋州市区约30公里。这是中国乃至世界上都十分罕见的石花溶洞，形成于140万年以前。该溶洞由旱洞和水洞组成，旱洞长约2000米，水洞约有3000米长，水深多在5~7米，最深处有10多米以上。英岛山石花水洞内造型奇特、形态各异的钟乳石或悬挂洞顶，或拔地而起，美不胜收。英岛山石花水洞里还有国宝级奇品叫卷曲石，位于旱洞中部的顶部，大约有1010平方米之多。这种卷曲石是一种白玉色棒状、卷曲状或豆芽状的方解石结晶体，色泽柔和，单体长度可达44~66厘米。英岛山石花水洞里的卷曲石不管是从面积、形状等来看，都是中国首屈一指，堪称是世界一大奇迹。英岛山石花水洞内石壁上还布满一种奇特的石花，这些石花形似珊瑚，在灯光的照射下熠熠生辉。

## 景区景点链接

### 云南石林

云南石林是一处有着坚硬石灰岩床的区域。它经地壳运动抬升、断裂后，部分岩石被水溶解、冲刷而形成。这一大片石林位于中国云南省昆明市东南约120公里处，面积约5平方公里。在蜿蜒起伏的广阔田野上，奇石拔地而起，参差峥嵘，突

喀斯特地貌景观——云南石林

兀排空，如雨后春笋，散落在阡陌田畴之中。这些石林千姿百态，巧夺天工，被人们誉为“天下第一奇观”。有些岩石确实酷似树木，但其他的则像刀、鸟、兽、蘑菇、庙宇和山。许多岩石都有名称，如莲花峰、大叠水瀑布、狮子亭和凤凰灵仪等。有些则形成天然桥和拱门。最矮的石柱约有一个人那么高，最高的达 30 米，相当于 8 层楼的高度。云南石林以其幽、奇在世界自然景观中堪称一绝，是世界上最壮观的石林景区之一。

## 永安石林

永安石林位于福建省永安市西北 13 公里的大湖镇，号称全国第二，由鳞隐石林、洪云山石林、寿春岩、十八洞等组成。鳞隐石林原为清雍正年间一富翁的私家花园，保存得较为完好。“鳞隐”取“天故隐其迹”之意，又因石芽表面呈鱼鳞片状，故而得名。永安石林地上石林，地下溶洞，可游可攀，游人在石芽、石柱、石锥、石笋间穿梭，换步成景，举目是一幅绝妙的天然盆景，不禁感叹起天公造物的神奇。

永安石林是喀斯特地貌景观，方圆不大的地方却有着怪石、奇峰和异洞，景区内耸立着石芽、石锥、石柱、石笋共 400 多座，最高 36 米。怪石拟人状物，千姿百态。其景点有三鼎岩、望天星、八戒照镜、接笋峰、石猿抱桃、黑熊护笋、石龟探洞、接吻石、鳞隐书院等 50 多处。

## 腾龙洞

腾龙洞位于清江上游利川市郊区，距离市区 6.8 公里。由水洞、旱洞、鲇鱼洞、凉风洞、独家寨以及三个龙门、化仙坑等景区组成。该洞以雄、险、奇、幽、绝的独特魅力驰名中外。洞口垂直高度 74 米，宽 64 米，长 52.5 公里。该洞穴被认为是世界特级溶洞之一、中国最大的溶洞。洞中石灰岩地貌发育完好，石柱、石笋、石花、石幔、石人、石猴等奇观随处可见。洞内透明鱼世所罕见。清江至此跌落形成“卧龙吞江”瀑布，水声如雷吼，气势磅礴。

腾龙洞整个洞穴群共有上下 5 层，其中大小支洞共 300 余个，洞中有山，山中有洞，无山不洞，无洞不奇，洞中有水，水洞相连，构成了一个庞大而雄奇的洞穴景观。洞内空气流畅，四季恒温 18℃，是旅游、疗养、地质考察的绝妙所在。

### 重庆天坑地缝

重庆天坑地缝景区是典型的喀斯特天坑地缝景观。小寨天坑、天井峡地缝式喀斯特峡谷位于重庆市奉节县南部深切割峰丛谷地区，发育在一个流域面积 280 平方公里、落差 1600 米的喀斯特水文系统中，与巨大的地下河相连。小寨天坑深 662 米，口径 626 米，容积（119 × 106）立方米，是目前世界上规模最大的天坑。天井峡地缝式喀斯特峡谷长 6162 米，最大深度 229 米，最小宽度 1 米，为世界上罕见的地缝式喀斯特峡谷，具有很高的美学观赏价值和科研价值。

小寨天坑体量特别巨大，从不同的角度观看，会有不一样的感受。从坑口往下望，深不见底，神秘莫测；从天坑中部平台下视，则豁然开朗，可见到天坑底部和深邃的地下河；从坑底抬头上望，广袤的天空成了一个明亮的圆孔，真正有种坐井观天的感觉。

天井峡地缝式岩溶峡谷位于小寨天坑南约 3 公里。其南部与下撒谷溪峡谷相接，北部与迟谷槽峡谷相接。峡谷近南北走向，垂直深 80 ~ 229 米。由南往北，峡谷底部忽宽忽窄、忽明忽暗、忽高忽低，狭窄处宽仅 1 ~ 2 米。地缝末端深度为 229 米，是整个峡谷中深度最大的地段。从峡谷底仰视，可见岩壁耸立，阳光犹如一丝丝光柱直射而下，形成“一线天”景观。

# 沙漠与黄土景观

## 背景分析

自从唐代诗人王维吟诵“大漠孤烟直，长河落日圆”，一直到 20 世纪 80 年代歌曲《黄土高坡》唱响大江南北，沙漠与黄土景观便成为旷、野、奇景观的代表。“茫茫戈壁一马平川，万里绝人烟”的景观以及沙漠中的绿洲、风蚀城堡、风蚀蘑菇等都带有极神秘的色彩，成为具有冒险精神的游人所向往的地方。我国是世界上风沙地貌分布广泛的国家之一。它主要发育于西北和内蒙古干旱、半干旱地区，总面积达128万平方公里。主要的景观有蘑菇石、风蚀柱、“魔鬼城”等。在中国地势的第二级阶梯上，分布着最具特色的黄土高原。黄土高原北起长城，南达秦岭，西抵祁连山，东至太行山，横跨陕西、山西等6个省区，总面积达58万平方公里，是世界上黄土分布最广阔、最深厚、最典型的黄土地貌区。黄土地貌是黄土地区发育的一种特殊的沟谷流水地貌。黄土覆盖层厚度一般在100～120米。黄土具有多孔性和垂直节理，透水性强，易被雨水冲刷和流水切割，形成墚、峁、塬、柱等地貌景观。对旅游而言，黄土高原以它粗犷、豪放的高原面貌，壮观、奇特的土柱“峰丛”以及独具一格的黄土窑洞和民俗吸引着游客。

沙漠是地面覆盖大量流沙的区域，汇集着多种风蚀地貌与风积地貌。沙漠的成因：一是干燥的气候，二是丰富的沙漠沙来源。沙漠在我国主要分布在西北地区和内蒙古地区。

我国的黄土高原是一种典型的黄土地貌景观。风成黄土具垂直节理，空隙度大，湿陷性强，抗蚀性弱，极易遭受流水侵蚀。流水作用、重力作用、潜蚀和风蚀均为黄土地貌的外动力，而流水作用显然居首位。

黄土较易被流水侵蚀而发育沟谷，导致黄土区千沟万壑，地面支离破碎。黄土高原地区沟间地地貌类型有塬、墚、峁、坪。

黄土塬是大面积的黄土平台。黄土墚是长条形的黄土高地。黄土峁是孤立圆穹状的黄土丘，若干黄土峁排列为和缓起伏的墚峁，概称为黄土丘陵；黄土坪是黄土区沟谷底部黄土覆盖的阶地或平台。

## 阅读提示

在阅读本部分时需要掌握沙漠与黄土景观形成的动力机制、风成地貌景观的形成条件，能够识别各种风蚀地貌类型。掌握沙漠的形成原因，熟悉黄土高原的土壤结构特点，掌握黄土高原的地貌景观形态。

导游在讲解这类景点时可以穿插介绍成因机制。导游要能够从单一的颜色和无边无际的沙漠中欣赏力量的美丽，能够从支离破碎的黄土高原中欣赏沧桑的美。

## 知识问答

### 风能吹出景观吗?

风作为塑造地貌景观的主要因素，风的作用表现为气流沿着地表流动的时候对地面的岩石等物质的吹蚀、磨蚀、搬运和堆积作用，这些作用所形成的地貌景观即为风成地貌景观。风成地貌景观发育的条件是干旱区强烈的物理风化作用使地表广泛发育沙质风化物，植被稀少与地表经常处于干燥状态又使这些沙粒极易被风吹扬、搬运和易地堆积。风成地貌景观发育的本质仍然是风力作用下的尘沙颗粒运动。

风蚀地貌景观主要有风蚀洼地与风蚀盆地、风蚀残丘与雅丹、风蚀柱与风蚀蘑菇、风窝、风城。风积地貌景观主要是沙漠沙丘与黄土景观。

风蚀穴景观

风窝　陡峭的岩壁经风沙的吹蚀和磨蚀，岩壁表面形成大小不等、直径大约 20 厘米、深可以达到 15 厘米的小凹坑。这些小凹坑有的聚集在一起，有的比较分散，像蜂窝一样，成为石窝。它形成的原因在于干旱区昼夜温差比较大，岩石热胀冷缩，使得岩石表面在物理风化和化学风化的频繁作用下呈现片状的剥落，形成很多浅小的凹坑，风携带着沙粒往凹坑里面钻，被带到凹坑里面的沙粒受到风力的带动在凹坑里面打转，不断地磨蚀凹坑的内壁，结果就形成口小坑大的石窝了。

*蘑菇石和风蚀柱* 由于近地面的风沙流的含沙量更大，所以对干旱区中突出的孤石或破裂的岩块下部的侵蚀较强，从而形成了下细上粗的蘑菇形态，称风蚀蘑菇石。在接受风蚀的过程中蘑菇石重心不稳，上面的岩石很容易坠落下来，掉下的岩石如果在地上不稳定，刮大风时会随风摇摆，即为风动石了。我国东南一带某些花岗岩地貌中的飞来石也与风蚀作用有关，如黄山的飞来石（仙桃石）等。若岩块中垂直裂隙发育，经受风的长期吹蚀，形成风蚀柱。

*雅丹垄槽* “雅丹”一词来源于维吾尔语，意思是陡峭的土丘。在极干旱地区的一些干涸的湖底，常常因干缩开裂，定向风就会沿着这些裂隙长期吹蚀，裂隙越来越大，使得原来平坦的地面形成了许多不规则的背鳍形状垄脊和宽而浅的沟槽。风吹蚀河谷形成的风蚀谷间残留高地或孤立丘岗即是风蚀残丘。雅丹地貌景观是风蚀垄脊、风蚀沟槽、风蚀洼地的组合。在新疆塔里木盆地罗布泊古湖盆的东、西、北部，有 3000 平方公里的雅丹地貌。罗布泊西北楼兰附近最典型。在风城是规模很大的风蚀残丘或残岗，远远望去好像废弃的古城堡。鳍形垄脊和宽浅沟槽长数十米到数百米，深可达 10 米。这里尽是些形状奇异、大小不等、由东北向西南排列有序的土阜、土丘。土丘又干又硬、鳞次栉比，有的拔地而起，如柱、如树、如竹、如伞；有的匍匐在地，似狮、似虎；有的怪异，像神、像魔鬼；有的肃穆庄重，像城堡、像帐幔、像房屋。而在那“土丘林”的沟壑中，鹅黄色的沙堆蜿蜒起伏，金波粼粼，犹如匹匹锦缎。每当云影飘过，或细风撩起轻沙，土阜、土丘似乎缓缓飘移，像船起航，宛如鲸鱼遨游，扑朔迷离，给人以无限遐想。雅丹地貌犹如楼兰王国的层层防线，使探险者不胜颠簸、跋涉之苦。

雅丹地貌中最为壮观的是“龙城”。在罗布泊古湖盆地东北部有一片风蚀最强烈的地区，土丘高峻似城郭宫阙，其形似龙伏卧，所以古书《水经注》中形象地称为“龙城”。这是一种最典型的雅丹地形。巨大的土墩台高达12～20米，侧壁陡立，极难攀登。“龙城”的“建筑物”造型多姿多彩，有的俨然是城堡，端庄凝重；有的似城郭，龙盘虎踞；有的像高楼大厦，顶天立地。分布在这些蹊跷地物之间的宽阔的条条风蚀凹地犹如条条大街小巷，显得深邃、幽静，别有意趣。游人置身“龙城”，颇觉眼前的“龙城”不是古城，胜似古城，更似大自然造就的迷宫，在感叹之余不免生出几分恐惧。

## 沙土何以成为景观?

沙土景观主要指沙漠及沙丘。它是风力堆积作用所形成的地表形态，是在干燥气候和沙质来源丰富等自然条件下由风力作用堆积而成。沙漠指地面覆盖着大量的流沙的荒漠，由于风力作用很强，形成各种风积地貌。包括戈壁及半干旱地区的沙地在内的我国的沙漠总面积达130.8万平方公里，约占全国土地总面积的13.6%。

由风力搬运沙、粉沙、尘土堆积所形成的地貌有下列主要类型：沙堆，风沙流在障碍物背风面所形成的堆积体；新月形沙丘，平面形态如新月的沙丘，新月形沙丘是从饼状沙堆到盾形沙丘再到雏形新月形沙丘演化而来；新月形沙丘链，在两个相反方向的风的交替下，新月形沙丘的翼角彼此相连而成；梁窝状沙地，密集的新月形沙丘或沙丘链在长草的情况下被植物固定或半固定时，称梁窝状沙地；沙垄，沿一个方向延伸的沙质高地，顺主要风向延伸，垄体狭长平直，称为沙垄，我国甘肃敦煌鸣沙山就是一座纵向沙垄，它高达130米；蜂窝状沙地，是沙漠中的一些圆形碟状洼地，它们比较固定；星状沙丘，它具有较高的顶，从顶点向四周呈放射状伸出三条或更多条沙脊，每条脊常代表一个风向。

被称为“死亡之海”的塔克拉玛干沙漠位于56万平方公里的塔里木盆地的腹部。整个沙漠东西长1000余公里，南北宽400多公里，总面积337600平方公里。塔克拉玛干沙漠占全国沙漠面积的47.3%，是中国最大的沙漠，也是世界上的七大沙漠之一。塔克拉玛干沙漠系暖温带干旱沙漠，酷暑最高温度达67.2℃，昼夜温差达40℃以上。平均年降水量不超过100毫米，最低只有四五毫米，而平均蒸发量高达2500~3400毫米。全年有1/3时间是风沙日，大风风速每秒达300米。由于整个沙漠受西北和南北两个盛行风向的交叉影响，风沙活动十分频繁而剧烈，流动沙丘占80%以上。据测算，低矮的沙丘每年可移动约20米，近1000年来，整个沙漠向南延伸了约100公里。丝路古道南道的精绝、小宛、戎卢、圩弥、渠乐、楼兰等古代城镇和许多村落都被流沙所湮没。由于地处欧亚大陆的中心，四面为高山环绕，塔克拉玛干沙漠充满了奇幻和神秘的色彩。变幻多样的沙漠形态、丰富而抗盐碱风沙的沙生植物植被、蒸发量高于降水量的干旱气候、尚存于沙漠中的湖泊、沙海中的绿洲、沙漠中的河流、生存于沙漠中的野生动物和飞禽昆虫等，特别是被深埋于沙海中的丝路遗址和远古村落、地下石油及多种金属矿藏都被笼罩在神奇的迷雾之中，有待于人们去探寻。

## 有会发声的地貌景观吗?

提到会发声的地貌景观，我们首先想到的可能是鸣沙山——沙漠会发声。人们在沙漠中行走时经常会听到沙丘发出不同的声音，它虽然没有流行音乐那般动听，却让人领略到大自然的奇妙。世界上已经发现了100多种会发声的沙滩和沙漠。如美国的长岛、马塞诸塞湾、威尔斯两岸，英国的诺森伯兰海岸，丹麦的波恩贺尔姆岛，波兰的科尔堡，还有蒙古戈壁滩、智利阿塔卡玛沙漠、沙特阿拉伯的一些沙滩和沙漠，都会发出奇特的声响。鸣沙，这种自然现象在世界上不仅分布广，而且沙子发出来的声音也是多种多样的。比如，苏格兰爱格岛上的沙子能发出一种尖锐响亮的声音，就好像食指在拉紧的丝弦上弹了一下。中国鸣沙山的沙子能发出轰隆的巨响，像打雷一样。最有意思的要数夏威夷群岛考爱岛西南岸的一片长800米、高18米的大沙丘。当人在沙丘上走动时，沙子会发出类似“汪汪”的狗叫声，把沙放在手掌中猛搓一下，也会发出同样的声音。

一般按发声不同而将能发声的沙丘分为两大类：一类是声

音较小的“哨沙”，也称“音乐沙”或“歌唱沙”，这类鸣沙听起来曲调优美；另一类则发生在规模较大沙漠地带的沙丘上，叫做“轰鸣沙”，这类沙丘有时发出低沉有力的轰鸣声，有时发出的声音则像敲鼓或万马飞驰。科学界对于鸣沙形成的具体机制一直争论不休。有学者提出“缝隙共鸣论”，认为沙粒和沙粒之间的缝隙有空气，空气在运动的时候，就构成了一个个“音箱”。当沙丘山崩塌以后，空气在缝隙之间出出进进，就会引起空气的震动，当震动的频率恰好与这个无形的“音箱”产生共鸣时，就会发出声响。有的学者则认为，由于不同的风向长期吹动着沙粒，使它们变得颗粒大小均匀，非常洁净，同时也具有许多微小的像蜂窝一样的孔洞。鸣沙能发出声响很可能就是由这种具有独特表面结构的沙粒之间的摩擦共振造成的。还有说法认为，每个沙丘的内部都有一个密集又潮湿的沙土层，它的深度随着雨水的多少而改变。到了干燥的夏天，这个潮湿层就比较深，它被上面的沙土层全部覆盖了起来，潮湿层的底下又是干燥的沙土层，这就可能构成一个天然的共鸣箱。当沙丘崩塌、沙粒沿着斜坡往下滑动的时候，干燥沙粒的振动波传到潮湿层，就会引发共鸣，使得沙粒的声音扩大无数倍而发出巨大的声响。但目前没有得到统一的解释。

中国被称为“鸣沙王国”，在许多地方都曾发现过响沙，且多数为沙漠地带的轰鸣沙，其中最著名的有三处，第一处是甘肃敦煌县城南6公里的鸣沙山；第二处是宁夏中卫县沙坡头黄河岸边的鸣沙山；第三处是内蒙古库布尔漠罕台川两岸的响沙湾，又名“银肯响沙”。

## 黄土能雕出景观吗？

黄土具垂直节理，空隙度大，湿陷性强，抗蚀性弱，极易遭受流水侵蚀。黄土所形成的景观主要是在流水作用下所形成的沟谷及沟间地景观的组合，它的成因是受流水的侵蚀作用、风蚀作用、潜蚀作用、溶蚀作用所致。主要是黄土高原地区沟间地地貌类型景观，如塬、墚、峁、坪以及黄土堞、黄土柱、黄土桥、黄土陷穴等。

黄土堆积的比较平坦的高原面为黄土塬，它是在古盆地基础上由厚层黄土组成、面积较大的台地。塬周被沟谷环绕，流水及边坡重力侵蚀作用强烈，塬边参差不齐。墚，是塬进一步被侵蚀冲刷成的长条形黄土高地，宽度一般小于500米，长数百米至数百公里。峁，是墚经流水侵蚀、沟谷分割而成的孤立的黄土丘。

黄土地表湿陷形成的圆形或椭圆形浅洼地叫黄土碟。黄土区地表出露的穴状凹地，深度大的称为黄土竖井，它是地表水和地下水顺黄土垂直裂隙渗流侵蚀使表层塌陷而成。

## “魔鬼城”是怎么形成的?

“魔鬼城”是一片奇特的风蚀地貌，地处风口，四季多风，每当大风到来，黄沙遮天，大风在风城里激荡回旋，凄厉呼啸，如同鬼哭狼嚎，令人毛骨悚然，“魔鬼城”因此而得名。我国乌尔禾风蚀残丘群在20世纪初被俄罗斯考察者称为“魔鬼城”。蒙古语叫“苏鲁木哈克”，哈萨克语叫“沙依坦克尔西”，其意皆为魔鬼出没的地方。

“魔鬼城”从地貌成因上讲是众多风蚀谷与风蚀残丘的组合。风力侵蚀年轻而相对坚固的沉积物，可形成宽窄不一、底部崎岖不平、但走向多与盛行风向平行的谷地即风蚀谷，风蚀谷间的残留高地或孤立丘岗即是风蚀残丘，风蚀谷与风蚀残丘的地貌组合是“魔鬼城”的地貌基础。我国新疆东部吐鲁番盆地的库姆达格沙漠北部以及柴达木盆地西部都有第三纪砂岩、页岩以及泥岩所构成的风蚀城堡。

## 荒漠化景观是如何形成演化的?

沙漠是指被大片沙丘覆盖的沙质荒漠及其边缘的沙化土地。包括戈壁及半干旱地区的沙地在内的我国的沙漠总面积达130.8万平方公里，约占全国土地总面积的13.6%。

沙漠化是原非沙漠地区出现了类似沙漠的景观，或理解为干旱土地的土壤和植被向着干旱化和生物生产力衰减的方向发生不可逆变化的自然或人为过程，在极端情况下，这种过程可能导致生物潜力的完全破坏，并使土地转变为沙漠。中国是世界上受荒漠化危害最为严重的国家之一，在西北、华北北部、东北西部分布着大面积的干旱、半干旱和半湿润半干旱地区，总面积为300多万平方公里，占国土总面积的1/3强，这里生态环境极其脆弱，荒漠化的趋势日趋严重。

荒漠化的实质就是土地风蚀、出现流沙和产生沙漠的过程，也包括原来固定和半固定沙丘活化、演变为流动沙丘的过程。

荒漠化主要是由于气候变异和人为活动造成的。自然地理条件和气候变异是荒漠化的主要因素，但其荒漠化的过程是缓慢的，而人类活动则激发和加速了荒漠化的进程。

自然因素造成的荒漠化主要有地理环境因素和气候因素。地理环境因素方面，中国干旱、半干旱及半湿润干旱地区深居大陆腹地，远离海洋，加上纵横交错的山脉，特别是青藏高原的隆起对水汽的阻隔，使得这一地区成为全球同纬度地区降水量最少、蒸发量最大、最为干旱脆弱的环境地带。加之全区都在西伯利亚、蒙古高压反气旋的控制中，从西到东、从北至南大范围频繁的强风为风蚀作用提供了充分的动力条件。而局部地区的起伏地形、疏松的沙质土壤和短时高强度的降水特征助长了水蚀的发生与加剧，使黄土高原北部与鄂尔多斯高原的过渡地带及黄土高原中西部成为水蚀荒漠化最为集中、程度最为严重的地区。大范围极度干燥与局部地段低洼而排水不畅、降水稀少与强烈的蒸发，以及不合理的灌溉措施又加剧了土地盐渍化。气候因素方面，有关资料表明，近40年来，中国干旱、半干旱地区及半湿润半干旱地区的部分地区降水呈减少的趋势，而气温则呈增高的趋势，这些都在一定程度上加剧了荒漠化的扩展。近年来频繁发生于中国西北、华北（北部）地区的沙尘暴就加剧了这些地区的荒漠化进程，导致了极为严重的后果。

在我国，干旱地带荒地退化的原因还有过度放牧。在黄土高原起伏地区，人类的过度垦荒导致了水土流失。而在一些干旱地区，不合理的灌溉方式造成耕地次生盐渍化。

## 景区景点链接

### 腾格里大漠景区

中国四大沙漠之一的腾格里沙漠横跨甘肃、宁夏、内蒙古三省区，主要分布在内蒙古阿拉善盟境内，东西宽 180 公里，南北长 240 公里，总面积约 4.3 万平方公里。沙漠中部人迹罕至，被称为“死亡之海”。在四大沙漠中，腾格里沙漠虽然不是最大，但它以沙峰大、沙粒细、颜色黄等形成了自己的特色。大漠景区位于内蒙古西部阿拉善盟境内的腾格里沙漠腹地，面积达 150 平方公里，精华景点是沙坡头旅游区，有中国唯一的落差大、面积广的国际滑沙场，有沙漠长城、沙漠湖泊、沙漠草原、沙漠绿洲、沙山岩画、沙漠牧民风俗等丰富的旅游资源。这里的沙漠颜色黄，沙粒细，光脚走在上面非常舒服。还是治疗关节炎、风湿病和各种风寒病症的理想沙疗场所。

## 木垒鸣沙山

位于新疆昌吉回族自治州木垒县城的东北，距县城 130 公里，是目前我国最大的鸣沙山之一。这里的鸣沙山长约 1.5 公里，宽约 0.8 公里，由数座沙丘和山冈组成。鸣沙山，哈萨克语称为“阿依艾库木”，意思是“有声音的沙漠”。

木垒鸣沙山共有 5 座红色垄状沙山，其中最大的一座长度 500～600 米，相对高度 50～70 米，呈西南——东北走向。沙山下为一片平坦的砾石间歇性河床。当汽车开近沙山时，似有雷鸣号角之声从沙山内部发出，时断时续，时高时低，忽如丝弦悠扬，忽若铁骑奔驰。当人们从沙山顶部向下滑动时，随着黄沙的滚动，沙山发出雄浑、低沉的响声，犹如轰炸机掠过低空一般，经久不息。如果多人并排下滑，其轰鸣声则震耳欲聋，并使腿下产生如按摩器振动产生的酥麻感。特别有趣的是，从沙山上的不同位置下滑会有不同的响声，而且滑痕稍现即逝，马上平复，令人称奇不已。我国有学者研究认为水分是影响鸣沙声发声的主要因子，沙粒表面的多孔状结构所形成的共鸣腔才是鸣沙发声的关键所在。

## 敦煌雅丹

敦煌雅丹国家地质公园位于甘肃敦煌市西北 180 公里处，是迄今为止发现的全球规模最大、地质形态发育最成熟、最具欣赏价值的雅丹地貌群落。景区分南北两大区，东西长约 25 公里，南北宽约18公里，景点造型千奇百怪，巧夺天工。最令人称奇的是许多世界著名的建筑都可以在此找到它的缩影，比如北京的天坛、西藏的布达拉宫、阿拉伯的清真寺、埃及的金字塔和狮身人面像、古罗马废墟遗迹、狼烟未尽的烽火台等。游人置身其间，仿佛进入一个宏大的世界建筑艺术博物馆，令人目不暇接，流连忘返。

# 海岸海岛地貌景观

## 背景分析

世界上最经典的旅游地是3S旅游地，即集sun、sand、sea（阳光、沙滩、海洋）为一体的旅游地，因此作为导游和旅游爱好者了解海岸海岛地貌景观是非常有益的。我国有18000公里长的海岸线，纵跨南北形成许多的旅游胜地。如秦皇岛北戴河、青岛、海南岛海岸海岛旅游资源丰富，成为夏季旅游热点。

海蚀地貌景观

海岸海岛地貌景观指由波浪、潮汐、海流等海洋动力作用形成的分布于海岸带附近的地貌景观。海岸海岛地貌的主要塑造者是海水和海风。海水波浪对岩岸岸坡进行机械性的撞击和冲刷，岩缝中的空气被海浪压缩，从而对岩石产生巨大的压力，波浪挟带的碎屑物质对岩岸进行研磨，海水对岩石的溶蚀能力比淡水强，对碳酸盐岩、玄武岩、正长岩等都有很强的溶蚀作用。海水也会有堆积作用，近岸岩石泥沙等物质在波浪、潮流和风的搬运下沉积形成各种地貌，主要有海滩、沙坝景观。根据组成物质的不同，可以分为基岩海岸、沙质海难、淤泥质海岸和生物海岸。生物海岸有珊瑚骨骼构成的珊瑚礁海岸和红树林海岸。我国钱塘江口以北，以泥沙质海岸为主；钱塘江口以南，以基岩海岸为主。北回归线以南的部分海区还发育了生物海岸。

## 阅读提示

要求掌握基岩海岸、沙质海岸的景观类型和成因，熟悉淤泥质海岸的成因，熟悉我国主要岛屿的类型，了解我国主要海滨景区和海岛景区的类型。

## 知识问答

### 为何基岩海岸更雄伟壮丽?

所谓基岩海岸是指由岩石组成的海岸，它相比由其他物质（如沙、淤泥、珊瑚礁等）组成的海岸坚硬、高大、岸线变化复杂，岸外水深浪急，海蚀塑造的岩石海岸景观造型多样，因此比其他类型的海岸更雄伟壮丽。组成我国基岩海岸的岩石类型多样，但大多是花岗岩，呈淡红色，雄伟壮观。如青岛崂山，海南岛天涯海角。也有变质岩海岸火山岩海岸。基岩海岸受海蚀作用明显所形成的海蚀地貌有海岬、海蚀拱桥、海蚀柱、海蚀穴、海蚀洞、海蚀滩、海蚀台等。

### 柔沙彩石堆成的海滩景观是怎样形成的?

海滨浴场要求滩缓、沙细、潮平、浪小、阳光和煦，因此柔沙彩石的沙砾质海滩成为理想的海滨浴场。我国的沙砾质海滩景区很多，如著名的北海银滩、海南三亚、北戴河昌黎海滩、广州三门岛、湛江东海岛、青岛海滨和浙江普陀千步沙等。昌黎海滩长达30公里，是我国最长的海滩。大连老虎滩、青岛海滨浴场、北戴河沿岸以及海南岛、福建长乐沿岸发育的海滩多为细沙滩。

这种柔沙彩石海岸即为沙砾质海滩，是泥沙在激浪带堆积形成的。沙砾质海岸海湾较多，岸线优美曲折。它主要发育在山地和丘陵地区，主要塑造力是波浪和潮汐作用。外海波浪传入近岸浅水区，向岸前进时流速大，携带泥沙上岸。离岸后退时受到海底的摩擦作用，流速度相比较小，泥沙可以大部分残留在海滨线上。由于激岸浪及其冲流和回流的反复作用，使海滩沙成为分选最佳的沉积物。五彩卵石海滩的物质与当地岩石的组成成分关系十分密切，尤其是岩石的色彩、成分多变时，这些岩石中富含坚硬的石英、燧石成分，在海浪的冲蚀之下，得以磨圆、保留在海滩上，形成五彩卵石海滩。广州三门岛海岸蜿蜒，有大小彩石滩多处。五彩卵石海滩不如沙滩那样分布广泛，五彩卵石海滩物质粗、坡度陡，而且在滩面上可拣到一些五彩缤纷的卵石。三门岛是1亿4000万年前火山喷发形成的火山岛，岛上的彩石滩多由色彩斑斓的火山石组成。

有些海岸沙源足则形成沙丘。沙质海岸在风的作用下沙粒被吹扬形成沙丘的海岸，形成机制同风蚀地貌相似。美国大西洋沿岸、墨西哥沿岸都有沙丘海岸。我国河北滦河三角洲北侧、山东半岛、福建、广东沿岸和海南岛东海岸也都有沙丘海岸分布。沙质海岸还可以见到沙嘴景观，它一端与大陆相连，另一端伸向大海，由泥沙堆积而成，泥沙充足会继续加大，反之泥沙减少或者断绝，沙嘴就会被侵蚀破坏慢慢消失。

## 你享受过泥海陷滩的乐趣吗?

韩国保宁每年都会举办泥浆美容节，游客可以享受泥浆美容以及泥浆滑道滑行、泥浆摔跤、泥浆马拉松等有趣的活动。保宁大川海水浴场附近沙滩上的泥巴和近岸的海底泥土能释放大量远红外线，所含矿物质对皮肤有洁净、紧皱、补充水分及抗衰老功效。这种海岸即是淤泥质海岸。淤泥质海岸多分布在输入细颗粒泥沙的大河入海口、潮汐作用较强的岸段。西欧的荷兰和中国的渤海湾沿岸是世界上最著名的淤泥质海岸。

淤泥质海岸是由粉沙和淤泥堆积形成的低缓平坦海岸，海岸线多平直。淤泥质海岸从陆到海由三部分组成，沿岸冲积平原或海积平原，平原外围是潮间带浅滩，又称潮滩，潮滩以外为广阔平缓的水下岸坡。潮滩上会出现树枝状的潮沟，是潮水后退时冲刷形成的。如果泥沙物质较充足则潮滩不断向海伸展，可达数公里宽。在被冲刷的地段会有贝壳堆积，冲刷浅滩的波浪把残存在泥沙中的贝壳淘洗出来，激浪把它们送到岸上堆积起来。冲刷严重的地方贝壳堆积成滩；冲刷缓慢的地方贝壳堆积稳定加高成堤，蔚为大观。如我国渤海湾西岸就有分布。

## 迷人的岛礁地貌有哪些景观?

四周环水的岛屿对居住在陆地的游人来说充满着神秘感，有很强的吸引力。珊瑚礁岛屿因其造型多样，水质良好，更是得到世人的青睐。岛礁受海水的侵蚀和堆积作用可以形成美丽奇妙的地貌景观。

海岛景观

严格来说面积较大的为岛，面积较小的为屿，聚集在一起的岛屿叫做群岛，链状弧线排列的叫岛弧。按其成因可把岛屿分为大陆岛、冲积岛和海洋岛三类。大陆岛指因为地壳运动陆地下沉或者海平面上升，一部分陆地与大陆分离形成四面环水的岛，如我国的长山群岛、庙岛列岛、舟山群岛、海坛岛、湄洲岛、台湾岛、海南岛等。台湾岛是我国的第一大岛，海南岛是第二大岛。冲击岛指的是由河流湖泊中的泥沙堆积形成的岛屿，如位于长江入海口的上海崇明岛。海洋岛是从海岸底部上升露出的岛，又可分为火山岛和珊瑚岛两种。火山岛是海底火山喷发、熔岩等堆积形成的岛屿。火山岛面积比较小，但是高度高，形成的地貌也丰富多彩，如黑色岩礁和玄武岩石柱等。火山岛多分布在活动断层和构造活动带，如夏威夷岛、我国澎湖列岛、兰屿、涠洲岛。珊瑚礁形成的则是珊瑚岛了，由于珊瑚只能在水暖、高盐、水质良好的热带海洋生长，因此我国的珊瑚礁海岸以台湾北部、澎湖列岛、南澳岛一线为界，如我国南海的西沙群岛、南沙群岛就是珊瑚礁岛。有像花边一样修饰海岸的岸礁，我国广东、海南、台湾的珊瑚礁都是岸礁；有像卫士一样环绕海岸的堡礁，世界最大的堡礁是澳大利亚的大堡礁；有像花环一样分布、中间是礁湖的环礁，我国南海群岛多是环礁，如南沙群岛的郑和环礁、西沙群岛的宣德环礁等。

## 景区景点链接

### 基岩海岸

**野柳地质公园**　位于台湾省台北县万里乡。野柳海岸在海蚀、风化与地壳运动的作用之下将这里含有许多钙质结核的特殊岩层刻画出各种形状，造就了豆腐岩、蕈状岩、蜂窝石、海蚀穴沟、海蚀平台等特殊海蚀地貌，以及蕈状石、烛状石、拱状石三大类奇石。它是由快速隆起的第三纪钙质砂页岩组成。岩层中钙质和硅质易被淋滤或浸出形成风化壳，在岩石表面结成硬壳。由于硬壳覆盖的部分较没有硬壳的部分抗风化程度高，于是形成上大下小的蕈状和包括“女王头”在内的形态各异的“雕塑”群。外形似蘑菇者为蕈状石，这种怪石通常都有一根较细的石柱，上托一个粗大的球状岩石，其中最著名的就是被称为“女王头”的蕈状石。在风化侵蚀下，人们要考虑如何使得“女王头”的脖子不再变细，否则“女王头”的头有掉落的危险。野柳的蕈状石有近百个，它们屹立成群，排列有序，蔚为大观。野柳的烛状石在世界海蚀地貌景观中都是罕见的。烛状石柱顶中央有石灰质结核，结核边缘绕以环优沟槽，整个岩体形同蜡烛台，顶端的结核恰如蜡烛火焰。拱状石是一种中空的奇岩，它的上部岩石坚硬，因此，在下部岩石被侵蚀以后，还能保存，形成古城堡似的拱状。此外还有“姜石”，呈层状出现，一直延伸到海岬的末端，“姜石”的外形不规则，表面粗糙多绉，很像老姜，因此得名。

## 沙砾质海岸

**昌黎黄金海岸**　位于河北秦皇岛市。昌黎黄金海岸海岸线长52.1公里，因受风、潮汐、海流及河流的作用，形成了一条长30公里、宽4公里的沙带和沿海数道沙堤以及泻海等沿海沉积地貌。这里沙质松软，色泽金黄，以沙细、滩缓、水清、潮平著称，是全国著名的12个海浴场之一，可同时容纳30万人下海，相当于北戴河海滨浴场的3.6倍。沿海岸是连绵起伏的道道新月形沙丘。沙丘最高点达45米。远眺沙丘，连绵起伏，犹如金黄色山脉，十分壮观。沙丘带内侧的七里海是典型的半封闭潟湖，面积约8.5平方公里。潟湖东北端有一长2公里、宽200～400米的新开口潮汐通道与海相通，帮助海洋生物洄游到七里海产卵繁衍。

## 岛礁

**鼓浪屿**　位于福建厦门市。除了著名的万国建筑群这一文化景观，岛上有丰富的海蚀地貌和沙滩等地貌景观，如覆鼎岩海蚀崖、剑石海蚀柱、印斗石海蚀台、菽庄花园海阔天空滚石地貌、日光岩古避暑洞滚石地貌、日光岩仙脚桶海蚀地貌、鸡母山海蚀崖等。岛上的日光岩为花岗岩。在漫长地质年代中经风吹、日晒、雨淋，岩体会进一步破碎，外表破碎的花岗岩体在重力作用下经常会沿着裂隙方向（尤其是沿垂直的方向）崩塌，这就形成巨石嵯峨的日光岩，以及险峻陡峭、壁立千仞的龙头山岩壁、石巷。而剥落下的岩块（滚石）叠合成洞壑，便有了“九夏生寒”的“古避暑洞”了。

# 冰川与冰缘地貌景观

## 背景分析

在中国古代，把雪线以上终年积雪的山地称为“雪山”，把冰川山地称为“凌山”。唐代慧立在《大慈恩寺三藏法师传》卷二中记载了汗腾格里山、哈雷克套山之间的“凌山区”地形，也就是今天新疆木札特冰川地区。到了明清，对冰川的了解和记载逐渐增多，如《徐霞客游记》里面就有记载。但是，由于冰川处于高山或极地地带，难以攀登，古代人们对其了解毕竟比较少，直到近现代，人们才逐渐接触并研究它。

冰川俗称冰河，指由积雪形成并能运动的冰体。在高山或高纬度地区，气候严寒，终年积雪，当降雪量大于消融量时，地表积雪逐年增厚，再经过一系列物理过程，形成冰川冰，冰川冰是多晶固体，具有可塑性，它受自身重力或冰层压力作用沿斜坡缓缓滑动，就形成了冰川，就是一条流动的冰河。

在中国，冰川地貌指由山岳冰川对地表的冰蚀、搬运和堆积作用所形成的冰蚀地貌、冰碛地貌和冰川堆积地貌。

冰蚀地貌包括冰斗、刃脊和角峰、“U”形谷、羊背石、冰川磨光面和擦痕。冰碛地貌是指冰川堆积所形成的地貌的泛称，包括终碛堤、侧碛堤、中碛堤和鼓丘等。冰川堆积地貌主要有冰水湖、冰水扇、蛇行丘和锅穴。

冰缘地貌是指由寒冻风化和冻融作用形成的地表形态。冰缘原指冰川边缘地区，现泛指无冰川覆盖的气候严寒地区，范围大体与多年冻土区相当，部分季节冻土区亦发育成冰缘地貌。冰缘地貌主要包括：石海与石河、构造土以及冰丘和冰锥。

## 阅读提示

冰川对于我们来说，平时接触不多，很多冰川景观需要身临其境才能体会到它的魅力。但是，以前的冰川活动给我们留下了比较多的冰川遗迹地貌。

山谷冰川景观——祁连山冰川

第四纪大冰川期是地球史上最近一次大冰川期，约出现在200万年前。在我国，据李四光研究，相应地出现了鄱阳、大姑、庐山与大理4个亚冰期。冰川曾经以它巨大的能量塑造了独特的冰川地貌景观，如角峰、刃脊、冰斗等地貌类型。如今中国国内发现了很多第四纪冰川的遗迹地貌，这些地貌虽然已经受到了冰期结束以来的构造运动、侵蚀的影响，但由于时间比较近，变化不大。所以，可以从这些遗迹中去追寻冰川地貌的一些景观特征。

另外，冰川景观对于旅游者来说具有强烈的吸引性，因为这种景观的可达性较差，不常见，而冰体又壮观浩大、颜色又洁白无瑕，冰川融化的时候又会形成冰塔林、冰洞、冰桌等奇特的冰体景观。

冰缘地区的主要地貌作用是冻融作用。冻土层中的地下冰和地下水由于温度周期性的正负变化，不断发生相变和迁移，于是土层经受反复的冻融并发生应力变形，产生冻涨、融陷、流变等一系列力学表现。在欣赏冰缘地貌景观的时候，要注意分析这些力学过程是怎么作用的，如斜坡上的石河是怎样被冻融作用搬运的。

冻融作用是寒冷气候条件下特有的地貌过程，它使岩石遭受破坏、松散沉积物受到分选和干扰、冻土层发生变形，从而塑造出各种类型的冻土地貌。

## 知识问答

### 雪域冰山景观的魅力何在?

**（1）气势的雄伟壮观**

高纬度和高山地区永久积雪区的下部界线称为雪线。在雪线以上，气温较低，全年冰雪的补给量大于消融量，才可以形成冰川。雪线的位置一般比较高，达几千米，例如，中国天山南坡雪线高度为3900～4200米，北坡雪线高度为3500～3900米，而青藏高原东南边缘雪线高度为4500～5000米。所以，只有高大的高原和山峰上才可以形成冰川景观。这些山峰雄伟壮观，直插云霄，形势很是险峻。当游人驻足山下，仰望雪山，白雪皑皑的山峰像巨人一样矗立着，顿时感到自然的伟大与个人的渺小，心灵会受到深深地震撼。

**（2）冰雪世界的洁白与神秘**

在冰山广布的青藏高原上，洁白的雪山群峰连绵，姿态雄伟，对于世代生息于雪山脚下的藏民来说，这是一种神圣的象征。很多高大的雪山都成了他们心目中的神山，只要他们由此经过，莫不向之顶礼膜拜。

如果我们有幸登上冰山，置身于冰川之中，就会体会到雪的洁白、冰的晶莹，让我们不敢有轻微的妄动，生怕破坏了这个洁白与神秘的世界。

**（3）形态的多姿多样**

欣赏冰川的形态要从三个角度来看：

其一是山体的形态。冰山的山体形态与东部地区的山体有明显的区别，一般高大挺拔、姿态雄伟、气势磅礴。

其二是冰体的形态。冰川由于其长度、宽度、厚度各不相同，因此它们的形态也各不一样，有的冰川宽厚而浩荡，有的窄薄而秀丽。而在冰川中发育的冰塔林则像石林一样，高矮各异，形态多样，晶莹剔透。还有形状像桌子一样的冰桌……这简直是一个冰雕的世界！瑰丽而神奇。

其三是冰川地貌的形态。主要包括冰斗、刃脊和角峰。冰斗是指山坡上部的凹地，它是一个三面陡峭、一面开口的围椅状地形。在有冰川覆盖的山峰上，这些景观是不太明显，或者看不到的，只有当冰川消退后，这些冰川侵蚀的地貌才会被我们清楚地看到。

**（4）景观组合的魅力**

冰山上的冰川以及各种冰体形态、冰川地貌、山麓的植被与周围的环境等景观可以形成各种各样的组合。根据欣赏角度的不同而呈现不同的组合，同时也给人不同的欣赏感受。

我们身处冰川之上，冰塔林晶莹剔透，姿态优美，冰瀑布气势磅礴，雄伟壮观。这一系列的冰体景观又组合成了一个美丽的冰雪世界。

## 冰河的源头——冰斗景观是怎样形成的?

冰斗是山岳冰川重要的冰蚀地貌之一，它位于冰川的源头。典型的冰斗是一个围椅状洼地，三面是陡峭的岩壁，底部是具有岩石磨光面的斗底。其出口向山坡前方，口上常有凸起的岩坎，整个地形似匙状。冰斗一般发生在雪线附近。冰斗是调查冰川遗迹的重要标志之一。

冰斗之所以有这样的景观，是与冻融作用和冰川的侵蚀作用密切相关的。起初在雪线附近，如果有一定的缓坡，则积雪会慢慢堆积、冻融。基岩由于寒冻风化作用而崩裂，又由于冻融作用的存在，使得这些岩屑不断向下流动，最后在这里形成一个凹地，它会不断地扩大，最后凹地上部积雪堆积形成冰川，向下流动，就是冰河的源头。不过，冰川在流动过程中其底部的刨蚀作用使冰斗的底部不断深切、磨光，并产生溯源侵蚀，直到山顶。几条冰川溯源侵蚀，则在相邻的界线处形成刃脊，在山顶形成角峰。

## 有哪些奇特的冰川景观?

**（1）多种多样的冰川景观**

中国的冰川都属于山岳冰川，山岳冰川是一种完全受地形约束的冰川，它诞生在不同地形的山地上，因而形态各异，规模不等，悬殊很大。山岳冰川中具有代表性的形态类型有以下几种：山谷冰川、冰斗冰川、悬冰川、平顶冰川、山麓冰川。

山谷冰川是山岳冰川中发育最早的一种类型。大量的冰体从冰斗中溢出，并进入山谷形成几公里乃至几十公里长的冰舌，厚可达数百米。如单独存在的一条冰川叫单式山谷冰川，由几条冰川汇合的叫复式山谷冰川。复式山谷冰川，像山谷中一条拥有众多支流的大河突然被冰封。

山麓冰川实际上是山谷冰川流到山麓一带扩展或汇合成一片广阔的冰原。冰斗冰川的三面围壁较陡峭，下方有一短小的冰舌流出冰斗，而在冰斗内，由于围壁较陡峭，经常发生雪崩，不过这也形成了冰川补给的一个途径。悬冰川是山岳冰川中数量最多、体积最小的冰川，它们对气候变化反应灵敏，容易消退或扩展。平顶冰川是发育在起伏平缓的高地上的冰川，这种冰川比较薄，在高地周围伸出许多冰舌，很是壮观。

**（2）冰川上奇特的冰体景观**

走近冰山，置身其中，让人觉得浩浩荡荡、气势磅礴的是冰川流经悬崖形成的冰瀑布。如四川海螺沟冰川一号冰瀑布宽达1100米，落差1080米，由无数极其巨大的光芒四射的冰块组成，仿佛是从蓝天直泻而下的一道银河。

另外，我们还可以看到冰塔林。由于冰川各部分运动速度的不同，或下垫面的变化，在冰川表面造成一些裂缝和裂隙，这些纵横相间的裂隙将冰川分割成一个个冰块，即冰塔，是一种罕见的珍稀的景观，高度一般有几十米。珠穆朗玛峰山脚下的中绒布冰川末端的冰塔林是一个个像黄山的奇峰，又像云南的石林，让人惊叹大自然才是真正的艺术家！

在冰川中还发育有水晶宫似的冰洞，这是由冰川内部的排水道被放弃后形成的。冰洞里面的冰体似被精雕细琢而晶莹剔透。

冰桌则是由于冰面差别消融形成的。因为被石块盖住的冰块得到保护，减少了消融，所以高高擎起，而周围未受到保护的冰面消融很快而变低，冰桌就这样形成了。

由于冰体组成的冰瀑布不像水瀑布那样流动，但由于冰体融冻作用，它不断产生冰崩。冰川活动剧烈的春、夏季，一天冰崩可达上千次，最剧烈时一次可塌垮上百万立方米的冰体。冰崩时，冰体间剧烈的撞击与摩擦会产生放电现象，一时蓝光闪烁，大地震颤，山谷轰鸣，千千万万的冰块滑落着、飞溅着，扬起漫天雪雾。

## 原始的堆石艺术——石海石河景观是怎样形成的?

在寒冻风化作用下，岩石遭受崩解破坏，形成大片巨石角砾，就地堆积在平坦的地面上，形成石海。由于冰缘地区的温度低，经常在零度上下波动，这样就形成了一定的湿度，基岩起初受到热胀冷缩的作用而产生了节理，这就使岩石沿节理反复冻融，直至最后彻底崩解。石海的形成对基岩和地形都有要求，基岩必须是硬度足够大而含有节理的岩石，这样才能崩解为巨大的石块，如果是砂岩或者页岩，那么它们就会崩解为细小的碎屑，易被搬运。而如果地形不够平坦的话，崩解的石块也不会保留在原地而形成“石海”。

秦岭太白山跑马梁是秦岭主脊的一部分，海拔平均在3000米以上。虽然是秦岭主脊，却是一块残存的古老的夷平面，在这个夷平面上发育有一片石海，这真是一块鬼斧神工的地方，大块大块的石头平整地堆在一片平地上，构成一个乱石的海洋，走上去却是崎岖难行。有些石头上面生了一些苔藓，稍有不慎就会滑倒在石头之间的空隙中。

在山坡上崩解破坏的石块由于重力滚落到山谷中，许多石块堆积形成“河”，即“石河”。这些石块在山谷中反复冻融的作用下缓慢地向下流动，它的流动速度很慢，一般一年流动不到1米。

大连三道沟的大石峤是一条明显的石河，整个山谷中堆满了大大小小的石块，像是一条波澜起伏的大河流过，起伏不平的石块就像波涛滚滚。它的坡度都在20°以上，并且整体呈阶梯状分布，这是其曾发生过整体蠕动的迹象。

## 景区景点链接

### 内蒙古克什克腾世界地质公园中的冰斗群

2005 年，在内蒙古克什克腾世界地质公园内的平顶山发现了第四纪冰斗群，地质界为之震惊。平顶山冰斗群园区位于克什克腾旗东南部，在群山峻岭中有数以百计的第四纪冰斗。这些冰斗分布于群山之间，形成了大量的刃脊和角峰，远远望去冰斗错落有致，层次分明，角峰突兀，鳞次栉比，刃脊绵延起伏，势比长城。地质学家据此推断，在距今 1 万年至 300 多万年以前的第四纪冰川时期，赤峰地区曾经是冰川覆盖的世界。

### 冰塔林广布的特拉木坎力冰川

特拉木坎力冰川位于喀喇昆仑山脉的特拉木坎力峰（海拔 7441 米）下，冰川长 28 公里多，面积为 124.53 平方公里，冰川末端高度为 4520 米，雪线高 5390 米。特拉木坎力冰川最奇异的自然景观是高达数十米的冰塔林，自海拔 5200 米处发育向下至冰川末端，长度在 11 公里以上。冰川上的连座冰塔形成一座座冰峰，甚是壮观。冰峰下常伴有冰湖，碧波荡漾。冰舌上段冰面洁净，冰塔及各种冰雕形态随处可见。

### 最著名最壮观的复式山谷冰川——绒布冰川

这一地区位于珠穆朗玛峰山脚下，由西绒布冰川和中绒布冰川这两大冰川组成。面积在 10 平方公里以上的山岳冰川就有 15 条，其中最大、最为著名的是复式山谷冰川——绒布冰川。绒布冰川长 22.2 公里，冰舌平均宽 14 公里，面积达 86.89 平方公里，平均厚度达 120 米，最厚处有 300 米以上，是我国雄奇壮观的冰川景区。

### 中国的阿尔卑斯——四姑娘山

四姑娘山位于小金县和汶川县交界处，由横断山脉中四座毗连的山峰组成。根据当地藏民的传说，是四个冰清玉洁的姑娘的化身，因此得名“四姑娘山”。

四姑娘山以雄峻挺拔闻名，山体陡峭，直指蓝天，冰雪覆盖，银光照人。山麓森林茂密，绿草如茵，清澈的溪流潺潺不绝。而雪线以上常年白云缭绕，冰川覆盖。四姑娘山有美的山峰、美的沟壑、美的行云、美的流水等景观组合和视觉色彩的组合让人体会到一派秀美的南欧风光，人称“中国的阿尔卑斯”。

## 羌塘国家级自然保护区

羌塘是指青藏高原上那曲西北部、日喀则的北部以及青海省西部由念青唐古拉山、冈底斯山、唐古拉山、昆仑山以及可可西里山等众多山脉和山峰所环绕的高原陆地。它的面积超过70万平方公里，是青藏高原的核心和主体部分，也是世界上海拔最高、气候条件最恶劣的高原。

这里是世界上中、低纬度带海拔最高、面积最大的多年冻土带，有奇异的冰缘地貌，是藏北特有的地貌景观，有冻眼丘、石海、石环、冰锥、冰楔群、多边土等，同时还有奇特的“水火山”喷发现象。

# 第四篇 水体景观

# 水体景观的成景因素

## 背景分析

水，是自然界最重要的物质，它维系着地球上一切的生命。正是因为有了水，我们的星球才会物种繁盛，丰富多彩。除了是生物体中最重要的组成部分外，水还一刻不停地塑造着我们这个星球的外貌，它削平了高山，挖出了深谷，让我们目之所及变得高低有致、风景旖旎。“山水”在中国甚至成为风景的代名词，可见水在构成景观中的重要作用。占地球表面71%的水域并非都用于造景和旅游，其中只有一部分构成自然风景旅游资源，即风景水。水点缀和哺育了美丽的景色。山水景是自然风景旅游资源的主体，古人云：“山得水而活，水依山而幽”。

海洋和陆地水体是自然界最活跃的因素之一，不仅存在海洋之间和陆地之间水分的循环，而且水上与大气圈、下与岩石圈互相渗透转换，为自然旅游资源的形成提供了重要的构景环境、意境和素材。

## 阅读提示

### 流动的景观

地球上的江河一刻不停地奔流着，表面看似不动的平湖深潭中也是潜流纵横。中国有句古话“流水不腐，户枢不蠹”，它充分说明了流动对于水的重要性。在我们出外旅行的过程中，流动着的水也总是能首先吸引我们的眼光。

与静默不动的山、石、树、屋结合在一起，流动不息的水赋予了自然环境更多的生机。“大漠孤烟直，长河落日圆。”可见缺了静静流动的河流，万里黄沙也形成不了一幅完美的风景画。而强调天人合一的中国人甚至给水赋予了哲学意味，“仁者乐山，智者乐水”，使不断改变自身以适应周围环境的水成了智慧的象征，构成了中国人为人处世的重要态度和方法。孔子则说水“逝者如斯夫”，从永不停息流动的水中感受到了一种永恒的庄严，也有一种人生如流水飞逝的感叹。而在道家哲学中，水则具有更重要的意义。老子说“上善如水”，把水作为道家处世的最高标准。又说“天下莫柔弱于水，而攻坚强者莫之能胜，以其无以易之”，充分认识到了在水的流动中蕴藏着巨大的力量，能够攻坚拔固，用它来详细地解释自己的无为之道。这些关于水的思想让人们在观赏水景时不仅能得到愉悦，更能够感受到无限的趣味。

自然界里的水千姿百态，流动的方式也是多种多样。江河奔流，让我们感到一种一往无前的气势和豪迈。“君不见黄河之水天上来，奔流到海不复回”，那是何等的气魄！而溪流潺潺，则给人一种静谧的感受，让人们在叮咚的水声中去体味大自然的美好。“明月松间照，清泉石上流”，在抛下了功名后，隐居的王维在静静的山间小溪中听到了大自然最美妙的声音。而平静无风的湖面则更如一面镜子，在其中照出的是观景者自己的心绪。“南湖秋水夜无烟，耐可乘流直上天。且就洞庭赊月色，将船买酒白云边”，后来的泛舟人可有李白的那份飘逸？更不用说还有闻名天下的钱塘大潮、飞流直下的庐山瀑布、茫茫大海中的滔天巨浪。无论什么样的水景，在它充满了热情的流动中，你总能感受到藏于自然中的趣味。

水的流动还伴随着各种各样的声音，潮水的击岸声、河溪的潺潺流水声、瀑布的轰鸣声、泉流的淙淙声等。曾编写《文选》的梁太子萧统就说：“何必丝与竹，山水有清音。”即使我们闭上眼睛也可以感受到大自然的美妙。

## 形体的艺术

水是液体，其自身并不像固体那样有着稳定的形状。因此，大量的水聚集到一起所表现出的形态其实并不是水体的形状，而是存放这些水的“容器”的形状。也正是因为水具有这样极强的可塑性，也使得自然界的水体呈现出纷繁而精彩的面貌。

这一点在水流速度相对较慢的湖泊上体现尤为显著。很多湖泊都是以其自身的水域形状为名，非常有趣。如我国云南省的名湖洱海，就是因为其湖形状如人耳而得名。扬州著名的瘦西湖就是因为其状似西湖，而其风景园林之胜又不逊于钱塘西湖，但其水域面积远远小于西湖，而且瘦西湖原为河道，其湖形狭窄修长，故名之为“瘦”西湖。还有我国宝岛台湾的著名湖泊日月潭，湖中一个小岛将湖区分为两半：岛北湖形圆如日轮，水色丹，为日潭；岛南湖形曲如新月，水色碧，为月潭，故以日月潭命名全湖。庐山上著名的景观湖如琴湖则更是在名称中直接点明了“湖形如琴”，再配以叮咚的水声，真是妙景天成。

然而，水也并非只是反映着周围环境的形状，水自身的力量也在不断地改造着周围的环境，从而也改变着自身的形态。由于目前我们所见的地形地貌多是经过了几千几万年甚至百万年的内外力交相作用而形成的，所以，目前我们所见到的河流、湖泊，甚至大洋的边缘不光反映了岩石对于水流的限制，也体现出了流水对于岩石的作用。大凡瀑布的下方都会出现一个深潭，其形犹如圆腹的茶壶，我们常称其为“壶穴”。这就是由陡崖上分奔而下的水流具有很大的动能，重击谷底，岩石不断地被侵蚀、击碎，然后不断地被水流冲走而形成的。柳宗元有名句“岭树重遮千里目，江流曲似九回肠”，我们在形容流水

山间河谷中常见的河谷龙潭

时也常常会说“蜿蜒而过”，可见河流从来都不是笔直地流过，而是蜿蜒曲折地流。原来在江河中不光有着向前的水流，在水面下也会暗流汹涌。由于当地地形与河床的关系，还会存在着各种各样的旁流、侧流。这些旁流、侧流就会对两岸进行侵蚀，称为“旁蚀”。这就使得河岸或后退，或前进，那么，水流自然也就在弯曲的河岸中曲折前进了。

不光是会聚在一起的水域，就是少部分的水，像水珠、水滴、水幕，也都是各具神采，使人流连。古人常将瀑布飞溅而出的水滴形象地比喻为“喷珠溅玉”，可见，在热爱自然的古人心中，那晶莹的水珠如珠玉般美好。那如丝而降的细雨宛如串串珠帘，让世间万物一派朦胧，让诗人刘禹锡写下“深秋帘幕千家雨”这样的佳句。

## 光影的变幻

纯净的水是无色无味，而又纯净透明的，但自然界中的水却不是无色的，而总是五彩斑斓的，光线可以透过水体。透入水中的光线受水中浮游物质以及水分子的选择吸收与选择散射作用，会呈现出不同的颜色。此外，水中的其他杂质，像水底沉积物、泥沙以及水中的生物都可以影响到水所呈现出的颜色。孕育了华夏文明的黄河就是因为其河水中携带了大量的泥沙而使河水变成黄色。以水色绚丽而闻名天下的九寨沟的大大小小的“海子”在阳光的照射下呈现出黄、绿、蓝等多种色彩，在蓝天白云雪山翠林的映衬下，显得无比美丽。

水的作用还不仅在于其自身可以让人感受到自然界的多彩，而且在自然和人类的巧手安排下，水与周围的景观可以有机地融合在一起，构成一幅幅绝妙的图画。在这其中最值得一提的就是对水所产生的倒影的运用。在很早的时候，我国的工匠们就发明了拱桥，其桥洞为半圆形，恰好可以与在水中的倒影构成一个完整的圆形，宛如天上的明月。因此，拱桥多与月景相联系，唐朝大诗人杜牧写的“二十四桥明月夜，玉人何处教吹箫”的名句就会让人不禁联想起那水中月与天上月交相辉映的景象。杭州西湖著名的景点“三潭印月”更是借天地之光，与水光交相辉映。每当皓月当空，尤其是中秋之夜，在塔内点上灯烛，洞上蒙上薄纸，光束透过圆孔倒映水面，月光、灯光、湖光交相辉映，塔影婆娑，别有一番迷离的情趣。在我国的古代园林中，水除了本身波光潋滟，给人清凉与享受外，还总是重要的造景手段。亭台廊榭或沿水而筑或临于水上，倒映于水中，虚实相生，妙趣无穷。

## 知识问答

### 水的流动有什么重要意义？

物质溶解于水中，随着水流流动，从一个地方到达另外的地方。而水流动的能量也推动着那些不能溶解于水的物质在水中的流动。我国著名的黄河就是因为在其中段流域水土保持能力很弱，严重的水土流失导致大量泥沙混在各支流中汇入黄河，使得黄河水混浊不堪。在河的下游往往形成平原，在江河的入海口常常会出现三角洲，而构成这些地形基底的，往往就是江河搬运带来的大量泥沙，在下游流速变缓了之后慢慢沉积下来的。除了完成物质的搬运外，流动着的水中还蕴藏有巨大的能量，正是因为有了这样的能量，河流在流动的过程中不单单只依顺于自己所流经的地形，同时也强烈影响着周围的地形。我们今天所见到的江河景观都是在长时间的水流冲刷、淘挖后所形成的。别看岩石十分坚硬，可是在万年长流的江河面前，岩石也要给水让出一条路来。在河流的上游我们常常会见到高峡深谷的景观，那就是河流在不断的流动过程中向下侵蚀下方的岩石，在坚硬的岩石上挖出了一条深谷。如著名的长江三峡中的西陵峡，据研究表明在近几十万年的时间里，河水又向下挖了约有百米的深度。也就是说，几十万年前长江的河床是高悬在百米高处的两岸峭壁上。除了向下深挖外，河水对于两岸也有着所谓旁蚀的作用，也就是说，两岸也会受到河水不断的侵蚀、冲刷。

### 地球上的水主要储存在哪里？

地球上的水分为江、河、湖、海及冰川等多类水体。如果把各类水体铺在地球表面的平均深度规定为它们的当量深度，那么，估算的海洋水体的当量深度为2700～2800米，冰和雪的当量深度为50米，地下水的当量深度为15米，陆地上的河湖水为0.4～1.0米，大气水的当量深度为0.03米。水域是指水体的地理位置、自由水面的形状与面积。所谓水圈，由地球表面各类水体、各地水域共同组成，抽象为覆盖地球表面的水层，实际上是不连续的、上下高程相差很大的自在水体水域的总称。水圈对地球环境有重要的贡献，水体或水域对地球环境的影响则各有各的有效范围，它们造成了地球环境的差异，而且建立了以水体或水域为中心的、向外逐渐减弱其影响强度的、次级地球环境的变化系列。

## 地球上的水是如何循环的?

水循环是储水库水体之间水分的往返交换、周而复始的互补。水循环的实施途径是水的三种物态的更替与流动。蒸发、降水等是水循环的具体方式。水循环的基本动力是太阳辐射能与地球引力，以及在水循环过程中的能量转移。

通过降水和蒸发，海洋和陆地表面水分不断地进行交换，10天内进行这种交换的水分总量大约等于大气对流层中水分的总储量。全球淡水总储量如通过江河净排放，大约10年之内可完成，而通过蒸发发散作用，就只需5年。

全球海洋总储水量约$1.4\times10^9$立方公里，约占全球总水量的97%。全球海洋表面积约$10^8$平方公里，约占地球表面积的70.8%。海洋水主要通过蒸发散失，每年蒸发散失总水量约43.4万立方公里，其中约39.8万立方公里的水量又通过降水直接返回海洋，实际散失约3.6万立方公里，被风携入陆地上空，这部分水又通过江河径流返回海洋。海洋水体全部更替一次大约需要$3.7\times10^4$年。

每年约有50.5万立方公里的水量通过蒸发进入大气，其中来自陆地的蒸发和蒸腾水量约7.1立方公里，占进入大气总水量的14%左右。与此同时，每年又有同等水量通过降水返回陆地和海洋。大气的总储水量仅有1.55万立方公里，其中海洋上空占71%左右。这部分储水大约只需8天到9天就可以全部更新一次。

地球上的淡水大量地以冰的形式储存在南极与格陵兰地区。南极冰盖总体积约 $23.45 \times 10^6$ 立方公里，折合水量约 $21.50 \times 10^6$ 立方公里。格陵兰冰盖总体积约 $2.6 \times 10^6$ 立方公里，折合水量约 $2.38 \times 10^6$ 立方公里（Flint，R. F.，1971）。全球冰川冰的总体积约 $25 \times 10^6$ 立方公里，如果全部融化，大约相当于海洋水层增厚 65 米。冰川储水的特点是储存时间长，参与全球水循环的速度十分缓慢。估计大陆冰盖冰的平均停留时间为 103 ~ 105 年。大约距今 1.8 万年来，全球大陆冰川的总消融量约 $50.72 \times 10^6$ 立方公里，相当于海洋水层增厚 132 米。高山冰川冰更新一次约需数十年到数百年，有的达 1600 年以上。

陆地上地表水总量约 36 万立方公里，生物水量约 2000 立方公里。陆地上的大气降水与冰雪融水消耗于蒸发、生物吸收和渗透到地下，另有约 3.6 万立方公里通过径流返回海洋。陆地上水体的自然更新一次的时间长短不一，河流约需 10 ~ 20 天，土壤水约需 280 天，淡水湖约需 1 ~ 100 年，盐湖和内海约需 10 ~ 1000 年。

地下水总量的估计值相差很大。它位于地表以下和海底以下，大多存在于地表以下 1 米左右的岩土孔隙裂缝之中。地下水的停留时间一般为 10 ~ 102 年，自然更新一次需 300 年左右，但部分较深层地下水可停留 106 年。土壤层水的更替周期约 1 年，生物水更替周期以几小时计。

水在各类水体之间不停地循环流动，不仅使得地球表面的景观形态不停地变化，而且伴随着物质的迭换和能量的流动，对于地球系统的平衡和稳定起到了重大的作用。

# 河川景观

## 背景分析

河川是水圈中重要的旅游资源，它不仅孕育了古代文明，而且通过水流的作用，使岩石圈表面千沟万壑，峡谷幽深，构成一条条景象万千、风光明媚的旅游走廊（河川旅游线）。河流是线状的水体，其最重要的特征便在于水的流动。湍急的水流具有很强的能量，它可以挖深河道，打磨河岸；而平缓的水流使得大量的泥沙堆积。所以水的流动塑造了一系列河流的形态特征。不同部分的河流其形态上的巨大差距往往就是河水的流动造成的。下游的河流往往河面展宽，流速较慢，给人一种温柔宁静的感觉；而上游的河流却往往是夹在高山深谷之间，水流湍急，一泻千里，气势惊人。

分布在较大河流中上游的峡谷型河流景观往往是江河上最迷人的旅游胜地。河流往往同两岸山体相互衬托，构成水光山色相映成趣的景色。山间河流迂回曲折，两岸奇峰嵯峨，山水相得益彰，形成一幅绝美的山水画。那狭窄的江面、奔腾咆哮的激流、中流砥柱和两岸多姿多彩的造型地貌，无不引人入胜。

与山区大河激流翻滚的景象形成鲜明对比的是行经平原地带的相对和缓的下游河流。或者可以这样说，下游的河流形成了周围的平原。河流到了下游时，由于沿途接纳了许多支流，往往水量要比上游大很多。更多的水量也就意味着水中会携带大量的泥沙。河流奔腾万里，最终总是要汇入海洋或者一个较大的湖泊。因此，河流向下侵蚀就以海平面或这个汇入的湖泊的平面为限。而越到了河流下游，河水就越接近这个侵蚀的基准面。这时河水具有的动能就越来越小。河流经过了长距离的流淌，河水对于河流中沙石的搬运以及河流与河床河岸所发生的摩擦作用都消耗了河流的能量。因此河流到了下游时流速就开始变慢，这时河水中携带的泥沙就会沉积下来。因此在中下游的河流中常有许多心滩、河漫滩的发育，如南京附近长江中的八卦洲与江心洲。在河流入海处发育的三角洲也是泥沙堆积成的产物。

由于河流在下游的河岸往往十分平坦，因此自然景观往往不如上游雄伟壮丽。但河流下游的土地平坦而肥沃，是人类聚居繁衍的好地方，因此下游的河流旁往往人烟稠密，沿河分布着许多大城市。在河道上往往船来舟往，千帆争流；河岸上则房屋鳞次栉比，人们熙来攘往，好不热闹。

人类文明的出现与发展离不开水，也就离不开河流。河岸地带是人类最早居住认识的地方，河流在各民族的文化中都具有哺育万物的母性寓意。但人类文明的繁荣却给河流带来了深重的灾难。工农业的发展与人类生活强度的不断加大造成了河流的严重污染，破坏了河流的生态环境。

## 阅读提示

我国的地域广阔，自西向东存在着地势上的三级阶梯，在这其间自然也孕育了无数河流。在河流的不同部分具有不同的形态和不同的美景。因此，大江巨川自古便是我国重要的游览景点。在沿江河游览的过程中，山区河流上游的景色是最令人赞赏的。导游在引导游人观赏沿途景色、讲解景点的同时，也可以给游人进行周围地貌上的描述和介绍，并简单地阐释其中的原因。

河流下游的景观与上游迥异，坦荡的平原、繁华的城市、密集的人群、穿梭的船只是这里的典型景观。导游在介绍时也应将重点转移到人文景观上，介绍沿河两岸的风土人情、历史沿革、神话传说、名人逸事等，充分展现中华民族河流文化的魅力。

不同河段的河流景观差异巨大，不同地区的河流差异就更大了。在我国东部，自南向北，河川风景各有特色。位于亚热带的河川，如珠江、长江，因流域内降水充沛，径流丰富，江水浩荡，水景优美，加之两岸以常绿阔叶林和常绿、落叶阔叶林混交为主的亚热带景观，形成一条条风光明媚的河川游览走廊。暖温带的河流，如黄河，流量四季变化大，枯水期、汛期的水量、水色相差悬殊，在不同的季节里呈现出不同的河川风光。枯水期，流量小，流速慢，给人以一种温顺、恬静的感觉；而到了汛期，洪涛滚滚，一泻千里，似脱缰野马，常给游人以雄险、浩渺、磅礴之感。

人类的生存与繁衍离不开河流，然而如今人类对于河流的破坏却是触目惊心的。在中国，由于严重的污染，主要的河川水早已不能直接饮用。再加上人们对于沿岸森林的砍伐，水土流失现象日益严重，就连长江也有成为黄河的趋势。旅游活动自然也离不开河流，在我们享受自然美景、愉悦身心的同时，绝不能对于我们周围环境造成破坏。目前，许多旅游景点有过热的现象，太多的游人对于环境造成了极大的影响。在目前的状况下，导游在引导游人参观游览的过程中，还应引导游人规范自己的行为，树立环保意识。

## 知识问答

### 江河之水哪里来？

江河作为哺育人类的母亲，与人类有着亲密的关系。江河奔流万里，自然地把沿岸的居民联系到了一起。我国宋代词人李之仪就在一首词中写道："君住长江头，妾住长江尾，日日思君不见君，共饮长江水。"江河成为沿岸居民们的感情纽带。这种强烈的感情自然会激发人们对于江河进行更多的探索，江河的源头自然也就成为人们进行探索的重要内容之一，所谓"正本溯源"。

河源即河流的发源地。我国的地形呈西高东低的阶梯状，因此我国的大江大河几乎都是从西往东流的，而且多发源于西部的巨大山脉中。如我国最大的两条江河黄河与长江均是发源于青藏高原地区。由于地形与文化原因，西部与中原地区交流较少，因此更为我国大河的源头增添了神秘感。

大河源头地区是一条河流水流的主要来源地，因此河流源头水的补给对于河流的长期稳定的存在十分重要。我国两条大河源头水的补给方式恰好相反。长江源头之水来源于高山冰川融化的补给，而黄河源头之水却是从地下汩汩流出的泉水。黄河源头之一卡日曲是以五个泉眼开始的，另一个源头是约古宗列曲，仅有一个泉眼。

我国还成立了三江源自然保护区，保护长江、黄河、澜沧江这三条大河的源头。三江源自然保护区位于青藏高原腹地、青海省南部，西南与西藏自治区接壤，东部与四川省毗邻，北部与青海省格尔木市都兰县相接。总面积31.6万平方公里，包括17个县市，占青海省土地总面积的43.88%，总人口55.72万人，居民以藏族为主。它是我国最大的自然保护区，还是我国海拔最高的天然湿地，平均海拔4000多米。三江源素有“中华水塔”的美誉，长江总水量的25%、黄河总水量的49%和澜沧江总水量的15%都来自这一地区。这里也是世界高海拔地区生物多样性最集中的自然保护区。

## 江河的源头是如何确定的?

在源头存在多条支流会聚的情况下，以哪一支作为江河的正源呢?关于这一问题，地学界有着不同的意见。确定河源所参照的标准也非常多，如长度、流向、流量等。但在确定我国长江、黄河这些大江河的源头时，主要遵循了“河源唯远”的原则。“河源唯远”意即以距河口最远点作为河流的发源地(源头)。世界许多河流的长度都是以距河口最远点作为量算河长的起点。

我国的长江江源地区地势高峻，气候恶劣，交通险阻，人迹罕至。历史上虽然曾对江源水系作过粗略的调查，但极少可靠的实地调查资料，致使长江之源在很长的一段历史时期内一直是个不解之谜。从汉代到明代1000多年的时间里，人们一直认为“江源于岷”，即岷江源头的岷山是长江之源。明崇祯九年（1636)，大旅行家和地理学家徐霞客经过4年的云贵之行，得出金沙江是正源的结论，他并未探索到源头，但为探索源头指明了方向。20世纪以来，人们一直把巴颜喀喇山南麓当做长江正源。直到1976年、1978年的两个夏季，长江流域规划办公室会同科研、新闻等单位，组成一支近于探险的队伍，向亘古无人的长江源头进军。他们在高原严重缺氧的恶劣条件下，经过艰苦跋涉，终于到达了冰天雪地的长江之源。在经过数次对江源的考察后，确认沱沱河为长江正源，其他河流为支流。

## 为什么说山区河流适宜漂流?

如果我们沿山区河流乘舟漂流而下，看两旁山川水色，听四野鸟语虫声，然而又要时时小心激流浅滩、旋涡大浪。美景与刺激结合在一起，这就是漂流带给我们的感受。可为什么说漂流的最适宜地点莫过于山区河流？漂流河需要哪些条件呢？

首先，山区河流大都具有相当的落差，坡度很大的河道使得山区河流大都水流湍急，而这正是开展漂流的必备条件。如果河流流速缓慢，则需要游人浪费许多体力划船，这样就完全不能体验到漂流的乐趣。

山间漂流河——福建武夷山九曲溪

其次，山区河流流速快，而且相对来说流经的路径比较短，河水中携带的泥沙较少，水流以下切侵蚀为主，河道往往比较狭窄，许多时候都只是窄窄的溪流，再加上水流比较湍急，这样船行水上就显得惊险异常，可以充分领略漂流带来的刺激感。而且山区河流距源头比较近，水质优良，适于开展旅游活动。

第三，山区地形复杂，易于形成优美的景色。山区往往是地质构造的断裂、褶皱集中地，同时也是地表活动如泥石流、滑坡等易发的地段。地形起伏大，会出现许多奇特的景观，如悬崖绝壁、奇峰绝岭、喷泉飞瀑，不一而足。山区自然环境良好，森林覆盖率高，空气清新，动植物种类繁多，是天然的植物园、动物园。游人漂流其间，可以品味山川之趣、自然之美。

## 漂流要注意哪些问题？

漂流是一项惊险刺激的运动，在进行漂流时有许多要注意的事项。

（1）漂流在雨后初晴时最好，此时水量大，漂流更刺激。

（2）漂流大都惊险刺激，最好与人协作，可邀朋友一同前往或参团。

（3）一定要自备一套衣服以便更换。漂流处大都有衣物寄存点。游客如想自己携带，漂流时一定要将衣物用塑料袋包好挂在救生衣上，否则放在艇上容易被水浸湿。参加漂流不要穿皮鞋，穿平底拖鞋、塑料凉鞋和旅游鞋都可以。坏天气水上冷，好天气水上晒，要注意防寒防晒，太名贵的服装鞋帽最好不要用于漂流。

（4）漂流滩多流急，游客要穿好救生衣，并检查救生衣上的口哨是否损坏，要听从救生员的指挥。各个漂流点或是船上配有救生员，或是沿途有救生员保护，遇紧急情况可及时呼救。

（5）不要做危险动作。一般来说，漂流河段都是比较安全的，只要不自作主张随便下船、不互相打闹、不主动去抓水中的漂浮物和岸边的草木石头，漂流筏不会翻。一旦翻船也没关系，憋住气，不呛水就行，因为你穿有救生衣。

（6）船通过险滩时要听从船工的指挥，不要随便乱动，应紧抓安全绳，收紧双脚，身体向船体中央倾斜。

（7）漂流过程中注意沿途的箭头及标志，它可以帮助你找主水道及提早警觉跌水区。

## 为什么河流下游地势平坦、“江流曲似九回肠”？

河流到了下游时，向下侵蚀已经很不明显，这时河流对于地貌的塑造便以旁蚀为主。所谓旁蚀，就是河流对于两边河岸的侵蚀。这时会不断地发生所谓“凹岸退后，凸岸前进”的现象，即水流冲刷凹岸，使其不断崩塌后退，而在凸岸处不断堆积泥沙，使其不断扩展，河道就开始了类似于“S”形的摆动，同时河面展宽。黄河号称“九曲黄河”，长江上的下荆江段也是著名的弯曲。我国唐代大诗人柳宗元有诗云“岭树重遮千里目，江流曲似九回肠”，就是对这类地貌形态非常真实的反映。

下游河流旁往往是坦荡的平原，这也并非是那里本来就平坦，而是与河流的泛滥关系密切。由于下游河流容纳了许多支流，水量较大，首先是河水中携带有大量的泥沙，其次是容易发生洪水泛滥。当洪水泛滥时，河岸大片土地都被浸没在洪水中，水速变得非常缓慢，水中携带的泥沙就沉积下来。泥沙沉积起到了削平地形差距的作用，反复的泛滥就使得江河的下游地区变得越来越平坦。我们通常把这样的平原叫做“泛滥平原”。我国大河下游的平原基本上都是属于这种类型。

## “泾渭分明”为何是对河川景观的反映？

“泾”就是泾河，它是渭河的支流；而渭水是黄河最大的支流。泾渭分明也就是说泾河与渭河河水清浊分明，一望而知。所以人们常用“泾渭分明”来形容事情清楚明白，易于分辨。

河水的清浊，实际上就是对河水中含沙量大小的反映。单位体积中含沙量较大的河水看上去自然比较混浊。就近代的状况看来，泾河中的含沙量要远远大于渭河。50多年来，泾河年输沙量为渭河的2. 35倍，而泾河中含沙量更是渭河河流含沙量的4. 57倍。泾浊渭清似乎不成问题，这也与自然地理状况相吻合。泾河是一条近南北向的河流，且纬度较高，其源头位于黄土高原上，那里的土壤本身水土保持能力就弱，因此带下大量泥沙不足为奇。而渭河的流向则近似于东西向，纬度较低，沿河两岸植被覆盖要比泾河好。但若从一年的季节变化上来分析，近代以来泾浊渭清的论断也显得过于武断了。据调查表明，泾河一月份水中所含泥沙量要小于渭河。这是因为到了冬天，黄土高原冻结，且人类的活动减少，使得泾河水所带来的泥沙反而要小于渭河水。

河水的含沙量受许多因素的影响，如河流的地貌形态、河流在其发育过程中所处的阶段以及河水的流量、流速、河岸植被覆盖度、气候状况等。在古代人类活动对于生态环境的干扰较小时，自然的气候变化就显得特别重要。而到了近代，人类改造自然的能力大大增强，同时人口急剧增长，对地球环境产生了巨大的影响。河流自然也不例外地受到了人类强烈地影响。如人类砍伐森林、修建水利工程、引水灌溉、开采地下水等，都对河流的流动、携带的泥沙量等产生巨大的影响。泾渭河自然也不例外。其实今天泥沙量对于两河河水颜色的影响已经没有过去那么大了。沿岸工农业污水中所含的各种化学物质对于河水颜色的影响更为严重，纵是渭清泾浊，也只是一种概念上的反映了。“泾渭分明”这句话也就只能作为一句成语留在我们的语言中，而不再是对于自然现象的反映了。

### 泾渭真的分明吗？

虽然古人用泾渭分明来形容事物清楚明白，易于分辨，但古人的著作却清楚明白地告诉我们：泾渭虽然分明，但说出孰清孰浊却是件麻烦事。在《诗·邶风·谷风》中写到“泾以渭浊”，告诉了我们那个时候泾清而渭浊。而到了唐代，大诗人杜甫写下了“浊泾清渭何当分”的诗句，这又分明是说泾浊而渭清。实际上，渭河和泾河的清浊关系经历了数次更替。泾渭清浊的大致历史演变过程是：春秋时期泾清渭浊，战国后期至魏晋时期泾浊渭清，南北朝时期泾清渭浊，隋唐时期泾浊渭清，唐代以后则泾清渭浊。这种演变过程与历史上的气候变化、黄河流域人民的社会状况和生产方式等息息相关。

## 景区景点链接

我国地域广阔，河川众多，河流类型也十分多样。在我国著名的景观河里，既有长江、黄河这样绵延万里的世界级大河，也有风光秀丽、温婉可爱的钱塘江，还有以奇特的地形地貌著称的雅鲁藏布江，真是美不胜收。

宽阔浩荡的长江及孤山和江矶景观

## 长江

长江是我国的第一大河，也是世界著名大河之一。正源沱沱河发源于青海省西南部唐古拉山主峰各拉丹东雪山西南侧。它从世界屋脊青藏高原奔流东下，流经坦荡的高原，深切横断山地，穿过巫山山地（三峡），从此摆脱山地约束，在荆州大地自由地摆荡，形成世界罕见的荆江自由河曲，素有“九曲回肠”之称。长江中下游江阔水深，滔滔江水东去，两岸阡陌纵横，沃野千里。长江宽阔的江口江海难分。全长6380公里。两岸风景名胜甚多。

长江流经我国的三级阶梯，由上游至下游风貌迥然不同，拥有众多的旅游景点。如上游的金沙江大峡谷、著名的虎跳峡。在川江段则有着闻名遐迩的长江三峡，现在又修建了世界上最大规模的三峡水利工程，成为长江上新的游览胜地。中游荆江地区江流曲折，素有“九曲回肠”之称。沿岸历史文化古迹众多，如赤壁古战场、岳阳楼等。长江中下游的一些大型湖泊也是旅游的胜地，如鄱阳湖、洞庭湖等。下游沿岸则是沃野千里、一平如砥的长江中下游平原。江南地区素来以鱼米满仓、人文荟萃而闻名天下，沿途的安庆、芜湖、南京、扬州、上海等都是中国历史上的名城，有着悠久的历史和丰富的文化。同时，由于下游泥沙的堆积作用，长江中发育了许多小岛，如安徽的小孤山和江苏镇江的金山焦山等。

## 金沙江

长江上源沱沱河长358公里，下接通天河，长813公里，至玉树巴塘河口以下始称金沙江，穿流于川、藏、滇3省区之间，其间有最大支流雅砻江汇入，至宜宾以下称长江。

金沙江干流长2308公里，流域面积50万平方公里，河口平均流量4920立方米/秒。金沙江水量变化大，从石渠到金江街1174公里范围内峡谷连绵，金江街以下仍以峡谷为主。云南境内的虎跳峡长16公里，河宽仅30米，岭谷高差达3000多米，落差约200米，为世界深峡之一。

金沙江还以滩多湾急而著称，仅新市镇到金江街千余公里河段就有较大险滩400多处。干流落差3300米，最大流速每秒7米以上，是中国水力资源最丰富的河流。

## 黄河

黄河是中国的第二大河。发源于青藏高原巴颜喀拉山北麓的约古宗列曲盆地，蜿蜒东流，穿越黄土高原及黄淮海大平原，注入渤海。干流全长5464公里，水面落差4480米，流域总面积79.5万平方公里（含内流区面积4.2万平方公里）。

由于黄河的洪水挟带大量泥沙，进入下游平原地区后迅速沉积，主流在漫流区游荡，人们开始筑堤防洪，行洪河道不断淤积抬高，成为高出两岸的“地上河”，在一定条件下就决溢泛滥，改走新道。黄河下游河道迁徙变化的剧烈程度在世界上是独一无二的。根据文字记载，黄河曾经多次改道。河道变迁的范围西起郑州附近，北抵天津，南达江淮，纵横25万平方公里。周定王五年（前602年）至南宋建炎二年（1128年）的1700多年间，黄河的迁徙大都在现行河道以北地区，侵袭海河水系，流入渤海。自1128~1855年的700多年间，黄河改道摆动都在现行河道以南地区，侵袭淮河水系，流入黄海。1855年黄河在河南兰考东坝头决口后，才改走现行河道，夺山东大清河入渤海。由于黄河下游河道不断变迁改道，加之海侵、海退的变动影响，黄河下游地区的河道长度及流域面积也在不断变化，这是黄河不同于其他河流的突出特点之一。

## 珠江

珠江以支流众多，水道纷纭著称，是一个复合的水系。珠江主要由西江、北江和东江组成，干支河道呈扇形分布，形如密树枝状。西江是珠江水系的主流，发源于云南省曲靖市沾益县乌蒙山脉的马雄山，流经云南、贵州、广西、广东等省（自治区），流域面积35.3万平方公里。自江源至出海口依次称南盘江、红水河、黔江、浔江、西江（从河源至望谟县蔗香双江口称南盘江，双江口至象州县石龙三江口称红水河，由三江口至桂平市称黔江，桂平市至梧州市称浔江，梧州市至思贤滘始称西江）；其主要支流有北盘江、柳江、郁江、桂江、贺江等，西江干流全长 2214 公里。北江的正源是浈水，发源于江西省信丰县西溪湾，干支流大部分都在广东省境内，流域面积4.67 万平方公里，干流全长 468 公里。东江的上游寻乌水发源于江西省寻乌县大竹岭桠髻钵，干流流经广东省东部，流域面积 2.7 万平方公里，干流全长 523 公里。珠江三角洲是东、西、北三江下游的复合三角洲，有磨刀门等八大出海口门。珠江水系干支流总长 3.6 万公里，通航总里程 1.4 万多公里，约占全国内河航运里程的 1/8，水运居全国第二位。

珠江主干西江发源于云贵高原，流经我国的第二级和第三级阶梯，当水流在阶梯间流动时，往往会切穿山地形成峡谷。著名的峡有西江上的黄茅峡、大藤峡、白马峡、梧州峡、三榕峡、大鼎峡、羚羊峡。北江流经山也形成了许多峡谷，如育仔峡、香炉峡、飞来峡等。而且珠江诸支流在流经山地时，也会发育很多的瀑布。尤以黄果树和灞陵河瀑布群更为有名。

## 雅鲁藏布江

在青藏高原上，一条如银白色巨龙的大河奔流于“世界屋脊”的南部，这就是著名的雅鲁藏布江。它从雪山冰峰间流出，奔向藏南谷地，造就了沿江奇绝秀丽的景致，孕育出源远流长、绚丽灿烂的藏族文化。

雅鲁藏布江奔流在世界最高、最年轻的喜马拉雅山及冈底斯山和念青唐古拉山脉之间的藏南谷地上，全长 2900 多公里，在我国境内长 2057 公里，居于我国名流大川中的第五位。雅鲁藏布江发源于杰马央宗曲，上游水道曲折分散，湖塘星罗棋布，水清澈见底，两岸草类丰盛，格外艳丽悦目。中游汇集了众多的支流，水量充沛，江宽水深，为高原航运提供了有利条件，是世界上最高的通航河段。下游河段则江水滔滔，在逐渐折向东北流后骤然急转南流，在大拐弯处形成著名的底项大峡谷，这里江面狭窄，河床滩礁棋布，江水流急浪高，响声隆隆，蔚为大观。

在大峡谷隐秘深处，生活着为数不多的生产方式和生活方式还处于半原始状态的门巴族和珞巴族人。在雅鲁藏布江周围崇山峻岭的密林和雪山中，有多条险路可以深入进去。如果游人能历尽艰辛走进去，体验炼狱般的经历，可看到举世无双的大峡谷雄姿和特殊的少数民族风情。

### 漂流河

漂流运动在我国的开展可谓方兴未艾。在我国的西南地区，气候湿润，山脉众多，风景秀丽，有许多流量很大的河流，是开展漂流活动的绝佳场所。

位于华南第一高峰猫儿山峡谷的五排河是珠江支流浔江的源头河。在这条河流开发的旅游探险漂流的30公里河段，河面宽5~30米，上下落差近300米。水流极富变化，时而急弯陡滩，水急浪高，涛声激人；时而宛转平缓，舒心宜人。河道两旁怪石嶙峋，两岸山陡林密，苗族、瑶族山寨梯田隐于其间。作为新近开发的探险漂流景区，五排河在桂林旅游区和我国南方旅游区域中具有独特的地位。

被明代大地理学家徐霞客称为“云贵奇缝，天下奇景”的马岭河峡谷风景名胜区位于贵州省兴义市东郊5公里处。这是一条大裂缝地谷，谷长7公里，宽50~150米，深120~280米。景区由钙化岩、瀑布群、水帘洞、清泉、万峰林等景观组成。7000万年前的造山运动使马岭河峡谷的山峰如海浪，风景如彩画，从而被地质学家誉为“地球上一条美丽的伤疤”，成了国家重点风景名胜区、漂流的好去处。

值得一提的还有广东的清远市，那里结合自身得天独厚的自然条件，开发了多条漂流线路，目前已有7个漂流景区正式对外营业。清远被称为“中国的漂流之乡”。

## 湖泊景观

### 背景分析

湖泊是陆地表面天然洼地中积蓄的水体。它是天然风景水的重要组成部分。除了“形、影、声、色、奇”等几个水体美的基本属性，湖泊的海拔高度、旷度、深度、分布密度及与山势配合的和谐度、水中生物特产等也具有一定的旅游吸引力。它们或身居高山，银峰环抱；或静卧原野，烟波浩渺。它们像蓝宝石镶嵌在世界各地，为大自然增添了无限的风采。湖泊虽不及海洋那样浩瀚无垠，也不像江河那样奔腾不息，但它却以千姿百态、大小不定、咸淡各异、变化多端的风貌存在着，并且对人类的生产生活有着直接或间接的影响。

美丽富饶的湖泊是自然资源的重要组成部分，它不仅有丰富的水利资源，例如水电、灌溉、航运和对洪、枯水的调节，而且含有丰富的水产资源、矿产资源、旅游资源等。湖泊与大江大河一样，是哺育人类文明的摇篮。华夏民族在长期与湖泊打交道的过程中，逐渐认识、开发和利用湖泊，并形成了独特的湖泊文化，使中华水文化的园地增添了厚重的内容。

湖泊的形成必须具备两个条件：湖盆和湖水。湖盆即相对于周围地域凹陷的盆地，湖盆的形成可以有许多种不同的原因，不过其主要原因无外乎是来自地球内部的内营力（如地质运动）和外部的外营力（如水流、风力等要素）的作用。根据成因，湖泊可分为构造湖、火山湖、堰塞湖、洼地型湖、海迹湖、冰川湖、潟湖、岩溶湖、牛轭湖、风蚀湖等。这些湖泊具体的形成过程将会在知识问答中进一步阐述。

另外按照湖泊所在的流域特点，可将湖泊分为内流湖和外流湖。内流湖在内流区，基本上是咸水湖；外流湖在外流区，属淡水湖。按照湖水的含盐度进行分类，可以将湖分为淡水湖、微咸水湖、咸水湖等。

我国湖泊不但众多，分布广泛，而且分布地区民族各异，故对湖泊的称呼就有湖、泊、池、荡、淀、漾、泡、海、错、氿、诺尔、茶卡、淖、洼、潭、海子、库勒、浣等30多种。例如，我国东部太湖一带称湖泊为荡（黄天荡、元荡），漾（麻漾、金鱼漾），塘（官塘、大苇塘），氿（东氿、西氿）；东北松辽地区称为泡，咸泡子（月亮泡、查干泡）；内蒙古称诺尔（查哈诺尔、腾格尔诺尔），淖（察汗淖、九连城淖），海子（盐海子、碱海子）等；新疆称库尔或库勒（阿克苏库勒、硝尔库勒）；西藏称错（纳木错、羊卓雍错）或茶卡（伊尔茶卡、扎布耶茶卡）；华北一带的湖泊较浅，一般又称作淀（白洋淀、东淀），洼（团泊洼、文安洼）。湖泊的这些称谓有着明显的地域分布特征，并深含着民族与语言的特色。

值得指出的是，不论何种类型的湖泊，其湖盆由于湖水长期的沉积作用总是在不断缓慢上升的。因此，相较于河流而言，湖泊是一个生命周期比较短的水体形态，我们也可以这么说，湖泊总是在淤积和消亡中。这是自然现象，我们无法改变。但是，较缓慢的水流速度使得湖泊的自净能力低，一旦湖水被污染则需很长时间才可恢复。而湖泊自古与人类的活动紧密相关，全世界各地的湖泊都面临着极大地被污染的危险。我们在旅游过程中，也应该注意从自己做起，为环保贡献一分绵薄之力。

## 阅读提示

一个风景区有了秀丽的湖光，山色增辉，绿水环绕，湖光波影，岸边垂柳，妩媚诱人。难怪人们常用“湖光山色”来形容自然风光的优美静谧、绚丽多姿。如杭州西湖、武昌东湖、无锡太湖及洞庭湖等许多湖泊都是著名的旅游胜地。另外，我国不少湖泊是水禽保护区，是观鸟、进行生态考察旅游的综合基地，如鄱阳湖、青海湖、天鹅湖等。湖面也是城市公园游览系统的重要组成部分，如南京的玄武湖、莫愁湖，扬州瘦西湖，济南大明湖，北京颐和园等。绰约多姿的人工湖——水库也与湖泊具有相同的构景作用，是观光、疗养、休息的旅游胜地，如新安江水库构成的千岛湖景区。

## 知识问答

### 最深的湖泊——构造湖是如何形成的？

构造湖就是指由地壳内力作用包括地质构造运动所产生的地壳断陷、坳陷、沉陷等所产生的构造湖盆经储水而形成的湖泊。最常见的构造运动如地震。形成构造湖盆的地域原先并不一定如现在般相对于周围地域下陷，它有可能是坦荡如砥的平原，也可能是巍峨雄壮的高原。在地质运动的作用下，地层发生了断裂。位于活动底层两侧的地面呈现出相反的运动方向，具体表现为一方上升，一方下沉。下沉一侧的地面则往往形成盆地，各方流水会聚于此就形成了湖泊。由于构造运动常常涉及整个岩石圈，而且往往伴随有巨大能量的快速释放，所以往往对地表景观产生巨大的影响，其形成的深邃而巨大的下陷也就成为世界上最深的湖泊所在地。

断裂带的长度通常相当长，可以达到几百公里甚至几千公里，因此沿着断裂带往往会发育一系列的湖泊。我国的青藏高原、云贵高原等地区均是如此。而另外一些湖泊发育于陷落盆地之上，面积往往会非常巨大，如洞庭湖。

## 我国的构造湖是如何分布的?

青藏高原由于受强烈隆升的影响，在一些近东西向断块山脉的南侧，一般都有深大断裂谷的发育，在其谷底洼处每每有纵向延长的湖泊带分布，湖泊长轴与区域构造线方向相吻合。如在唐古拉山和冈底斯山—念青唐古拉山之间的宽阔洼地中发育了众多的湖泊，较大的有纳木错、色林错、加仁错、昂则错等。柴达木盆地中的众多湖泊也多分布在构造盆地的最低洼处，它们均是第三纪柴达木古巨泊分化残面湖盆。

云贵高原也拥有许多断陷盆地，且大多受南北向断裂构造的控制，使湖泊的长轴呈南北向延伸，如滇池、抚仙湖、阳宗海、洱海和程海等。它们大多保留明显的断崖，或有涌泉和温泉出露。

内蒙古广大地区经过喜马拉雅运动被抬升为高原，并伴有断裂的挠曲变形，形成众多的宽浅盆地，其中发育了众多湖泊，较大的有呼伦湖、贝尔湖、岱海、黄旗海、查干诺尔和安固里淖等。

在新疆的塔里木和准噶尔两个大构造盆地内发育了罗布泊、玛纳斯湖、艾丁湖、赛里木湖、布伦托海、巴里坤湖和博斯腾湖等。

在青海省的阿尔金山和可可西里山之间的坳陷带内发育有

新疆赛里木湖

可可西里湖、卓乃湖和库赛湖等。在可可西里山和唐古拉山之间发育有西金乌兰湖、乌兰乌拉湖、多格错仁等。沿黄河分布的鄂陵湖和扎陵湖亦是由几组断裂控制而形成的构造湖。

我国台湾省著名的日月潭，是玉山、阿里山山间断陷盆地积水而成的一个高山构造湖。

另外有一些构造湖则是在陷落盆地的基础上形成的，因此其面积一般较大，如青海湖、洞庭湖等。在这类湖泊的形成过程中，由于年代久远，且湖盆面积大，成湖过程通常会有其他因素的参与。

## 河流游荡能形成湖泊吗?

河流奔腾不息，而湖水则相对地缓慢静止，河流能停下自己奔腾的脚步，成为明如镜面的湖泊吗？在自然界中，就有一类湖泊叫做河迹湖。

河迹湖，顾名思义，该湖是河所留下的遗迹。河水是奔腾不息的，而相对来说湖水的流动则要缓慢得多。因此，由河变成湖的关键就在于减慢水的流速，使水滞留。无论哪种类型的河迹湖，滞水都是最重要的转变环节。

河迹湖有多种类型。在我国，河迹湖主要有以下这些主要的类型：

（1）由于河流挟带的泥沙在泛滥平原上堆积不匀，造成天然堤之间的洼地积水成为湖泊。湖北省长江与汉水的湖群（如洪湖）、河北省的洼淀湖群（如白洋淀），多属此类湖泊。

（2）支流水系因泥沙淤塞不能排入干流并与干流隔断，支流产水而形成长条形的湖泊，如安徽省境内淮河流域的城东湖和城西湖就是19世纪三四十年代受堵而形成的。

（3）支流水系的水流因受干道水流的顶托而宣泄不畅，甚至干流水还倒灌入支流，使支流下游平原因洪水泛滥而形成湖泊，如江西省的鄱阳湖。

（4）洪水泛滥时，河水侵入两岸高地间的低洼地，并形成河湾，在湾口处沉积了大量的泥沙，洪水退后形成堰堤湖，如湖北省武昌县的鲁湖。

（5）1194年黄河南徙后，泗水下游被拥塞，河水宣泄不畅，储水而形成了一系列的湖泊，为南阳湖、独山湖、昭阳湖和微山湖，总称为南四湖。黄河夺泗入淮，不仅打乱了淮北水系，而且还使泗淮两河淤塞严重，河水宣泄不畅，加上人为因素的影响遂又在淮河下游形成了洪泽湖、高邮湖、邵伯湖和宝应湖诸湖。

此外，还有一种特殊的河迹湖叫做牛轭湖。在我国有许多平面形状弯曲、状如圆弧的湖，这种湖通常被称为牛轭湖。其形成过程与河水的裁弯取直有关。牛轭湖原本是弯曲的河道，随着河流的不断冲刷，河道变得越来越弯曲。弯曲的河岸会受到流水直接的撞击。最终，河水裁弯取直，原有弯曲的河道被废弃，河水由一条直道流走。而原有的弯曲的河道积水就成为牛轭湖。我国的下荆江地区是有名的河曲发育地带，其河道真可用“九曲十八弯”来形容。建国后展开河道整治，就留下了许多牛轭湖。我国内蒙地区的乌梁素海也是牛轭湖。

## 山顶上能形成湖泊吗?

人们常说“水火不相容”，然而在地下蕴藏着巨大能量和具有极高温度的火山上却会出现清澈澄静的一方湖水，这就是火山口湖。

湖形成的地形因素便是要具有一个较低的盆地作为湖盆，而火山口湖的湖盆则是在火山喷发的过程中形成的。在火山喷发的时候，会喷发出大量的岩浆、火山灰和气体等。岩浆沿火口向四周漫流，形成岩浆流（玄武岩流），火口处大量很轻的浮石被喷走，许多挥发性的物质被散失，其颈部塌陷变成漏斗状洼地，即火山口。火山口内部就是一个绝佳的湖盆。当火山停止喷发后，火山口内积存的水分就不容易流走，这样水就会在火山口内聚集起来。大气降水、积雪融化和地下水都可能是火山口湖湖水的补给来源。随着火山口内水越积越多，就形成了一个火山口湖。

## 山川堵塞是如何堰塞成湖的?

俗话说“水往低处流”，水在自身重力的作用下总是从高往低流。正是因为如此，山地往往缺水。山上的径流总是往山下会聚，形成河流流走。但是山地地势复杂，地表活动也较平原地区活跃，容易发生泥石流、滑坡等，这却又为湖泊的形成创造了有利的条件。

湖水与河水最大的不同便在于湖水的流动性没有河水强。所以，当原来的河道被堵塞，流向下游的水流骤然减少，则由上游不断流来的水就会不断地升高。随着水位的升高，河水就会漫过河岸，水域面积也会慢慢变大，这就形成了湖。高山的湖泊大多就是这样形成的，因而叫做堰塞湖。

从成因上看，堰塞湖一般有三种类型：一是火山喷发的熔岩流阻塞河道而成的湖。二是由地震或冰川、泥石流所引起的山崩滑坡物质堵塞河道而成的。三是由碳酸钙积淀阻塞河道而形成的。这些碳酸钙通常是携带在地下水中的，地下水在地面海拔较低的地方出露成为泉水，在出口的周围就会沉积这样大量的碳酸钙，称为钙华。除了碳酸钙，这种沉积物还可能是硅质的，则称之为硅华。

## 黄龙钙华是如何形成的?

黄龙钙华堆积地貌的形成和水生植物有密切关系，科学家们称之为生物喀斯特作用。其原理主要由两方面组成：一是光合作用。白天，水生植物吸入水中的二氧化碳，产生氧气，使钙华沉积；二是呼吸作用。夜晚，水生植物吸入水中的氧气，产生二氧化碳，使钙华溶解。是否出现钙华沉积，则要看净光合作用（总光合作用—总呼吸作用）的大小。据实验，只有在一定低温（低于20℃）范围内，净光合作用才会达到最大值。由于黄龙地处高寒山区，在具备充足的钙华沉积物源的基础上，低温的环境和良好的植被便成为促进地表大量钙华堆积的主因。在黄龙沟的彩池、滩流和瀑布中，常常可以看到围绕和依附植物茎干和枝叶形成的钙华，这是生物喀斯特作用促进钙华沉积的典型例证。

## 冰川退却也可以形成湖泊吗?

在冰川流动的过程中，岩块既由于低温而崩裂，又被流动的冰所磨蚀。因此，冰川在流动过程中就对所经过的地面进行侵蚀，往往能够形成洼地。当洼地被冰川覆盖时，我们看不到这些洼地。而当气候变暖、冰川融化甚至永远不再光顾时，这些洼地就暴露了出来。而同时，冰川在把大块岩石磨蚀成小块岩石的过程中就会产生许多泥沙物质，这些物质会随着冰川的移动而移动。冰川具有很大的动能，甚至可以带动巨大的岩块运动。冰川不断地往下运动，随着高度的降低气温也逐渐升高，这时凝结的冰雪量无法补偿融化的冰雪量，冰川就开始融化。由于在冰川冻结的过程中会同时将许多泥沙冻结到冰块中去，在冰川融化时携带在冰川中的泥沙就会留下，慢慢地累积形成如同山垄一样的冰渍堤，就如同洪水泛滥后，留下的泥沙会在河岸上形成自然堤。由于气候变化或者由于其他原因使得冰川补给发生变化，冰渍堤往往会有许多条。而在冰渍堤之间的洼地就会形成冰川湖的湖盆，在冰川融水的不断补给下，积水成湖，就形成了冰川湖。

## 海洋可能变成湖泊吗，潟湖是如何形成的?

前面已经说过了河流可以变为湖泊，那浩瀚无际的大海会不会也有部分被陆地所捕获，成为一片湖面呢? 答案自然是肯定的，这种湖就叫做潟湖。

自然景观最大的奥妙就在于它是处于地质历史变化的进程中，而且从来没有停止过变化。这一点在潟湖上表现得尤为明显。导游在讲解潟湖的成因时，应引导游客在脑海中形成一个概念，即陆地与海洋在漫长的地质历史时期是不断转变的。导游引导游客想象在漫长的岁月里，现在是万顷良田的地方，过去曾是汪洋一片，这样，就会让游客产生一种历史沧桑感。

潟湖的形成过程，用一个成语概括就是“沧海桑田”。潟湖所处的地方原本是海岸。海水不断冲击着海岸，由于浪潮拥有很大的能量，海岸在海水的冲刷下慢慢地改变了外形，本来笔直的海岸慢慢地就弯曲了起来，这样，就仿佛在海岸上开了一个小喇叭口。海水不断地冲刷，这个喇叭口被越开越大，终于，在这里形成了一个海湾。而伴随着海湾的形成，会在海湾口两旁形成狭长的沙嘴。沙子越积越多，沙嘴与海湾也靠得越来越近，海湾与海洋之间的联系就逐渐被沙嘴所切断。当沙嘴将海湾完全封闭的时候，海湾就变成了湖泊，这就是潟湖。

## 西湖是如何形成的?

西湖的形成过程完全可以用一个人尽皆知的成语来概括，那就是“沧海桑田”。

从公元前222年秦王嬴政在灵隐山（当时称为武林山）置钱唐县到南朝梁代将钱唐县升为临江郡的漫漫800年，杭州一直是个默默无闻的山中小县，名声不振，地位不显。由于隋代大运河的开凿使杭州得以同外界交通，以及西湖这个淡水湖解决了饮用与灌溉这两个重要民生问题，杭州才成为江南名郡。

浙江杭州市西湖平湖秋月

西湖本是个与钱塘江相连的浅海湾，耸峙在西湖南北的吴山与宝石山是怀抱这个小海湾的岬角。后来由于潮汐的冲击，泥沙在两个岬角淤积起来，逐渐变成沙洲，并不断向东、南、北三个方向扩展，终于把吴山和宝石山的沙洲连在一起，形成了一片冲积平原，把海湾与钱塘江分隔开来，原来的海湾就变成了一个潟湖，那就是西湖的雏形。潟湖形成后，西湖的水也逐渐转为由武林水的周围山溪补给，最终成为一个淡水湖。汉代时，西湖仍随潮水的涨落而出没，一直到隋代，湖泊的形态才基本固定。当潟湖正式变为西湖，当杭州城倚湖而建，“人间天堂”的天堂气象才逐渐形成。

## 有哪些类型的湖泊可以成景?

根据湖泊的成因分类，我们所能看到的风景湖泊主要还有以下的这么几种：

**（1）喀斯特湖**

喀斯特湖自然就是在喀斯特地貌地区发育起来的湖泊。实际上，喀斯特湖湖盆产生的原因就在于喀斯特地区的岩石可以在水中溶解。岩石被溶解后就形成或深或浅的凹地和漏斗。随着被溶解的岩石越来越多，地面上这样的凹坑就越来越多，面积也在逐渐扩大。相邻的凹坑合并形成了宽广的盆地，并且深度也逐渐增大。最后，当溶解到不能溶解于水的岩层时，就开始在不透水的岩层上积水，最后就形成了喀斯特湖。喀斯特地区不仅在地面上有喀斯特湖，在地下更是广泛地有着许多的地下河湖，有时甚至可以形成几层河湖交错。

在我国南方有着大片的喀斯特地貌的分布，喀斯特湖也非常多。典型的如贵州省的草海，因湖中滋生繁茂的水生植物，故名草海。当湖水位为海拔 2170 米时，水深为 2～5 米，湖面积为 45.5 平方公里，容积为 $1.4\times10^8$ 立方米。草海是我国湖面面积最大的构造岩溶洞，素有“高原明珠”之称。桂林的著名景点七星岩附近的湖也是喀斯特湖。

**（2）风蚀湖**

风蚀湖大都是在沙漠戈壁风力极强的地区形成的。在大风的吹动下，地面受到风的吹蚀作用以及风所带起的沙砾的磨蚀作用，会形成洼地。如果地下水水位较浅，地下水就会在洼地中汇集成湖；如果发生暴雨，雨水也会集中到这个洼地中短暂地积水成湖。在沙漠地区，风吹动沙丘移动，高耸的沙丘就形成了天然的岸堤，地下水或是雨水就会在数个沙丘围成的洼地中积聚成湖。

在我国的新疆、青海等地有着这种风蚀湖。这类风成湖泊都是些不流动的死水湖，而且面积小，水浅而无出口，湖形亦多变，常是冬春积水，夏季干涸或成为草地。由于沙丘随定向风不断移动，湖泊常被沙丘掩埋而成为地下湖。在巴丹吉林沙漠的高大沙山之间的低地上分布有百余个风成洼地湖，面积一般不超过0.5平方公里，最大的伊和扎格德海子面积也只有1.5平方公里，最大水深6.2米，由于湖面蒸发强烈，盐分易于积累，故湖水含盐量很高，一般在每升17克以上，且大部分湖底有结晶盐块析出。

由于形成风蚀湖的地区往往气候干燥而炎热，故地面蒸发量非常大，因而风蚀湖非常不稳定，经常会发生变化。有时晚上是湖水，白天就有可能变成沙山。故此也常被称为“鬼湖”。

**（3）人工湖**

人工湖主要是指人类所建造的水库。人们在原有河道上修筑堤坝，控制水流，流水就在堤坝之间被蓄积起来，成为人工湖。人工湖体现了人类的智慧，它可以改善当地的灌溉条件，同时也可以减弱洪水的威力，是人类在利用自然的过程中不断发展起来的。我国是水利大国，历史上从公元前6世纪开始就在兴修水利。建国后更是修建了许多大型的水利工程，如三峡工程、葛洲坝工程等，这些大型的水利工程都形成了规模巨大的人工湖。有许多人工湖成为当地居民夏日纳凉嬉戏的好去处。庐山上著名的芦林湖就是人工修建堤坝拦水而形成的。风光旖旎的千岛湖实际上就是一个大型的水库。

值得一提的是，水库的修建会对当地的水文条件、地质状况、生态结构甚至气候状况都会造成重大的影响。目前世界上许多国家都对大型水利工程的修建采取一种不支持的态度，有些发达国家甚至严禁修建水库。

## 我国湖泊常见之最有哪些?

**（1）最大的咸水湖——浓墨重彩青海湖**

美丽的青海湖位于青海省东部的青海湖盆地内，它是我国面积最大的咸水湖。它又名库库诺尔、错鄂博，古称西海、鲜水和错温波等。库库诺尔蒙语意为青色的海。青海得名于北魏，因湖水清澈碧蓝，湖面广袤如海，故而得名。

青海湖地处青藏高原，这里地域辽阔，草原广袤，河流众多，水草丰美。湖的四周被四座高山所环拥：北面是崇宏壮丽的大通山，东西是巍峨雄伟的日月山，南面是逶迤连绵的青海南山，西面是峥嵘嵯峨的橡皮山。举目四顾，四座高山犹如四道天然屏障。从山下到湖畔则是苍茫无际的千里草原。碧波连天的青海湖像一个巨大的翡翠玉盘镶嵌在高山、草原之间，构成了浓墨重彩的西部风景画。

青海湖鸟岛

青海湖的形成和变迁是大自然的杰作。早在两亿三千万年以前，青藏高原是一片浩瀚无际的古海洋。200 万年前，剧烈的造山运动使得这片古海洋逐渐隆起，一跃形成了世界屋脊。海水被逼走时，有的被四周的高山环绕起来，形成了大大小小的湖泊。青海湖就是被山脉堵塞而形成的一个巨大湖泊。当时，它是一个外泄湖，周围有 100 多条河流注入湖中，同时湖水又从东面注入黄河。大约距今 100 万年前的第四纪，青海湖东面的日月山发生了强烈的隆起，拦截了青海湖的出口，原来从青海湖向东流出的河流被迫向西流入青海湖，形成了我国罕见的自东向西流的倒淌河，青海湖也成为一个流水只入不出的闭塞湖。由于青海湖位于西北气候干燥地区，湖水蒸发量大于湖水注入量，因此湖水不断下降，湖面逐渐缩小，与初期的湖区相比，湖面缩小了1/3，水位降低了80～100米。在1500多年前的北魏时期，环湖一周号称千里，唐代尚称八百里，现在只有700多里了。

青海湖风光壮美，历史上是各民族聚居之地。湖中有5座小岛，其中就有著名的鸟岛，数以十万计的各种候鸟一年一度来此欢度盛夏，成为青海湖的一大奇观绝景。

**（2）最大的淡水湖——鄱阳湖**

鄱阳湖位于江西省北部、长江南岸，是我国第一大淡水湖。它地跨南昌、新建和九江等11个市、县，在洪水位21.69米时，湖长170公里，平均宽度17.3公里，面积为2933平方公里，最大水深29.19米，平均水深5.1米，蓄水量$149.6\times10^8$立方米。

江西鄱阳湖

鄱阳湖又名彭蠡泽、彭泽，其实它并不是古彭蠡泽，而是在南北朝时期才形成的巨浸。在汉代，现广阔的鄱阳湖水域乃是湖汉水（今赣江）下游平原，汉代在此设置了枭阳县，汉昌邑王封地亦在此。那时，长江主泓道在今龙感湖一带，在庐山以北的仅是长江一汊道，当时称为小江。大约在公元400年左右，即（刘）宋初年，长江主泓道移至今九江—湖口一带。滔滔的江水不仅阻挡了赣江的排水，还倒灌入赣江下游平原，遂逐步形成鄱阳湖。到了唐代，鄱阳湖面积最大达到6000平方公里。所以说，鄱阳湖是由长江迁移而形成的河成湖。它还是一个季节性变化巨大的吞吐型湖泊。每年春夏之交，湖水猛涨，水面迅速扩大，但见碧波万顷，浩渺无际，“秋水共长天一色”；但到了冬季，湖水剧降，湖面骤然缩小，只见水束如带，黄茅白苇，旷如平野，只剩下些雁泊小湖嵌入其中，这时的湖泊面积仅有140余平方公里。

鄱阳湖湖水主要依赖地表径流和湖面降水补给，集水面积达$16.2\times10^4$平方公里，补给系数55。主要入湖河流有赣江、抚河、信江、饶河、修水、博阳湖和西湖，出流经罂子口出湖口，北注长江。由于鄱阳湖季节性变化大，冬春之季有大量滩地出露，滩地上生长着大量的水生动植物，是禽类佳饵，所以，每年冬季大批珍禽来此越冬，这些珍禽中有国家保护的一、二级鸟类，如白鹤、白枕鹤、白头鹤、白鹳、黑鹳和小天鹅等，国家在此设立了候鸟保护区。

**（3）最高的湖泊——纳木错**

纳木错，是藏语“天湖”的意思。它位于西藏拉萨市以北当雄和班戈两县之间。湖南侧是雄伟壮丽的念青唐古拉山，北侧和西北侧是起伏和缓的藏北高原。湖形狭长，东西长78.60公里，南北最宽50公里，平均宽24.9公里，面积1961.3平方公里。大约在距今200万年前，地壳发生了一次强烈的运动，青藏高原大幅度隆起，岩层受到挤压，有的褶皱隆起成为高山，有的凹陷下落成了谷地或山间盆地。纳木错就是在地壳运动陷落的基础上又加上冰川活动的影响造成的。早期的纳木错湖面非常辽阔，湖面海拔比现在低得多。那时气候相当温暖湿润，湖水盈盈，碧波万顷，就如同一个大海。后来由于地壳不断隆起，纳木错也跟着不断上升，再加上在距今1万年以来高原气候变得干燥，湖水来源减少，湖面就大大缩小了，湖泊则被抬升到现在的高度。现在湖面海拔4718米，是世界上海拔最高、面积超过1000平方公里的大湖。

纳木错又称腾格里海、腾格里湖，意为“天”，这是因为湖水湛蓝明净如无云的蓝天，所以名之。湖周雪峰好像凝固的银涛，倒映于湖中，肃穆、庄严，自然景观之极致。湖中有5

个岛屿，东南面是由石灰岩构成的扎西多半岛，半岛上岩溶地形发育，有石柱、天生桥、溶洞等，景色美丽多姿。由于气候高寒，冬季湖面结冰很厚，至翌年5月开始融化，融化时裂冰发出巨响，声传数里，亦为一自然奇景。

**（4）最低的湖泊——艾丁湖**

艾丁湖又名觉洛浣，湖水面海拔-155米，是我国海拔最低的湖泊。艾丁湖维吾尔语意为月光湖，以湖水似月光般皎洁美丽而得名。它位于新疆维吾尔自治区吐鲁番市东南30公里、吐鲁番盆地最低洼处。

湖泊长43.5公里，最大宽度10.2公里，平均宽度5.63公里，面积245平方公里。湖区属温带大陆性荒漠干旱气候，年平均降水量仅5毫米，全年降水日数2.7天，最长连续无降水天数多达425天。湖水主要依赖地下水补给。

**（5）最深的湖泊——长白山天池**

白头山天池又名长白山天池，古名有闼门、图门泊、温凉泊和龙潭等，图们系满语，意“万”，是三江万水之源的意思。其面积为9.82平方公里，湖面海拔2194米，最大水深204米，蓄水量$20.04\times10^{8}$立方米，是我国第一深水湖和面积最大的火山口湖。它位于吉林省延边自治州、中朝两国交界处的长白山之巅。周围层峦叠嶂，是由已熄灭的火山口积水而成。

湖水主要依靠湖面降水补给并辅以部分地下泉水。集水面积21.41平方公里，补给系数2.18。天池水终年外泄，即使在冬季封冻以后，湖水仍能以潜流形式流出，流往乘槎河，形成落差达68米的长白瀑布，然后下注二道白河，成为第二松花江正源的源头。湖水湛蓝、清澈，最大透明度5.2米。每年11月下旬封冻，到翌年6月中旬解冻，封冻期200天左右。

**（6）矿化度最高的湖泊——察尔汉盐湖**

察尔汉盐湖是我国最大的固、液相并存的盐湖，位于柴达木盆地中部新生代沉降中心区，地跨青海省的格尔木市和都兰县。它由涩聂湖、达布逊湖、北霍布逊湖、南霍布逊湖、大别勒湖、小别勒湖、达西湖、协作湖、团结湖和东陵湖10个常年型卤水湖和季节性卤水湖以及大片干盐滩组成。地面海拔2678~2683米，长168公里，宽20~40公里，面积4708.8平方公里，其中协作湖面积 0～31.92 平方公里，水深 0～0.03 米，洪水期密度 1.361，矿化度每升 527.15 克。

大约在 3.7 万年以前，该湖还是个淡水湖或微咸水湖，在以后的漫长的时间内，随着湖区气候的干湿交替，湖泊也经历了咸盐与淡化的多次交替，大致有 5 次成盐期和 5 次淡化期。大约在 1.5 万年前，湖泊发展到鼎盛时期，沉积了遍布至全湖区的第 4 盐层。在大约 5000 年前，部分湖区沉积了第 5 盐层。尔后，由于湖区日趋干旱，湖水范围也随之缩小，除河流入湖口附近保留一些卤水湖外，大部分湖区演变成干盐滩，成为干盐滩与卤水湖并存的盐湖。目前，由于湖水补给入不敷出，水面仍在继续退缩，干盐滩的面积在不断扩大。

湖区属柴达木荒漠干旱、极干旱气候，全年平均降水量仅 24.7 毫米，而年蒸发量却高达 3543.1 毫米。湖水主要依赖地表径流补给，主要入湖河流有 18 条，其中以格尔木河为最大，长 447 公里。湖区是一个综合开发利用价值很高的固、液相并存矿床。液体矿床以钾矿为主，是我国已探明的最大的钾、镁液体矿床，现已开采。

**（7）最长的湖泊——雪山碧玉班公错**

班公错又称错木昂拉仁波、歌木克拉喇令错，意为明媚而狭长的湖泊，它东西长约 159 公里，是我国最长的湖泊。它位于西藏自治区日土县与克什米尔（印度实际控制区）交界处，由东段的昂拉锐错、中段的倪雅光错和西段的鄂姆博错所组成。两端水体开敞，中段水体狭长，最宽处约 15 公里，最狭处仅 40 米，总面积为 604 平方公里，其中在我国境内 413 平方公里，在克什米尔境内 191 平方公里。湖泊水深 41.3 米，容积 $74 \times 10^8$ 立方米。湖面海拔 4242 米，是发育于班公—东巧—怒江大断裂带内的地堑型湖泊，沿岸断崖耸立，断层沿线出露的温泉均作线状排列。古班公错面积较大，但自第四纪以来，由于高原气候趋干，湖面不断地缩小，在湖东岸残留的古湖岸线或湖阶地多达 9 级，其中最高一线古湖岸目前湖面达 80 米。

班公错像条狭长的碧玉镶嵌在层峦叠嶂的群山之中，湖的南北有著名的喀喇昆仑山系和冈底斯山系，山巅云雾缭绕，冰雪皑皑。湖泊流域面积28714平方公里，湖水补给主要依赖湖泊四周山地的冰雪融水，补给系数为47.5。班公错无出流，属高原内陆湖泊。湖区降水稀少，蒸发强烈，多年平均降水量仅60.4毫米，而年蒸发量却高达2465.3毫米。由于湖泊是东西延伸，且长度大，故因各地补给水量的多寡不同，湖水的咸淡也不一样，具有自东向西不断咸化的特点。东段因湖面开阔，水补给量大，湖水矿化度为每升678.88毫克，属淡水范畴；中段湖水的矿化度达每升2757毫克，已属咸水湖；而西段又高达每升11021毫克。全湖淡水储量为$46.6 \times 10^6$立方米，咸水储量为$27.4 \times 10^6$立方米。湖中盛产西藏弓鱼和高原裸裂团鱼。

## 景区景点链接

我国的风景湖泊类型多样，各种各样的湖泊都是中华大地上美丽的风景。下面就简要介绍一下各种成因湖泊的代表。

### 构造湖

我国的构造湖不乏风景名胜，著名的如滇池、洱海，风景秀丽迷人。尤其值得一提的是青藏高原上的湖泊。青藏高原上的大多数湖泊都是在喜马拉雅造山运动中由于地面下陷而形成的构造湖。由于其极高的海拔，成了高悬在天上的“天湖”。如西藏三大圣湖之一的纳木错，湖面海拔4718米，总面积为1900多平方公里，是我国的第二大咸水湖，也是世界上海拔最高的咸水湖。而“纳木错”在藏语中的意思就是“天湖”。其湖盆就是在第三纪末第四纪初，喜马拉雅山运动凹陷而形成的。

### 河迹湖

我国的河迹湖为数众多，有很多具有旅游开发的价值。最为著名的有洪泽湖。

洪泽湖在秦汉之前还是块块平原，淮河干流就在这里流过。在淮河的右侧有许多面积不大的小型湖泊。到了魏晋时，又修筑了一些水塘以备灌溉之用。616年，隋炀帝下江南，而这年正是大旱，水位下降，行舟困难。当隋炀帝的龙舟行至修筑的水塘之一——破釜塘时，突然天降大雨，水涨船高，龙舟很顺利地就通过了。隋炀帝十分高兴，自以为洪福齐天，恩泽浩荡，于是改破釜塘为洪泽涌。唐代始称其为洪泽湖，而这只是今天洪泽湖的雏形。历史上，淮河多次泛滥改道，特别是自 1128 年始，黄河夺淮（黄河借由淮河的河道入海）达 600 多年，由黄河带来的大量泥沙在淮河下游河道淤积，河水排泄不畅。破釜塘等湖水位不断升高，众多小湖泊逐渐连为一体，慢慢地形成了今天水面广阔的我国第四大淡水湖——洪泽湖。

**火山口湖**

我国有许多火山口湖，而其中气势最为壮观的莫过于长白山的天池了。长白山天池又称白头山天池，坐落在吉林省东南部，是中国和朝鲜的界湖。长白山是一座休眠火山，自 16 世纪以来便喷发了 3 次。火山喷射出来的熔岩等堆积在周围形成了 16 座山峰，7 座位于朝鲜境内，9 座位于我国境内。火山口内积水成湖，就成了今天的长白山天池。天池中的水由一个小缺口中流出，形成了著名的长白山大瀑布，而在天池周围温泉广泛地分布着。近年来在天池中还发现了不明生物，这更增添了天池的魅力。天池的平均深度达到了 204 米，是中国最深的湖泊。

**堰塞湖**

我国有许多著名的堰塞湖。

由火山喷发的熔岩流阻塞河道而成的著名的湖泊有东北的镜泊湖和黑龙江的五大连池。大约 1 万年前，火山喷发时流出的熔岩流阻塞了牡丹江上游河谷潴水而成镜泊湖。因为湖水平静如镜而得名镜泊湖。五大连池在黑龙江省德得县境，是在 1719 ~ 1721 年期间由老黑山和火烧山喷发的玄武岩流堵塞讷漠尔河支流白河而成。在不到 5 公里的河段中，有 5 道熔岩堤坝，截水形成头池、二池、三池、四池、五池五个小湖，中有石龙河贯穿相连，因此得名“五大连池”。各池水色不同，如五颗晶莹的宝石撒落在群山之中。

由地震或冰川、泥石流所引起的山崩滑坡物质堵塞河道而成的著名湖泊则有藏东南的易贡湖、然马湖等。

在堰塞湖中，最神奇和美观的湖泊类型当数钙华堵塞而形成的湖泊了。在我国四川松潘县东北、岷山山脉主峰雪宝鼎山麓，有一条由古代冰川侵蚀而成的沟，名黄龙沟。这里因为其著名的钙华堆积而闻名天下。在黄龙地区有大大小小的钙华堆积堰塞形成的池3000多个。池水清澈透明，钙华呈浅黄色，再加上水中的植物、微生物、矿物质以及水对于阳光的折射等，使得黄龙的钙华池艳丽多姿，举世无双。现已列入联合国的世界自然遗产名录。

### 冰川湖

我国拥有着“世界屋脊”青藏高原，还有像天山、昆仑山、阿尔泰山这样巨大的山脉，因此有着广泛的冰川分布，这样也就形成了众多的冰川湖，而其中的典型则要算是新疆天山博格达峰上的天池了。

新疆天池坐落在北天山东段博格达峰下的半山腰，海拔1980米，是一个天然的高山湖泊，被誉为天山上的一颗明珠。天池湖水清澈，湖面呈半月形，长3400米，最宽处约1500米，面积4.9平方公里，湖深达105米。天池东南面是雄伟的博格达主峰，海拔5440米，终年积雪。天池属冰碛湖。

### 潟湖

潟湖的代表是西湖。约在数千年前，杭州的西湖还是与钱塘江相连的一片浅海海湾，以后由于海潮和河流挟带的泥沙不断在湾口附近沉积，使海湾与海洋完全分离，海水经逐渐淡化才形成今日的西湖。西湖古称金牛湖、明圣湖，又名钱塘湖，雅号西子湖。因地处著名的城市杭州西郊而得名。西湖由潟湖演变以来，曾多次进入沼泽化阶段，经历代劳动人民的多次浚修，才形成现今的风貌。由苏堤、白堤、赵公堤等堤桥将西湖分成外湖、北里湖、西里湖、岳湖和小南湖五个部分。北宋大文学家苏轼诗中曾把西湖比作古越美女西施，因而扬名于海内外。

# 瀑布景观

## 背景分析

多姿多彩的瀑布是如何形成的呢？按照地学原理，地表上任何一种地貌单元均是地球的内营力和外营力相互作用的产物。瀑布的形成也是地球内、外营力相互作用的结果。在瀑布形成过程中，内营力起着重大的作用。一种是由水平运动或垂直运动造成的断层或裂谷，为瀑布的形成提供了必要的条件，此时若有溪流或江河流经断层或裂谷，则可形成瀑布。如著名的黄河壶口瀑布就是这样形成的。另一种形成瀑布的内营力是火山爆发过程，熔岩的漫溢将河道阻塞，使原来的河床形成一个新生的岩坎，河水由岩坎上翻跌而下，形成瀑布。如黑龙江宁安县境内的吊水楼瀑布（又称镜泊湖瀑布）就是这样形成的。

外营力作用形成瀑布的机理是水流对河底软、硬岩基岩的差别侵蚀而形成的。在两者出露处，硬岩层凸露于易受侵蚀的软岩层之上成为陡崖，水流在此陡落形成瀑布。我国大多数瀑布的形成都是缘于此因。水流的溶蚀作用往往形成喀斯特瀑布。这些瀑布发育于可溶性的碳酸盐岩地区，我国云南、贵州以及华南地区的瀑布多半是这类喀斯特瀑布，而著名的黄果树瀑布就是它们的代表。喀斯特瀑布之中还有更为独特的一种类型，它并不露在地表之上，而是深藏在洞穴之内，称为暗瀑。如贵州安顺龙宫的龙门飞瀑和浙江金华冰壶暗瀑等均是著名的喀斯特暗瀑。

形成瀑布的第三种原因，是由河流的袭夺造成的。所谓河流袭夺，指的是处于分水岭两侧的两条河流，其中侵蚀力较强、侵蚀较深的河流的主流或支流向上游进行下切侵蚀，最终将另一侧那条河流的上游部分袭夺过来，使之成为袭夺河流的支流。由于袭夺河的下切程度大，河床低于被袭夺河

瀑布与龙潭景观以及壶穴

流的河床，因此，在被袭夺河流汇入袭夺河时，往往产生跌水，形成袭夺瀑布，或称悬河瀑布。一般来说，这种瀑布规模比较小。

瀑布的第四种成因是由于冰川的刨蚀作用形成，有两种形式：一是冰川的刨蚀在冰川谷的底部形成陡坎，冰川融化或退缩后，谷底的陡坎形成瀑布；二是冰川主谷刨蚀下切速度较其他支冰川下切速度快，在冰川融化或退缩后支谷形成悬谷，支谷和主谷相汇处便形成陡坎瀑布。在现代冰川外围的河谷中大部分是这两种瀑布。

## 阅读提示

瀑布是一种特殊的动水景观，它融形美、声美、色美于一体，为山川景色添上了迷人的魅力。我国许多名胜景区常因有名瀑而声名更盛。如素以奇秀甲天下的庐山因断层多，地下水源丰富，瀑布多达10余处。较著名的有五老峰东屏峰下的三叠泉瀑、秀峰开先瀑（即香炉峰瀑）、“众泉之宗飞霄汉”的石门涧瀑、声势浩大若雷霆的玉渊潭瀑、如双龙吐珠袅袅下坠的王家坡双瀑等，这些瀑景成了庐山风景的一大特色。其他如雁荡山、镜泊湖、九寨沟、黄果树等也都以瀑水景观而闻名。

瀑布之美，首先就美在它们自身形态的多变，它们或似百幅白绫摇曳空中，或似万斛明珠从天而泻，或喷雪奔雷，或抛珠洒玉，或风扬轻烟，形态姿色极尽变幻之能事。瀑布形成的原因较多，如水流对河床岩石的侵蚀、地层的陷落或断层、火山熔岩的阻塞、冰川的切割和堆积等。不同的地质构造、不同的成因决定了瀑布落差宽度、流量的不同，从而使瀑水景观极富变化。

江西井冈山仙女瀑

清代诗人袁枚对浙西三瀑有过很生动的描述：天台山石梁瀑，“水来自华顶，平叠四层至此会合，如万马结队，穿梁狂奔……”青田的石门洞瀑又别具一番情趣，“其瀑在石洞中，如巨蚌张口，可吐数百人，受瀑处宽亩余，深百丈，疑蛟龙欲起”。最为奇绝的是雁荡山大龙湫，水从200米高的连云峰凌空而下，因其落差大，从远处望，只见“一匹练从天下，恰无声响，及前谛视，则20丈以上是瀑，20丈以下非瀑也，尽化为烟，化为雾，为轻绡，为玉尘……”

有些瀑布并不一泻到底而是分级跌落，形成梯瀑景观。梯瀑各级的形态每每又各有差异，丰富了景观的多样性。如庐山三叠泉，瀑水呈“之”字形三级下坠：第一级由五老峰东北岩口直接注于盘石上，盘石的反弹使瀑水如玉珠、如剂粉飘洒开来，喷洒于第二级石台上，然后再汇集起来，声威势壮地下注龙潭。从上顶到深潭，每一叠都有一定的停留，每叠都有自己的个性：一级如空垂白练，二级如珠坠玉散，三级如玉龙飞泻，融多样的形式美于一瀑，堪称绝观。

瀑水下跌被岩石阻挡，容易分成多股。双股的常称为鸳鸯瀑，如湘西天子山和张家界交界处便有一鸳鸯瀑从翠嶂上飞泻直下。庐山谷帘泉从60~70米的高崖流下，由1股分成11股，一齐倾泻而下，蔚为大观。有的瀑布在主瀑旁又分出若干支瀑，水量多寡不一，多者声威势壮，气势浩荡，显出阳刚之美；少者则细音袅袅，扑朔迷离，是阴柔的秀美。九寨沟的诺日朗瀑布便是雄伟和秀丽结合的典型。瀑布水形的变化及水量多寡和级数落差的不同，必定伴随着声音的形象化，从声若闷雷到袅袅琴音，这种声音是纯自然的天籁之声，具有丝竹管弦所没有的魅力。

除了形、声的美之外，由于山水风景空间环境条件的不同，瀑水还会现出不同的色彩变幻。瀑水的色彩是水对岩石、植被等折射、反射而形成的。一般的瀑布，水清色纯，白如素绢，相映周围青山，翠碧流长。要是从红色砂岩上下跌，瀑水就会变成红色，如江西三清山二桥墩红色瀑，高30米，水从朱红色岩壁流下，远远看去，如一匹红绸从高处挂下。再如九寨沟风景，色彩绮丽。特别是秋天，沟中到处是五彩缤纷的世界，瀑水也映出了树林、花草、山峦的色彩，那一级级梯瀑犹如轻轻抖动着的彩色缎带。有时泉水因流经含有可溶性盐类的地层而带有某些色彩，亦能形成多彩的瀑水。如三清山的川桥双色瀑，一红一白泾渭分明；云盖峰下鸳鸯潭瀑，同一水源流出黄白二色瀑水，更为奇妙。

要完全把握瀑水之美，必须选择正确的观赏路线。瀑布动水一般由溪流、跌水、深潭三部分组成，定点的观赏只能看到它的局部。要全面领略瀑布之美，就必须从远到近，从低到高，有一个选择和变动观赏点的过程。如观赏黄果树瀑布每每要动观：未见瀑水先闻水之轰鸣，转过一岭，便见雾气上蒸，再走近，就可见宽阔壮观的瀑布了。

## 知识问答

### 水流如何选择才能形成瀑布?

瀑布是指河谷纵坡面岩坎上倾泻下来的水流。如果分析河流的纵坡面，瀑布处是一个大的转折。形成瀑布，必须要有水流以及陡坎这两个基本条件。而在很多时候，这个陡坎便是流水经过了漫长的岁月对不同路径的选择、进而对所流经的地区地表进行加工而形成的。

在自然界中，位于分水岭两侧的河流如果具有不同的侵蚀基准面，由于两条河流具有相同的分水岭，这就意味着侵蚀基准面较低的河流具有更大的坡度，那么它在溯源侵蚀时更为积极，年深日久，就会引起分水岭的移动，直至后来溯源侵蚀切穿分水岭，这时，两条河流就会汇为一条河流，侵蚀基准面较高的河流上游流水将会全部流入侵蚀基准面较低的河流下游。由于两条河流在袭夺点附近高度有差距，如果高度相差比较大，则湍急的水流由高往低跌落，就会形成瀑布。这里最明显的莫过于河流袭夺所形成的瀑布了。著名的庐山三叠泉瀑布就是由河流袭夺而形成的。

河流除了会选择河道外，对于其河床的岩性也会进行选择，这个选择标准就是欺软怕硬，这种瀑布叫做“差别侵蚀型瀑布”。这种瀑布的形成，除了流水的作用外，地球内力的作用也是另外一个重要的因素。地球内力的作用就是地质构造运动，例如地层的升降、扭曲等。这些地质活动使得河床上产生断裂，也就是河床上的转折之处。这实际上为瀑布的形成提供了客观条件。但是，许多壮观的瀑布并非完全是因为地球内营力的作用而造成的，还有流水的作用。流水所起的作用就是所谓的“差别侵蚀作用”，“差别”就是指流水对不同的岩石产生不同的侵蚀效果。在“差别侵蚀作用”活动地区的岩石会变得比较破碎，发育许多的节理。这样的岩石很容易被流水侵蚀掉，而周围的岩石虽然同样受流水的侵蚀，却因为岩石比较完整较难被侵蚀掉。这样就会形成瀑布。庐山上的黄龙瀑与乌龙瀑都是发育在节理密集处的瀑布。黄果树瀑布也是发育在河流裂点处、再经水流的差异侵蚀而形成的瀑布。有些岩石岩性较为软弱，较容易被流水侵蚀掉；而有些岩石岩性比较坚硬，比较地能抵抗流水的侵蚀作用。这样，当两种岩性不同的岩石接受同样的流水侵蚀时，岩性软弱的岩石有可能被侵蚀殆尽，而岩性坚硬的岩石却依然挺立，这就加大了陡崖的陡峭，流水飞溅也就会更加有气势。著名的黄河壶口瀑布就是因为黄河水流经了岩性不同的岩石而形成的。

### 堵塞也能形成瀑布吗?

堵塞形成的瀑布与相映的堰塞湖成因完全一样都是流水的去路被阻挡而形成的。当流水的流量较大时，堵塞形成的拦水坝不足以阻拦日益高涨的水位，水流越过拦水坝就有可能形成瀑布。如熔岩型瀑布。这是火山爆发后，熔岩在地表上漫溢，当它阻塞河道或湖泊的出口并冷却下来以后，水流从熔岩形成的高坎上跌落而下，就形成了瀑布。这种类型的瀑布有著名的长白山天池瀑布和吊水楼瀑布等。

### 为何山崩、泥石流或冰川运动而形成的瀑布难以形成稳定的旅游景观?

这是因为这种类型的瀑布拦水坝的组成相较于岩石而言非常的松散，仅仅是岩块、土屑、沙粒的堆积，很容易被流水冲走。因此，在泥石流或山崩后形成的瀑布是短暂的，时间一长，拦水坝就会被流水冲刷殆尽，瀑布也就不复存在了，难以形成稳定的瀑布景观。但是如果游人在其初生的一段时间内观赏，依然可以看到喷珠溅玉的美丽瀑布。

### 多姿多彩的喀斯特瀑布有哪些类型?

喀斯特瀑布是一种只存在于特殊地区的瀑布类型，它是指在可溶性岩类（如碳酸盐岩、石膏、岩盐）分布地区通过水流的溶蚀等作用形成的瀑布。在我国的南方地区，如广西、贵州、四川、云南等地，既有丰沛的降水，又有大面积可溶性岩的分布，形成了面积很大的喀斯特地貌景观，在这里就有着很多这样的瀑布。由于喀斯特地区的水系水网十分奇特，多地下暗河，还有落水洞等喀斯特地貌形式，这些因素都使得这里的瀑布不仅数量众多，而且千姿百态，各具风貌。在这里，千奇百怪的溶洞中还发育有独特壮观的地下飞瀑。

## 地下暗河的出口瀑布是怎样形成的?

在喀斯特地区，地下暗河是非常常见的一种现象。这种地下暗河，有时有头无尾，有时有尾无头，有时从峡谷间奔腾而出，有时又突然消失在群山之间，十分的神秘。其实这种地下暗河也是一种正常的径流，只是因为喀斯特地区的岩石可以被流水所溶蚀，当地表的岩石被溶蚀和地下水将地下的岩层掏空后，地表径流自然就会跌落到地下，形成地下河。当这种地下河的出口是一处陡崖时，流水会凿穿岩壁，跌落而下，这样就形成了瀑布。

**(1) 落水洞型**

落水洞是岩溶区地表水流向地下河或地下溶洞的通道，它是垂直方向的流水对裂隙不断进行溶蚀并伴随塌陷而形成的。落水洞大小不等，形状也各不相同。按其垂直断面形态特征，可分为裂隙状落水洞、竖井状落水洞和漏斗状落水洞等；按其分布方向，分为垂直的、倾斜的和弯曲的。在广西一带，许多落水洞的洞口直径为7~10米，深度为10~30米，最深可达百米以上。当地壳上升，地下水位也随之下降，落水洞进一步向下发育而成竖井，深度可达数百米。这时，位于落水洞口的径流跌落而下，就形成了奇特的地下飞瀑。

**(2) 钙华瀑布**

这又是一种十分奇特的瀑布类型。它其实是一种堰塞型瀑布，但是形成拦水坝的原因则是典型的喀斯特现象——钙华。当钙华不断堆积，就形成了一个个的拦水坝，水流被迫聚集抬高，然后从拦水坝上跌落。这种瀑布规模较小，但由于钙华色彩鲜艳，再配以清澈的水色，也是非常好的旅游景观。

## 我国有哪几种类型的瀑布?

我国有以下几种类型的瀑布：

一是断层瀑布。此类瀑布是由地壳构造运动（水平或垂直运动）形成的断层造成的，如黄河壶口瀑布。当多级断层以地堑或地垒的形式出现时，则可形成多级瀑布。

二是堰塞瀑布。此类瀑布通常由火山喷发、熔岩阻塞了河道造成跌水而产生，如黑龙江境内的吊水楼瀑布。另外，由山崩、滑坡、泥石流等阻塞河道形成的瀑布，也属于堰塞瀑布。

三是袭夺瀑布。此类瀑布由河流的袭夺造成。被袭夺的河流由于高于袭夺河流的谷底而跌落下来，从而形成袭夺瀑布，如黄果树瀑布群中的滴水滩瀑布、蜘蛛洞瀑布等。

四是差异侵蚀瀑布。当两种不同抗冲能力的岩层在一起并同时受到一条河流的冲蚀，就会产生差异侵蚀型瀑布。我国的大多数瀑布都是由差异侵蚀造成的。

河谷壁上的悬瀑——贵州六广河

五是喀斯特瀑布。喀斯特瀑布大多在断层或两种硬软岩层的交接处形成，其形成是由于河流的冲蚀和溶蚀双重作用。此外，喀斯特瀑布还往往由于落水洞坍塌或钙华层的不断堆积，使河道中出现天然坝等因素而形成。在落水洞还没有坍落时，瀑布发育在洞内，则形成喀斯特暗瀑。

六是悬谷瀑布。此类瀑布往往以古冰斗为积水潭，再经由冰斗边缘的陡坎，夺路飞泻跌落而成。

## 我国有哪些有趣的瀑布景观?

**(1) 温泉瀑布**

所谓温泉瀑布，就是指温泉沿着山崖飞泻而形成的瀑布。这类飞瀑常常形成烟雾弥漫的景象，如广东从化县的三处温泉瀑布、重庆南温泉的双龙瀑布等。

**(2) 间歇型瀑布**

我国贵州黄平县重安江瀑布，在瀑布水流淌了7分钟后，水流几乎断绝，在7分钟间歇后，瀑布又在此涌出。原来瀑布的水来自于山腰中的一个间隙泉。水流在出露过程中形成一个虹吸岩溶洞穴系统。在这个系统的上游洞穴内，当地下水位高出虹吸管道的顶部时，水流便在大气压、管道水的压力相互配合下，涌出地面形成瀑布。当上游洞穴中的储水吸尽后，瀑布也就随之中止。当洞穴中水又存储至一定高度时，泉水再次涌出，瀑布也就再现了。

**(3) 双色瀑布**

同一个瀑布呈现出两种水色，形成多彩的瀑布。在江西道教圣地三清山有两处瀑布，一是二桥红色瀑布，水流如红绫高悬；一是川桥双色瀑布，红白并列，交相辉映。

## 景区景点链接

中国地域辽阔，地形起伏变化大，河流泉溪众多，发育了大量的瀑布。我国的瀑布大多分布在秦岭、淮河以南的山地丘陵地带，尤其是集中在浙、台等东南丘陵区域。云贵高原和广西十万大山等喀斯特地区以及四川盆地与其四周山地交接地带，地形复杂多变，降水特别充沛，喀斯特广泛出露，故对瀑布的形成十分有利。而华北、西北、黄土高原、内蒙古高原以及华北平原等地区，要么缺少丰沛的降水，要么地形起伏过小，很难形成瀑布，故这些地区瀑布较为少见。东北地区山高水长，且火山较多，故是我国火山熔岩堰塞瀑布的主要分布区。

据统计，我国较有名的瀑布达200多个。瀑布较多的分布在华东、华南以及西南的一些省区，它们是：安徽、浙江、福建、台湾、广东、广西、贵州、云南和四川，其中以贵州、台湾两省为最多。瀑布较少的省区主要在西北和华北，它们是：新疆、甘肃、宁夏、青海、内蒙古、河北、山西和陕西，其中以甘肃、宁夏最少。此外，我国的喀斯特地区还发育着一种奇特的地下瀑布——暗瀑，它们主要分布在江苏、浙江、广西、贵州、云南等省区，如浙江金华的冰壶暗瀑、贵州安顺的龙门地下飞瀑等。

我国传统的名瀑主要有——黄果树瀑布群、壶口瀑布等。

贵州黄果树瀑布

## 黄果树瀑布群

位于贵州省黔中丘原的镇宁、关岭布依族苗族自治县境内，距贵州省会贵阳约150公里。它是由黄果树瀑布、陡坡瀑布、螺蛳滩瀑布、银链坠潭瀑布、关岭瀑布等20多个风韵各异的大小瀑布群组成，其中以素有“天下奇景”之称的我国第一大瀑布——黄果树瀑布最为优美壮观，故统称为黄果树瀑布群。黄果树瀑布位于镇宁自治县境内打帮河支流白水河上，又称“白水河瀑布”。相传白水河右岸有一株大黄桷树，当地方言“桷”与“果”谐音，这一带又盛产黄果（广柑），故称“黄果树瀑布”。黄果树瀑布由瀑布、水帘洞和犀牛潭三部分组成。白水河自镇宁东北崇山峻岭中倾云倒雪般而下，在黄果树地段形成九级瀑布，黄果树是其中最大的一级。主瀑布高 66.8 米，宽81.2 米，顶上还有一级高 4.5 米的“瀑上瀑”，加起来共高 71.3 米，流速每秒 17 米。瀑布飞泻而下，直泻犀牛潭，落差大，幅面宽，水量足，景色十分壮观。黄果树瀑布的景观，随四季而替换，昼夜而迥异。夏秋之季，水量最丰，水中因含有大量泥沙而黄浊，此时瀑布翻崖直下，捣金碎玉，瀑面壮阔，气势磅礴。冬春之季，瀑布消瘦，水流清澈，遥望瀑布，“若冰绡之被玉肌，烟縠之笼皎魄”，别有一番轻流曼舞的婀娜风姿。每当丽日当空，阳光灿烂，黄果树瀑布宛若一条溢彩流金的银龙，喷洒着浓浓的迷雾，在阳光下虹霓隐现，景色神奇。而当夜色降临，月明星稀，瀑布宛若银河从九天而落从潭中升腾而起的层层水雾扑面而来，构成一幅神秘幽美的世外图画。升腾的水雾笼罩着瀑布西侧的黄果树寨子，给寨子带来独特的景色，尤其是日出日落之时，朝阳和夕阳将袅袅娜娜的水雾染上一层神奇的金色，因此黄果树寨子有“水云山庄”的美名，寨子中的小街亦有“银雨洒金街”的妙景。陡坡瀑布位于黄果树瀑布上游 1 公里处，它是黄果树瀑布群中瀑面最宽的一个瀑布。瀑布高虽只有 21 米，可瀑面宽达 105 米，平均水流量为每秒 16 立方米。平水时，白水河流量不大，水流清澈，陡坡瀑布显得清秀妩媚。洪水时，白水河浊流滚滚，陡坡瀑布变得异常凶猛雄壮。

### 壶口瀑布

位于黄河中游、秦晋峡谷之中，河西属陕西省宜川县壶口乡，河东与山西省吉县相接，是我国仅次于贵州省黄果树瀑布的第二大瀑布。壶口两岸，苍山挟持，万里黄河至此，河床由 300 多米宽突然收缩到 50 多米，浩渺的黄河水骤然收成一束，从 30 多米落差的黄河壶口飞流直下，奔泻于十里龙槽。因其形状似一把壶的口子，故而得名。壶口瀑布是切穿吕梁山南端的绿色砂岩、页岩等软硬不同的地层形成的。三叠纪厚层砂岩坚硬，形成了瀑布的造瀑层，在下面则是一套岩性较软的砂、页岩及杂色泥岩层。在瀑区有两组近乎垂直的节理，将瀑区的岩石切割得支离破碎，又兼之黄河巨大的水流能量，当上层岩石被水流侵蚀后，下层的岩石的侵蚀速度就会大大加快，这就为形成巨大的瀑前峡谷提供了必要的条件。

黄河壶口瀑布

## 庐山瀑布群

江西庐山素享“匡庐奇秀甲天下”之誉，而庐山之美瀑布居首，为庐山一绝。庐山山势突兀，断崖绝壁间多瀑布。庐山瀑布群的知名瀑布主要有：三叠泉瀑布、开先瀑布、石门涧瀑布、黄龙潭和乌龙潭瀑布、谷帘泉瀑布、王家坡双瀑等。石门涧瀑布是最早载入庐山史册的庐山飞瀑。据《后汉书·地理志》载：“庐山西南有双阙，壁立千余仞，有瀑布焉。”石门由天池山与铁船峰二峰构成，一瀑从石门绝壁飞落，水声如急鼓奔雷，声震十余里。王家坡双瀑位于小天池下五华里再折向北里许处，势若二龙吐珠，声如崩云裂石，响彻山谷。乌龙潭瀑布在大天池下，两山之中一线深涧，水从巨石上分6股倾泻。黄龙潭瀑布即在附近，潭深瀑涌，加之此处多彩蝶和水鸟飞舞，别具风味。开先瀑布亦称秀峰瀑布，即李白《望庐山瀑布》所吟之瀑。此瀑自鹤鸣、双涧峰间泻下，分为东西二瀑。秀峰西瀑（黄崖瀑）在枯水季节只如一丝细线，但在夏秋水旺之时则气势宏伟。秀峰西瀑与东瀑（马尾瀑）汇合后注入青玉峡龙瀑，气势亦颇为壮观。三叠泉瀑布是庐山瀑布群中最为壮观的瀑布，有“银河倒挂三叠泉”之誉。此瀑位于五老峰东北六华里深山峡谷中，为清莲涧的下源，也叫三级泉、水帘泉。因第四纪冰川形成的三级台阶（“冰阶”），使五老峰、大月山等处的溪水由此形成三级瀑布，落差以第一叠为最，二叠次之，三叠最短，“上级如飘雪拖练，中级如碎玉摧冰，下级如飞龙走潭”（《纪游集》）。玉帘瀑布位于金轮峰下，瀑布从40米高的悬崖飞落而下，泻入深潭之中，状若玉帘，故而得名。

## 九寨沟瀑布群

坐落在四川省松潘、南坪、平武三县交界的崇山峻岭中，是有“神话世界”之称的九寨沟风景区的重要组成部分。与我国其他名瀑不同的是，九寨沟的诸瀑布大多从长满树木的悬崖或滩上悄然流出，瀑布往往被分成无数股细小的水流，或轻盈缓慢，或急流直泻，千姿百态，妙不可言。加上四周群山叠翠，满目青葱，瀑布之景更显得神奇秀丽了。九寨沟瀑布群主要有诺日朗瀑布、树正瀑布和珍珠滩瀑布等。树正瀑布位于树正群海上游二三里处，瀑布宽近50米，高20余米，是一座出没于悬崖和树丛中的瀑布。瀑布之中，不仅水石相激，浪花飞溅，更有水木相激，堆雪碎冰。那翻着雪浪的瀑布，水声轰鸣，与苍劲古老的树木一动一静，形成了强烈的对比，又组成了一幅和谐的天然图画。诺日朗瀑布是九寨沟瀑布群中最大的瀑布，位于树正群海沟、则查洼沟和日则沟三条主沟的交接处。“诺日朗”三个字藏语意思是雄伟壮观。诺日朗瀑布落差并不是很大，约为30~40米，但瀑面十分宽阔，达140米，堪称我国第一宽瀑了。春天的诺日朗瀑布宛若一个沉睡刚醒的孩子，欢呼雀跃地奔流在苍翠欲滴的山谷崖壁上；而夏日来临，诺日朗瀑布水量增加，声势渐壮，水流跌落在崖下岩石上，激起水花万朵，如银珠万斛，四处抛洒；金秋时节，诺日朗瀑布在一片片红叶、黄叶之中分成无数股细流，飘然而下，景色十分迷人；隆冬时节，诺日朗瀑布则从流动状态变成固体状态，展现在游人面前的是一幅千姿百态的冰瀑画面。

# 泉水景观

## 背景分析

泉是地下水的天然露头，是地下水涌出地面的自然景观，它不仅有造景、育景的独特功能，而且有疗养、疗疾的医学价值，自古以来就是人们观赏、疗养的主要利用对象，有重要旅游价值，是引人注目的自然旅游资源。泉的种类丰富，按泉水涌出的地质条件可分为侵蚀泉、接触泉、溢出泉、悬挂泉、堤泉、断层泉、岩溶泉等；按泉出现的奇异特征与功能可分为间歇泉、多潮泉、喊泉、笑泉、羞泉、鱼泉、火泉、冰泉、乳泉、甘泉、苦泉、药泉、矿泉等；另外还有热气泉（黄石公园热气喷泉、临潼华清池）、泥泉（台湾高雄泥火山）、“海龙眼”（海、湖、河底的上升泉）等。泉有美化环境、提供饮料、淋浴治病、疗养健身等多种功能。除此之外泉能直接造就许多引人入胜的奇泉怪水景观和名泉佳酿，构成以泉闻名的风景旅游地。

## 阅读提示

总的说来，泉水具有以下景观特征：

（1）水质美。泉水是首先埋藏于地下然后流出的。在这个过程中就经过了地层的过滤，水中所含的杂质、细菌等可以被有效地过滤掉，因此泉水一般都非常纯洁而清澈，观赏涌出的清泉就是一种很大的享受。泉水中大都富含矿物质，饮用对于人的身体健康很有好处。温泉中常含有硫等元素，可以治疗皮肤病。泉水在中国人的饮食文化中也占有重要的地位。茶与酒是中国最重要的两种饮料，而这两种饮料中的佳品多半是要借助于自然中甘甜的泉水的。我国唐代的茶圣陆羽就曾品评天下泡茶之水，认为镇江泠泉属天下第一。有名泉为伴，主人才能泡出一杯回味无穷的好茶。同样，名酒也离不开泉水，所谓

“地有名泉，必有佳酿”。曾有人按照同样的配方与工艺仿制贵州名酒“茅台”，但酿制出来的酒味却总是不纯正。其原因是制造茅台酒的水是赤水河两岸红层中溢出的清泉，水质十分甘甜，别处的水源无法与之相比。

（2）声音美。泉水一般没有惊涛之吼和震耳的轰鸣，多是带有美妙音响的涓涓细流。静坐泉旁，听水声悠悠与自然里的虫声和鸣，真如听一场别开生面的音乐会。不同的泉水会发出不同的声音，有的似洞箫长吹，其声悠扬；有的似散珠落盘，其音叮咚；有的似丝弦低语，有的似细雨潇潇……

（3）多奇观。泉水中多奇泉。由于地下水的水压、水质等经常变化，所以泉水也就经常发生变化。如定时喷发的间歇泉。美国黄石公园中的间歇泉，每天喷发的时间都十分精确，宛如一个诚实守信的长者，并因此得到了一个“诚实泉”的美名。再如一些由于泉源附近的水压不稳定而形成的“笑泉”、“喊泉”等，当游人在泉边拍手或大笑时，就会使得泉水随着游人的动作而变化。

陕西西安市临潼华清池

（4）多人工建筑，有悠久的历史和优美的传说。名泉旁常有一些优美的人工建筑，多以精巧、秀丽为特色，它们与碧透的泉水、幽静的环境交相辉映，更显得典雅、美观。泉与人相伴，自然也就留下了许多优美的传说和故事。我国一些名泉在长期的开发过程中形成了丰富的历史文化，包括优美的神话传说。最著名的莫过于陕西的华清池，它因为李隆基与杨玉环的爱情故事而家喻户晓。无锡的“第二泉”因为著名的二胡曲《二泉映月》而妇孺皆知。庐山上的“聪明泉”因为一个美丽的传说而著名。我国的名泉旁大都有名士大家的题字，更有历代诗人对其吟咏歌颂。这一切都给泉水增添了文化内涵，更增添了游人的兴趣。

## 知识问答

### 泉是如何形成的，什么是上升泉与下降泉？

地下水流动过程中在适宜的地形地质条件下遇到能通经地面的通道，便会浸露出地面，这种具有地下水特征的特殊地表水便称为泉。从泉的形成地质条件看，泉大致可分为这样几种：一是透水层和不透水层的接触面正好遇到地面，于是在岩层里流动的地下水就会沿着接触面流出地面，这种泉叫接触泉。二是地下发生了断层，一侧的含水层正好碰上了不透水层，地下水也会沿着断层溢出地表，这种泉叫断层泉。三是因岩层有裂隙，这种裂隙正好在地表附近，地下水就会沿着裂隙趁机流出地面，这种泉称为裂隙泉。

另外，泉按水力性质可分为上升泉和下降泉。上升泉由承压水补给。所谓承压水就是指夹在隔水层之间的地下水。顾名思义，承压水承受着很大的压力。当这些承受了很大压力的地下水流经上层隔水层的裂隙时，就会在压力的作用下冲出地表，出露为泉。上升泉最明显的特点就是泉水从地下向上涌冒，翻水花，冒气泡。地下水受到的压力越大，向上涌出的水量也就越多，那么泉水喷出地面达到的高度也就越高。上升泉的流量、水温、水质都比较稳定，一般受季节和气候变化的影响小。此外，由于热水的密度较冷水为小，因此地下的热水会因浮力的作用而从地下迅速地往地表上升，泉水也会喷出地表。

有了上升泉，自然也就会有下降泉。下降泉就是由潜水含水层补给的泉。所谓潜水就是处在地下第一个隔水层之上、具有自由水面的地下水。它与承压水最大的差别便在于上面的压力较小，潜水的水面会随着来水量这种地下水而变动。这就是说，这种类型的地下水一般埋藏较浅，在降雨时，水很快就汇集到地下水中。这种泉水的流量、温度都是随着季节和气候的变化而变化的。其特点是：雨多泉大，天旱泉涸。叫它下降泉就是因为这种地下泉从泉口自由流出或慢慢地溢出地表，没有多大的压力，水在泉池里很平静，不出现冒水泡和气泡现象。

在压力作用下上升泉由地下冒出，有时可喷涌高出泉口数十厘米至数百米；下降泉由潜水补给，一般从侧向流出。

## 泉水有多少种类型?

根据泉水的不同特性，可以将泉水分为许许多多不同的类型。大体上来说，可以按照泉水的运动、化学性质进行如下的分类：

**（1）按泉水的成分——矿泉与淡泉**

水是一种溶剂，众多的化学物质都可以溶于水中。泉水中自然也少不了这些化学物质，由于泉水埋藏的地点不同，不同地方的泉水中所含的化学物质自然也不一样。世界上多数国家认为：水中含溶解无机盐类大于每升 1000 毫克，或者含游离二氧化碳大于每升 250 毫克，或者含有对人体健康有益成分、且水的微生物特征符合世界卫生组织饮用水的国际标准的泉水，方可称为矿泉。而淡泉自然就是指泉水中所含的矿物质较少的泉水了。

**（2）按泉水的流出方式——喷泉与涌泉**

含水层并非是水平地在地下分布着，而常常由于地层的褶皱扭曲等原因成为一个个斜面。这就使得处于含水层下方的地下水承受着由上部的水所形成的压力，许多泉水汩汩流出就是因为这个原因。当泉眼与含水层之间高度相差很大、而且水量又非常充足的话，泉水便会以一种较为激烈的方式流出泉眼——就是喷发，这也就形成了喷泉。而当含水层埋藏较浅，上方又无很大压力的话，水流就会从侧面缓缓流出，这便形成了涌泉。

**(3) 按泉水的温度——温泉与冷泉**

地下水的温度是与其周围地层的温度一致的。地下浅层处由于得到的来自太阳与大气的辐射均较少，所以夏天炎热之时，从泉眼中流出的往往都是一泓清凉的泉水。但各地地质状况不一，在有些地区，地热距离地表很近，地下泉水被地热加热，在流出地表时就具有较高的温度。这就出现了温泉和冷泉之别。目前我国一般以25℃为界，泉水温度低于25℃的称冷泉，泉水温度高于25℃的则称温泉。

**温泉是如何形成的?**

温泉是泉水的一种，当一处泉水其温度高于当地地面空气年平均温度时会被冠上“温”泉或是“热”泉。按照泉水的温度可以将温泉分为低温温泉（20℃～40℃）、中温温泉（40℃～60℃）、高温温泉（60℃～100℃）以及沸泉（100℃以上）。

温泉形成的原因基本上有两种。绝大部分的温泉水是由大气中的降水深入地层而形成的。在近地表的地下，温度由于得到的热量辐射较少而呈下降趋势，在地下20～30米深处，太阳辐射的影响已经十分微弱。但地球内部是炽热的，越靠近地心则温度越高，所以一般正常的温度梯度为每向下1公里增温25℃～30℃。地下水顺着岩石间的裂隙往地下渗，在温度升高后又沿着地底断层迅速回流，回流的过程中吸取了矿泉区中丰富的矿物质。这种原因形成的温泉大部分出现在山谷中，叫做碳酸泉。而大部分的温泉中地面水最多能循环2～3公里深，所以水温在100℃以下。另外一种是由地壳里面的岩浆作用或是火山爆发产生的。地底下还没冷掉的岩浆会不停地冒出热气，热气集中的地方加上含水的岩层，就使地下水变成了高温的热水，而且还有蒸汽。这样形成的温泉叫做硫黄泉，这种温泉的温度可以达到100℃以上。

所以，综合起来，产生温泉必须具备以下三个基本条件：①地下必须有热水存在；②必须有静水压力差导致热水上涌；③岩石中必须有深长裂隙供热水通达地面。

## 温泉对人体具有哪些神奇的功效?

常泡温泉的人不难发现，温泉虽然不能治百病，但温泉水中富含偏酸、溴、铜、锶、硒等有益人体健康的矿物质元素，能起到舒筋活络、强身健体、润肤养颜、安神定神、抗衰老等保健作用，对于某些慢性病症状，如失眠、关节炎、关节僵硬、麻痹、筋肉酸痛、肌腱炎、神经炎、支气管炎等都具有良好的治疗效果，长期的温泉疗养具有相当程度的保健功效。说起温泉的疗效，水的浮力可减轻人体重负荷，放松肌肉及关节。水压可压缩人全身的血液，产生反复按压心脏的效果。适度的水温可促使人体温上升，血管扩张，血流增加，因而减轻心脏负担，连带也将氧气和养分加快送到全身，并能将老旧废物迅速排除，强化新陈代谢。血液循环顺畅了，自然也有助于消除疲劳。长期而正确地利用温泉养生，在放松、无压力的情况下，不仅可帮助人们舒缓神经，调节内分泌，也可以使血压和脉搏趋于正常，对忙碌的现代人而言，是减压最为省事有效的方法。同时，温泉还可以减肥瘦身，一般来说，在42℃的泉水中浸泡20分钟，就可以消耗300卡的热量。

温泉虽好，但是也要因人而异。不同的温泉对于人体具有不同的效用，应该根据个人的体质和需要去选择温泉以及泡的方式。就以温泉的美容效果而言，温泉物质有少部分会为皮肤所吸收，其中，硫黄泉可软化皮肤角质层，强化免疫能力；食盐泉可抑制皮肤的出汗，强化身体的保温作用，对美肤极有好处；含有低放射线的温泉可改善人体的皮下血管，增加血红素，有利于废弃物排泄。

## 泡温泉要注意哪些事项?

（1）泡前必须先沐浴洁身，使身体适应水温，才能更容易吸收温泉水中的矿物质。泡后用清水冲洗身体，不宜用肥皂或浴液，以保存皮肤表面所吸收的矿物质。

（2）选择适合自己体质的水池泡。一般从温到热，每次10～30分钟（高温池不要超过10分钟），每日1～2次为宜。临睡前最恰当。如为治疗，则至少要连续泡2～3周方可见效。

(3) 随时补充水分，以免造成身体脱水。

(4) 浴室内应保持空气流通，若感身体不适，应立即起身休息。

## 我国究竟有多少个“天下第一泉”？

在华夏广袤的土地上，名泉如星罗棋布。就拿冷泉来说，仅被称为“天下第一泉”的就有好几个，还有被称为天下第二泉、第三泉、第四泉的，至于其他没有封号但却以名泉佳水著称于世的冷泉更是不胜枚举。

被称为“天下第一泉”的名泉有：江西庐山的谷帘泉、江苏镇江的中泠泉、北京西郊的玉泉、山东济南的趵突泉、四川峨眉玉液泉等。

谷帘泉　位于庐山主峰大汉阳峰南康王谷中。这里是一条长达7公里的狭长谷地，谷中涧流淙淙，清澈见底，清溪的源头就是谷帘泉。谷帘泉又称三叠泉、三级泉，当地百姓也称为渊明醒酒泉。谷帘泉来自大汉阳峰，从筲箕洼破空跌落于枕石崖上，流水与岩石相碰撞，激起水珠喷洒飞溅，如雨如雾，在阳光下五光十色，晶莹夺目。相传唐代茶圣陆羽将天下名水排出20等次，将谷帘泉列为“天下第一泉”。他还两次结庐隐居于此，从事品茶鉴水的研究活动。自从陆羽评定谷帘泉为“天下第一泉”以后，谷帘泉名声大振，历代文人墨客纷至沓来，争相品水题咏。如宋代学者王禹偁在考察了谷帘水后，在《谷帘泉序》中称此泉“其味不败，取茶煮之，浮云散雪之状，与井泉绝殊”。

镇江中泠泉　又称“扬子江心第一泉”或南零水、中零泉、中濡泉，位于江苏镇江金山寺外。此泉被唐代品茶鉴水名家刘伯刍评为“天下第一泉”以来，一直享有盛名（20世纪90年代初出版的《中国茶经》一书，仍把中泠泉列为中国五大名泉之首）。中泠泉原为江心泉，唐宋时，金山还是“江心一朵芙蓉”，中泠泉也处于长江旋涡之中。由于江水自西而来，受到江中山的阻挡，水势曲折转流，分为三泠（南泠、中泠、北泠），而泉水就在中间的一个曲水之下，故名“中泠泉”。由于长江水势浩大，波涛汹涌，所以汲取中泠泉极为困难，据传打泉水需在正午之时将带盖的铜瓶子用绳子放入泉中，然后迅速打开盖子，才能汲到真正的泉水，故陆游游金山时曾发出“铜瓶愁汲中濡水，不见茶山九十翁”的感叹。清中叶以后，长江主河道北移，南岸的江滩不断沉积扩大，中泠泉由江心泉变成了陆地泉。人们在泉眼四周砌成石栏方池，池南建亭，池北建楼，并拓池40亩（约2.7公顷），开塘种植荷茭，又筑土堤，种柳万株，抵挡江流冲击，使柳荷相映，成为秀丽一景。方池南面石栏上镌刻的“天下第一泉”五个苍劲有力的大字为清末镇江知府、书法家王仁堪所书。中泠泉宛如一条戏水白龙，自池底源源不断地涌出，泉水“绿如翡翠，浓似琼浆”，甘洌醇厚，特宜煎茶。由于泉水表面张力较大，水面放一枚硬币不见沉底，泉水可高出杯口1~2毫米而不外溢，有“盈杯不溢”之说。

**玉泉** 位于北京颐和园以西的玉泉山南麓，以水清而碧、澄洁如玉而得名。玉泉山所在的山上洞壑迂回，流泉遍布，景色优美，“玉泉趵突”明代已列为燕京八景之一。清代乾隆皇帝嗜茶如命，又雅好评水鉴泉。他有个习惯，无论到何处出巡，都要命人带上一个特制的银斗，用来称量各地名泉的轻重，据以评定优劣。他认为比重越轻的水质越佳，经过反复比较，玉泉的比重最轻且水质甘洌，被评为第一，故被乾隆赐封为“天下第一泉”。乾隆还雅性十足地作《玉泉山天下第一泉记》，并将记文交由户部尚书、书法家汪由敦书写刻碑，立于泉旁。在清代玉泉是宫廷茗饮御用泉水，泉眼在皇室修建的澄心园（后更名为静明园）内。

**趵突泉** 位于著名泉城山东济南，名列七十二泉之首。众泉之中，趵突泉有“天下第一泉”的盛誉。趵突泉一名瀑流，又名槛泉（取自《诗经·大雅·瞻卬》中的“觱沸槛泉，维其深矣”之句）。此泉位于济南旧城西南，为古泺水发源地，泉自地下溶洞的裂缝中涌出，三股并发，浪花飞溅，势若鼎沸，声若隐雷，蔚为大观，无与伦比。自古以来观此泉者无不为之倾倒，并留下了无数咏赞的华章妙句。北宋诗人曾巩任齐州（今济南）知州时，在泉边建“泺源堂”，并作《齐州二堂记》，始以“趵突泉”名之。相传乾隆皇帝在评定北京玉泉等名泉不久，南巡来到济南，当他看到趵突池中三泉喷涌、势如鼎沸、状似堆雪的景象以后，遂把泉水三柱誉为蓬莱、方丈、瀛洲三山；品饮了趵突泉水后，觉得此水竟比他赐封的“天下第一泉”玉泉水还要甘洌爽口，于是又把“天下第一泉”的美名封给了趵突泉，并写了一篇《游趵突泉记》，还为趵突泉题书了“激湍”两个大字。

山东济南市趵突泉

峨眉玉液泉　位于秀丽的峨眉山大峨寺的神水阁前。此泉清澈明亮，千年流泻不息。夏日用手去掬，冷气直透肌骨，品一品，则涤肠荡胃，神清气爽。古人誉此泉为“饮之诧得仙”，并尊之为“神水”；又因此泉水质胜似玉液琼浆，故名“玉液泉”。玉液泉被苏东坡、黄庭坚等称为“第一泉”，泉边立有一块大石碑，上边镌刻着文人墨客赞咏玉液泉的诗词文章。峨眉山一带盛产云雾茶，用玉液泉的“神水”冲泡云雾茶，茶汤清亮，清香扑鼻，入口甘爽，并有保健功效。据科学测定，玉液泉“神水”不仅没有污染，清纯甘甜，而且其中锶、锌、偏硅酸的含量都达到了优质矿泉水的标准，而且含有微量的氡元素，对人体有强身保健作用。

## 中国的奇泉怪泉在哪里?

乳泉　是指因“泉水甘白如乳”而得名。如广西桂平的乳泉，位于桂平县城西部约 2 公里远的西山上。泉池深、宽近 1 米。半池碧水，清澈见底，冬不枯，夏不溢，水量稳定。据《浔阳州府志》载，此泉“清冽如杭州龙井，而甘美过之。时有汁喷出，白如乳，故名乳泉”。桂平乳泉的白色并不是水中所含矿物质成分造成的，而是交融于水中的极细的小气泡与地下水出露于地表时所呈现的视觉。化验表明，构成乳汁气泡的气体系惰性气体——氡。桂平西山由庞大而坚硬的花岗岩岩体构成。存于花岗岩裂隙壁上的氡气进入流动的地下水，形成汽水混合物泄出，使泉水跳珠走沫，呈现出色白如乳的汁来。但由于受岩石裂隙系统制约而生成的氡数量有限，不能连续地进入地下水中，所以喷汁历时较短，而且只能时有发生。除了桂平乳泉外，出露于安徽怀远县城南荆山北麓的白乳泉也很有名。怀远的乳泉背依荆山，面临淮河。泉从石隙中流出，在口径约 1 米多的石坑中形成一泓碧液，清澈透明。据文献记载，当年苏东坡曾游白乳泉，并誉它为“天下第七泉”。白乳泉平时清澈，雨后涌乳，特别是滂沱大雨之后，泉的涌水量增加，泉水发白，水味变差。

**盐泉** 在四川巫溪县大宁河西岸的宁厂镇猎神庙前。此泉所出之水极咸，含盐量很高，故名“盐泉”。据史料记载，早在 1900 多年前的东汉时期，盐泉就已被开发利用。当时，除了用“铁牢盆”（铁锅）煎盐外，还在大宁河龙门峡西岸的峭壁上修建了一条长达百余公里的栈道，用楠竹相接铺成管道，将盐泉之水引到巫山县大昌镇去煎煮。东汉以后，历代都用盐泉之水煮盐。现代，还在宁厂镇建了巫溪盐厂，用盐泉之水煮盐，所产泉盐畅销川东、鄂西各地。由于地下水在活动的过程中遇到了含有大量氯化钠的岩层，氯化钠被地下水溶解后，就形成了盐度很高的盐泉，其浓度往往高于海水，水味极咸。

**鱼泉** 位于河北涞水县境内的国家级风景名胜区——野三坡，其中心区有一眼“鱼骨洞泉”，系永久性独眼泉，泉水从山石窟中流出，喷泉口直径约 30 厘米，水质清澈。每年农历谷雨前后，从泉口会随水喷出活蹦乱跳的鲜鱼，数量较可观，每年达 2000 斤左右。这种鱼如候鸟一样，每年按时流出，9 月又复归山洞越冬，成为京畿鱼泉奇观。其实，从泉里“飞”出“鱼”不只限于河北涞水县，四川、湖南、湖北等地都有“泉涌鱼飞”的鱼泉景象。

虾泉　坐落在广西南宁市西北20公里右江北岸的平果县城虾山脚下。泉口离江边很近，泉水清澈明净，淙淙下流，注入右江。每年农历三四月夜深人静之时，密密麻麻的虾群云集在右江和泉水汇合处以上的浅水洼里，争先恐后地逆水涌向泉中。被泉水冲下来的虾一次二次不成，又三次四次地拼力冲锋，那勇往直前的精神令人叹为观止。待它们冲上泉口后，便以胜利者的姿态悠然游入泉水深处。这就是有名的“虾进泉”。之所以出现这种奇观，原因是这里的虾有江里生泉里养的习性。右江是它们的“老家”，虾泉则是它们的另一处“别墅”。

发酵泉　在四川丹巴县境内边尔村附近。此泉露于边尔河北侧的溪沟底。方圆数十里的居民经常来这里取水，和面烙饼，蒸馒头，既不用发酵，也不必用碱中和，蒸出的馒头与通常方法蒸出的毫无两样。故当地人称此泉为“神泉”。原来“神泉”从泥盆纪地层的一条小断层中涌出，水温17°C。泉水溢出时，伴有串串气泡逸出。无疑，水中溶解有大量气体。化验分析表明，气体中含有大量的二氧化碳和少量的氮、氧。二氧化碳是深部岩石在高温下变质的产物，又处于高压环境，故二氧化碳大量溶于水中。泉水之所以能够用于发面蒸馒头，完全是溶于水中的二氧化碳等气体受热膨胀的结果。

水火泉　在台湾台南县白河镇东约8公里的关岭子北麓。泉水从黝黑的岩石缝中涌出，水温高达84°C，水色灰黑，水味苦咸。有道是水火不相容，然而这里的泉水流进一个小池里，滚滚如沸，浓烟从水中腾起，高三四尺，只要在水面上点燃一根火柴，火焰就能从水中燃烧。因为该泉有水中出火的奇观，水火同源，人们称它为水火泉。泉水之所以能够点燃，是因为地下水中含有可燃性气体成分的缘故。关子岭温泉所在的地层分布着含油气的泥质岩层，在地热条件作用下，不断产生着主要成分为甲烷的天然气。与地下水合二为一的甲烷和地下水一起迁移，而后沿着大断层上升到地表。含甲烷的地下水露出地表后，因压力条件发生了变化，甲烷自水中逸出。由于甲烷无色易燃，故在着火中呈现出水火相容的奇观。

潮水泉　如大海的潮汐，来去有时，趣味盎然，又称报时泉，水文地质学上称为间歇泉。如湖南省花恒县民乐镇苗寨里有一口一日三潮的神奇泉，每天清晨、中午和傍晚三个时辰，一股水柱从泉眼中冲天而起，响声如雷贯耳，颇为壮观。持续时间一般为50～80分钟，过后水柱才慢慢平息下来，复变为涓涓细流。更为奇异的是，此泉还能准确地为当地苗族人民预报天气。如果此泉涨潮时间突然推迟，或一天数潮，同时持续时间短，那么过几天就会下大雨或暴雨；如果每天按规律涨潮，则说明天气变化相对稳定，晴雨相宜，风调雨顺。故当地人又把这个潮水泉称为“气象泉”。此类的潮水泉在湖南、云南、江西等地都有。出现潮水泉的地区都是由石灰岩组成，石灰岩不断受到地下水和地表水的溶蚀，在内部和表面形成了地下溶洞和地表沟。当地下溶洞由上部地表水渗进来的水积满到满水位时，经诱发而产生虹吸作用，水通过蜿蜒管道的弯曲顶端向外流时，潮水泉的泉口便出现涨潮喷水。当洞内地下水位不断下降，降低到虹吸管进水以下时，虹吸作用消失，泉口涌水戛然而止，就产生落潮。如此循环不已，泉水便出现了涨落现象。至于潮水泉能预报天气，则缘于天气的变化与大气压的变化密切相关。一般说来，高压控制多为晴好天气，低压控制多为雨水天气。气压高时，自然对溶洞水面压力大些，能提前涨潮或持续时间长，说明天气晴朗；反之，低气压时，对储水洞水面压力变小，涨潮时间推迟或持续时间短，预示风雨天气要来。

含羞泉　在四川广元，又名缩水涧。当你拾起一块石头向流出清泉的那个洞口投去时，泉水就会像一位害羞的小姑娘，发出“咯咯”的响声，缩回洞中躲藏起来；大约10多分钟后，泉水才又带着声响缓缓流出，恢复其原来的轻盈流态。原来，这里的地层断层很多，形成了无数毛细管状的吸水结构，再加上当地的地下水非常丰富，于是就在压力的作用下，水从岩石孔隙中溢出地表，形成泉水。当泉水流出地带受到声响而振动时，便产生一种声压，使岩石孔隙增大，于是，从孔隙中流出的水又被吸回了岩层中，出现了短暂的停流。当孔隙逐渐恢复原状后，泉水又重新“大胆地”从细小的毛管中流了出来。

能预报天气的泉水　在我国四川省古南县向顶乡境内。这眼泉露出在石灰岩层中，在低洼处形成一个水面面积达50平方米的天蓝色的水塘。每当天气由晴转雨前，水色便由天蓝色变成黑色，犹如天空中乌云密布一样；天气由雨转晴前，水色则变为浅黄色。天气变化后一天左右，水色又恢复成天蓝色。假如塘水呈现五颜六色，则预兆第二年必定风调雨顺。

在重庆市温泉公园里有一个奇特的泉水池，它由冷矿泉水形成，却以另一种方式向人们报告晴雨。当泉水池中的水清澈透明时，预示天气将转晴；当池水变成混浊并冒气泡时，则表示天将要下雨；如果池水特别混浊，气泡很多，表明将有大雨或暴雨。据多年的观察表明，以这个池水的清澈程度来预报天气是很准确的。

广西灵川县海洋乡苏家村边也有这样一眼泉。当泉水很清时，天气晴朗，当天内不会下雨；当涌泉出现乳白色像米汤那样的水时，3 天之内必会下雨，涌泉的浑水量大小，还能预示雨量的大小。下雨天，如果泉水开始变清，天气就将转晴。当地的人们每天都可根据泉水的变化情况来预知未来天气的变化。

广西贵县广丰乡新墟东侧有个泉水形成的池塘，水面面积约 2000 平方米，池底有数眼日流量约 3 万吨的泉。池水清澈，常年满溢。令人奇怪的是，这个泉水池塘每逢大雨前 12 个小时，池水会变成淡红色。据测定，池水中含有锶、氡等 20 多种微量元素。然而，池水为什么会在大雨前变成淡红色，至今仍然是个不解之谜。

在湖南省洞口县竹市镇荷地村的田垄中有一口已有 500 多年历史的古井，数百年来，井水清澈，透明无色，常年水丰。井深 2 米，长、宽各 1.5 米。1979 年以来，这眼井出现了异常现象：每当下大雨的前一天，井水会变成棕红色，并带苦涩味，这样持续了 3 ~ 5 小时之后，水质才恢复原样。这口古井通过水色水质变化来预示天气的变化，每次都准确无误，令人吃惊。

此外，还有以下一些奇泉怪泉，如：

笑泉　安徽巢县、无为县各有笑泉，当游人不声不响而过，泉水澄静如常；游人喧哗而来，泉水涌沸翻滚，哗然如笑声，故称“笑泉”。

喊泉　安徽寿县八公山下，有一眼喊泉。站在泉边高喊，便有泉水涌出，其泉大叫大涌，小叫小涌，故称“喊泉”。

在广西天等县逐卜上屯村前的田垌中间，有一个壮族语言叫“楞特”的水潭，水深约 10 米，面积相当于两个篮球场大，潭底如锅，潭底的偏东处有水缸大小的洞，与地下河相通。雨季，地下水从洞中冒出，进入潭中，有时水满而溢出潭外；入秋后，潭中水位下降；到了隆冬，水位趋于稳定，水平如镜，清澈见底。令人惊奇的是，在这段时间内如果有人在潭边高声喊叫，潭水就会流入地下河。当地的人常在这时集结四五十人，环绕水潭高声齐喊，或鸣锣击鼓，或向潭中投石，一阵喧闹之后，潭水就会随着叫喊声、锣鼓声向河底的那个洞涌去，瞬时就显现出一个大漏斗，形成急流旋涡，这旋涡逐渐下落，1 个多小时后，整潭水都流进了地下暗河。待潭水泻干之后，过了八九个小时，潭底那个通地下河的洞又开始向潭中冒水，潭水随之渐渐上升，直到恢复原来的水位。

冰泉　陕西南田有一眼井泉，深数丈，水落入井底立刻成冰，一年四季如是。

甘苦泉　河南焦作太行山南麓有一对并列的泉眼，间距仅 1 尺左右，但流出的泉水味道却一苦一甜，迥然不同。

鸳鸯泉　湖南湘西洞口县桐山乡有一对并列泉，相距不到 3 米，一侧为 40°C 的热水温泉，另一侧却为不到 20°C 的冷泉，人们称二泉为“鸳鸯泉”。

香水泉　河南睢县城南有一地下流泉，泉不仅清冽甘美，而且还带有槐香味，馥郁醇香，人称槐香水。

报震泉　新疆腾格里沙漠深处有一口鸣泉，每当地震前夕，就会发出声似短笛的鸣叫声，几里之外都能听到，当地人称报震泉。

蝴蝶泉　驰名中外的蝴蝶泉位于苍山第一峰云弄峰神摩山下，南距大理古城 27 公里。蝴蝶泉面积 50 多平方米，为方形泉潭。泉水清澈如镜，由泉底冒出，泉边浓荫如盖，一高大古树横卧泉上，这就是“蝴蝶树”。每年春夏之交，特别是4月15日，蝴蝶树芬芳引蝶。大批蝴蝶聚于泉边，满天飞舞。最奇的是万千彩蝶交尾相衔，倒挂蝴蝶树上，形成无数蝶串，垂及水面，蔚为大观。蝴蝶泉奇景古已有之，明代徐霞客笔下已有生动的记载。关于蝴蝶泉的由来，当地群众中有许多传说。其中一种说法是，很久以前潭边有一恶蟒，专食人畜。一天，两位白族姑娘为恶蟒所摄，痛哭叫喊。当地猎人杜朝选听到后，杀死恶蟒，两人为报救命之恩，执意要嫁与杜朝选为妻，杜朝选婉言推谢，认为不能借此邀功，贪享二位姑娘的眷恋。二女投潭而亡，杜朝选懊悔不已，随即也跳入潭中，三人化为三只彩蝶，飞舞于潭边。各方蝴蝶飞来相聚，人们称之为“蝴蝶会”。

泉水景观——云南大理市蝴蝶泉

**景区景点链接**

中华神州泉流众多，据粗略统计，较大的泉流就有10万多处，其中水质好、水量大或以奇水怪泉而闻名的所谓名泉有百余处之多。

## 泉城济南

我国有著名的泉城济南。在济南的城区内外，清泉涌流，泉水多上涌喷出，有“家家泉水，户户垂杨”之说，古书记载共有七十二处泉。原来济南城南有由石灰岩构成的山地（千佛山），喀斯特发育，地下水丰富，在济南附近没入地下，受到不透水的侵入岩阻挡，而上覆的第四纪山前堆积物透水性不良，从而形成承压水构造。它在山区接受大气降水补给，在城区就以上升泉的形式涌出了。济南最为著名的泉当属趵突泉了，趵突泉共有三股泉水平地涌出，水花四溅，蔚为大观。然而，近年来随着城市规模的扩大和工农业生产的发展，城市用水需求与日俱增，地下水的开采量不断攀升，泉水逐渐无源，以致泉群干涸甚至是跨年度干涸。

### 中国温泉

中国是个温泉众多的国家，已查明的温泉就有2000多处。其中知名的温泉有：黑龙江五大连池温泉、吉林长白山温泉、辽宁汤岗子温泉和兴城温泉、北京小汤山温泉和延庆佛峪口温泉、河北承德热河温泉、河北平山温泉、内蒙古阿尔山温泉、河南临汝温泉、江苏南京汤山温泉、安徽黄山汤口温泉和岳西汤池温泉、江西庐山黄龙灵汤温泉、福州温泉群、台湾温泉群、广东从化温泉和中山温泉、湖北咸宁温泉、陕西临潼华清池、甘肃清水温泉、重庆南北温泉、云南腾冲温泉群和安宁温泉、贵州石阡温泉等。这些温泉因流经某些特殊的岩层，溶解了一些矿物质，因而在泉水中含有多种具有医疗价值的微量元素，有独特的疗效。科学研究证明，用含有硫化氢的矿泉水沐浴，能促进皮肤血管和心脏冠状动脉扩张，对防治高血压有一定的疗效；硫化氢还有较强的杀菌效果，因此又有治疗皮肤病的功能。用含有碳酸的温泉沐浴有刺激人体神经末梢、祛痰止咳的作用。早在秦汉之前，我国人民就开始利用温泉治病。随着人们生活水平的提高，更多的人开始去洗温泉浴，以祛病疗疾。

泉水景观最引人入胜的便是上面所列的中国的众多奇泉怪泉，能够让游人充分领略到大自然的玄奇。

# 海水景观

## 背景分析

海洋是最为巨大的水体，人们通常用浩瀚无边来形容一望无际的大海。虽然“海”“洋”并举，但海与洋之间的差别还是非常大的。地球表面广阔连续的水面被称为大洋。而各大洋的边缘部分接近或伸入陆地、并或多或少地与大洋主体有所隔离的水域则称为海。所以，海只是大洋很小的一部分。然而，由于海距大陆近，海与人们的关系比洋更加密切。海的种类也有很多，有内海，最著名的莫过于被欧洲和非洲包围的地中海；边缘海，如我国的黄海、东海还有南海都是边缘海；外海，如阿拉伯海；岛间海，如爪哇海。

人们常用蔚蓝来形容海洋的颜色。但海洋，尤其是靠近大陆的海，颜色却由于受到了大陆上的河流以及生活在浅海处的生物的影响而并不一定呈现出蓝色来。世界上有很多海的名字便是以其水体所呈现出来的颜色而命名的，如我国的黄海、阿拉伯地区的红海等。

去海边游过泳的人恐怕都喝过海水，那苦涩的滋味一定让你终生难忘。海水中含有大量的盐，最普通的就是氯化钠，另外还有一种镁盐，它们是造成海水又咸又苦的主要原因。除了这两种盐外，还有钾盐、碘、溴等几十种稀有元素及硼、铷、钡等，它们一般在陆地上比较少，而且分布较分散，但又极具价值，对人类用处很大。海水里有丰富的元素宝藏，在地球上已发现的百余种元素中有80余种在海洋中存在，其中可提取的有60余种。据估计海水中含有的黄金可达550万吨，银5500万吨，钡27亿吨，铀40亿吨，锌70亿吨，钼137亿吨，锂2470亿吨，钙560万亿吨，镁1767万亿吨等。这些东西大都是国防工农业生产及生活的必需品。例如镁是制造飞机快艇的材料，又可以做火箭的燃料及照明弹等，是金属中的“后起之

不同色彩的海水景观

秀”，而世界上目前有一半以上的镁来自海水。这些清澈透明、普普通通的海水却是地球上名副其实的聚宝盆。

在大海上航行，那种自由自在的感觉真令人难忘。但是，平日里看似平静可爱的大海在多年海上航行的人的眼中却有着另一副可怕的面容。由于海面相对陆地来说十分平坦，没有起伏地形的变化，对于空气的摩擦系数又比陆地要小得多，海洋是连续的大面积的水体，热力性质在一个广大的区域内十分均一，故此海洋上空经常形成势力十分强大、分布面积非常广的气团。这一切都导致了海洋上强烈风暴的产生，在陆地上罕见的十级以上的大风在海上却是经常出现。当风暴出现时，天地变色，狂风呼啸，就是万吨巨轮在这样恶劣的天气下，也面临着巨大的危险。

在广阔的海面上，海水不断地蒸发并进入大气层。海面上的气团就像一个吸满水的湿毛巾。湿气团上升成云，靠太阳和海洋供给的能量由海面输送到大陆上空，以雨雪的形式降落到地面，再经江河返回海洋。地球上水的总量约为 15 亿立方公里，其中海水约为 13.7 亿立方公里。千百年来，如此循环不息，数量变化很小，这就是地球水的自然循环。风雨从海洋开始，又回到海洋，因此我们说海洋是风雨的故乡。

波浪（又称为海浪）与潮汐、海流等都是海水的运动形式，而波浪又是大海洋中最常见、最普遍的运动形式，它与潮汐一样，其基本的特征就是具有周期性，就是说，经过一定的时间间隔，运动将重复进行。

海浪其实是一种水波，当你在平静的水面投入一颗石子，就会发现那一圈圈的涟漪慢慢荡开，形成一个个圆圈，越散越远，最后趋于消失，这就是水波。可以看到这种波的几个特点：波峰，就是水波面荡起的最高点，相反，最低点就称为波谷，两个波峰或两个波谷之间的水平距离称为波长，相邻的波峰与波谷之间的垂直距离就是波高，不同波长、波高的海浪所具有的能量是不同的。

海浪中蕴涵着巨大的能量，海浪拍打岩石，引起岩石的碎裂，加速岩石的风化，因此其对于海岸附近地貌的雕塑起着重要作用。海岸边的种种地貌，如陡峻的悬崖、孤立的岩石等基本上都是浪潮的杰作。海浪不断地冲刷、侵蚀着，海浪带动着海岸附近泥沙不断地堆积与重新分布。海岸附近的一系列地貌现象，如滩脊、海岸沙坝、潟湖、海岸沙丘等无不与海浪密切相关。科学研究表明，海岬部位积聚波的能量，所以侵蚀加剧，往往形成陡峭的海岸地貌；而海湾内波的能量相对扩散，所以往往发生泥沙堆积。

海水还有一种交替往复、永不停息的涨落运动。海水这种有节奏的周期性的涨落运动就是“潮汐”，人们很早就认识到了这一现象。人们利用潮汐的涨落进行海上航行，利用涨潮时海洋生物到近海活动的机会进行捕捞。同时，巨大的海潮由于其壮观的景色也成为旅游胜景，我国的钱塘江大潮便以其壮观的景象成为世间奇观。

## 阅读提示

虽然海洋富饶美丽、多姿多变，但目前海洋旅游资源的开发利用多限于大洋的边缘海部分，真正的大洋旅游仅限于公海考察探险、海上环球旅行等特种旅游项目。

*海岸、海滩旅游风景*　滨海的海岸带风光（如海蚀崖、柱、台、穴、拱桥等海蚀地貌和沙滩、三角洲、连岛、环状沙坝等

海积地貌）与海滩的浴场是最有吸引力的自然旅游资源，如国外流行的“3S”旅游，即为海洋（Sea）、海滩（Sand）和阳光（Sun）。一般海滩的沙场（Sand）、浴场（Sea）和阳光（Sun）的和谐配合是构成以水域为主的水上旅游活动基地的重要条件，如地中海沿岸的阳光海岸，我国的大连、青岛、普陀、厦门海滨及三亚的“天涯海角”，水浴、沙浴、日光浴及各种水上项目的结合，使它们成为著名的旅游度假胜地。

海岛综合观景基地　海岛是四面环海的陆地。不同类型的岛或以山水取胜，或以沙水为景，或由火山喷发成景，或由珊瑚礁造型，给游人提供了丰富多彩的观览胜地和疗养沐浴佳地。如鼓浪屿的“海上花园”。除此之外，还有一些拥有特殊观光价值的岛屿，如酒岛、肥皂岛、雷岛、香料岛、死神岛、活动岛、蛇岛、鸟岛、虾岛等，对游人吸引力大。

海潮、海浪风景　自古以来，海滨观潮就作为一种旅游资源吸引无数的旅游者。如著名的浙江钱塘江观潮，苏东坡诗云：“八月十八潮，壮观天下无。”海水在风的作用下形成的激浪、拍岸浪也是值得一观的。

海洋风景　包括海阔天空给人激情开怀的感受。另外，海市蜃楼奇景及沿海的人文景观、海底风光公园、博物馆、海洋生物馆等形成了沿海旅游风光带。

## 知识问答

### 黄海为何水色发黄?

黄海以其水色发黄、透明度较差而得名。究其原因，无非是泥沙含量高，水中悬浮物质多。在几百万年前，黄海就是我国承受泥沙最多的边海。在第四纪时，我国最大的河流长江每年携带着4.7亿吨以上的泥沙长年不停地向江苏外海堆积。更新世之后，含沙量更高的黄河又加入了苏北沉积造陆的“队伍”，它以每年平均12亿吨的输沙速度向黄海填积，于是又在长江三角洲平原的北部堆出了一个古黄河三角洲。后来黄河又夺占了淮河的入海河道，从苏北注入黄海。于是，在古黄河三角洲上又形成了一个现代的新黄河三角洲。目前，这个水下三角洲的泥沙受到潮流的作用，形成了游移不定的暗沙流。1855年，黄河虽然再次迁流渤海，但在废黄河口附近每年仍有几千万立方米泥沙流供给苏北外海。同时这里还继续接纳着长江水流扩散北移的沿岸泥沙流。以上两股泥沙流分别冲刷着淤积，使黄海相当大的面积呈现一片黄色的水团。

## 为何海上会“无风三尺浪”？

波浪的成因比较多，因此类型也就比较多，有毛细波、重力波、惯性波和行星波四种基本类型。毛细波顾名思义是比较细小的波，它的波不会很高，但其频率最高，一个波浪完成的时间周期很短，不到1秒钟，因为它的恢复力为海水中的表面张力。随着频率的减小，重力逐渐成为主要的恢复力，这时的波浪称为重力波。重力波是由于海水本身具有的重力而引起的波浪，它具有很宽的频率范围。频率较高的、也是最常见的重力波是风浪和涌浪，周期通常为1～10秒。风力是波浪的主要成因，由风力直接作用产生的波浪称为风浪，风浪离开风区向远处传播便形成涌浪。风浪到浅水区，受海水深度变化的影响比较大，出现折射，波面不再是完整的而是出现破碎和卷倒，此时称为近岸波，习惯上把风浪和涌浪以及近岸波合称为海浪。

除了风力以外，地震也能引起地震波，这种波传到岸时，波高迅速增大，会形成灾害性的海啸，这种海浪呼啸而来，给沿海地区带来可怕的灾难。其实潮波也是一种长周期的重力波，不过它是在引潮力作用下引起的一种波。另外海洋中还有惯性波，是由地转偏向力作为恢复力而引起的波。还有一种周期更长的波是由于地转偏向力随纬度的变化作用力引起的行星波。

由此可见，在海洋里，引起浪的原因多种多样，而风不过是众多原因中的一种。所以，即使是“风平”，海洋里也不会“浪静”。

## 潮汐是如何形成的?

在海潮景观吸引着人们的同时，其形成原因也同样吸引着人们。但是真正阐明了其中的科学道理，那还要等到牛顿发现

海浪景观

了万有引力定律之后。

月球对地球的引力以距月球最近的面向月球的一面为大，以离月球最远的背向月球的一面为小。同时地球在地—月系统中围绕地球内部的地—月公共质心旋转，旋转离心力以地—月系统之间距公共质心较近的地球表面为小，以月—地连线延伸方向距公共质心较远的地球表面为大。地球表面上述两种力的合力称为引潮力。地球上面对月球的一面，月球引力大于围绕公共质心旋转的离心力，所以引潮力大而指向月球；背向月球的一面，所述离心力大于月球引力，所以引潮力指向背于月球的方向；地球表面其他地方，月球引力与所述的离心力均有一个夹角，在与地—月连线相垂直的上方与下方地球表面，上述两种力的合力均指向地球内部。最终，由引潮力导致地球上的大洋水面，甚至固体地球的表面，在地—月系统相对的一面与相背的一面均发生鼓起，而且由于地球自转而使该鼓起在地球表面反向递进。对地球表面的一个定点来说就会出现海洋水面的定时升落，也就是潮涨潮落。

## 为何潮会有大小之别?

很早以前，人们就注意到海水的潮来潮往很有规律性：初一、十五涨大潮。通常，地球上绝大部分地方的海水每天出现两次高潮和两次低潮，这种潮汐称为“半日潮”。有些地方，两次高潮与两次低潮的潮差很大，涨落时间不等，称为“混合潮”。有的地方一天只有一次高潮和一次低潮，高潮和低潮之间大约相隔 12 小时 25 分，称为“全日潮”。掌握了潮汐的规律，对海边人民的生活有很大帮助。为何潮会有大小之别呢？因为除了月球引潮力以外，太阳对地球也有引潮力。虽然较前者小得多，但其力学过程都是一样的。因为天体运动都有周期性和规律性，所以在月球和太阳的共同作用下，这海洋潮汐就很有规律性，每逢农历初一、十五时，太阳、月球和地球三个天体差不多在同一条直线上，月球与太阳的引潮力几乎作用于同一个方向，两者的合力最大，此时海水受到的引潮力最大，因此这会使海水涨得最高，落得最低，即大潮。到了初八（上弦）、二十三（下弦），太阳、月球、地球三者位置形成直角，此时太阳引潮力和月球引潮力两者合力最小，这时潮涨得不高，落得也不低，出现两次最低的高潮和最高的低潮。

## 钱塘潮为何会如此壮观?

我国的钱塘江大潮以其壮观的景象成为世间奇观。每年农历 8 月 18 日，国内外游客都聚集到海宁县的盐官镇，争赏波浪滔天、潮水奔腾的奇景。俗谚说得好：“八月十八潮，天下壮观无。”当潮水来到时，远望如同一道白色弓形曲线在滚动，很快地潮便来到跟前。潮声越来越大，整个海堤像春雷长鸣，震得天摇地动。潮峰高达三四米，铺天盖地而来。浪涛冲击着海塘，掀起八九米高的雪白水花，就是苏东坡的词“乱石穿空，惊涛拍岸”也不足以描绘这壮观的景象。离江岸 25 公里之外，都可以听到潮水的吼声。

钱塘潮之所以具有这么大的气势和能量，主要是由于以下几点原因。首先，这与钱塘江入海的杭州湾的形状以及它特殊的地形有关。杭州湾呈喇叭形，口大肚小。钱塘江河道自澉浦以西急剧变窄抬高，致使河床的容量突然缩小，大量潮水拥挤入狭浅的河道，潮头受到阻碍，后面的潮水又急速推进，迫使潮头陡立，发生破碎，发出轰鸣，出现惊险而壮观的场面。

科学家经过研究认为，涌潮的产生还与河流里水流的速度跟潮波的速度比值有关，如果两者的速度相同或相近，势均力敌，就有利于涌潮的产生，在潮汐学上，这种现象被称为“暴涨潮”。如果两者的速度相差很远，虽有喇叭形河口，也不能形成涌潮。盐官一带流水和潮波速度趋于相等，于是两种反向水流迎面相逢，猛烈搏斗，潮头抖竖，高逾 10 米，遂形成壁立江面的一道水岭。

还有，河口能形成涌潮，与它处的位置潮差大小有关。由于杭州湾在东海的西岸，而东海的潮差西岸比东岸大。太平洋的潮波由东北进入东海之后，在南下的过程中受到地转偏向力的作用，向右偏移，使西岸潮差大于东岸潮差。

### 为何海宁盐官是观钱塘潮的最佳处?

观钱塘潮，最佳处当然非海宁盐官镇东南莫属。这里潮头齐列一线，向有“海宁宝塔一线潮”之称。不过这段潮景也有区别，如盐官镇东 8 公里处的八堡，江潮南岸进速快，北岸进速慢。南岸潮头荡回与北岸潮头相撞，形成满江汹涌、声如山崩地裂的佳景。盐官镇西 12 公里的老盐仓处，因海潮西进，撞上伸入江心的丁字坝，形成怒涛惊竖、碎如泼天骤雨的返头潮佳景。

海宁是观钱江潮之胜地，这与海宁独特的地理条件有关。钱塘江到杭州湾，外宽内窄，外深内浅，是一个非常典型的喇叭状海湾。出海口东面宽达 100 公里，往西至澉浦，江面骤缩到 20 公里，至海宁盐官镇一带时，江面只有 3 公里宽。起潮时，宽深的湾口一下子吞进大量海水，由于江面迅速收缩变浅，夺路上涌的潮水来不及均匀上升，便后浪推前浪，一浪更比一浪高，形成了陡立的水墙。

## 景区景点链接

### 黄海

出了渤海海峡，海面骤然开阔，深度逐渐加大，这就是黄海。黄海是我国华北的海防前哨，也是华北一带的海路要道。黄海西临山东半岛和苏北平原，东边是朝鲜半岛，北端是辽东半岛。黄海面积约为40万平方公里，最深处在黄海东南部，约为140米。

黄海寒暖流交汇，水产丰富，特别是渤海和黄海沿岸地势平坦，面积宽广，适宜晒盐。例如，著名的长芦盐区、烟台以西的山东盐区以及辽东湾一带都是我国重要的盐产地。长江口北岸的启东角与韩国济州岛西南角的连线是黄海与东海的分界线。

## 东海

东海北连黄海，东到琉球群岛，西接我国大陆，南临南海。东海南北长约1300公里，东西宽约740公里。东海海域面积70多万平方公里，平均水深350米左右，最大水深2719米。东海海水透明度较大，能见到水下二三十米。东海海域比较开阔，大陆海岸线曲折，港湾众多，岛屿星罗棋布，我国一半以上的岛屿分布在这里。

大陆流入东海的江河长度超过百公里的有40多条，其中长江、钱塘江、瓯江、闽江四大水系是注入东海的主要江河。东海属于亚热带和温带气候，利于浮游生物的繁殖和生长，是各种鱼虾繁殖和栖息的良好场所，也是我国海洋生产力最高的海域。东海有我国著名的舟山渔场，盛产大、小黄鱼和墨鱼、带鱼。东海的优良港湾很多，如上海港位于长江下游黄浦江口，这里航道深阔，水量充沛，江内风平浪静，宜于巨轮停泊。

## 渤海

渤海是我国的内海。三面环陆，在辽宁、河北、山东、天津三省一市之间。辽东半岛南端老铁三角与山东半岛北岸蓬莱遥相对峙，像一双巨臂把渤海环抱起来，岸线所围的形态好似一个葫芦。渤海通过渤海海峡与黄海相通。渤海海峡口宽59海里，有30多个岛屿，其中较大的有南长山岛、砣矶岛、钦岛和皇城岛等，总称庙岛群岛或庙岛列岛。其间构成8条宽狭不等的水道，扼渤海的咽喉，是京津地区的海上门户，地势极为险要。渤海古称沧海，又因地处北方，也有北海之称。渤海水温变化受北方大陆性气候影响，2 月在 0℃左右，8 月达 21℃。严冬来临，除秦皇岛和葫芦岛外，沿岸大都冰冻，3 月初融冰时还常有大量流冰发生。

渤海沿岸有辽东湾、渤海湾、莱州湾。辽河、海河、黄河等河流从陆上带来大量有机物质，使这里成为盛产对虾、蟹和黄花鱼的天然渔场。

## 南海

南海是我国最深、最大的海，也是仅次于珊瑚海和阿拉伯海的世界第三大陆缘海。

南海位于我国大陆的南方。南海北边是我国广东、广西、福建和台湾四省，东南边至菲律宾群岛，西南边至越南和马来半岛，最南边的曾母暗沙靠近加里曼丹岛。浩瀚的南海通过巴士海峡、苏禄海和马六甲海峡等与太平洋和印度洋相连。它的面积最广，约有 356 万平方公里，相当于 16 个广东省那么大。我国最南边的曾母暗沙距大陆达 2000 公里以上，这要比广州到北京的路程还远。南海也是邻接我国最深的海区，平均水深约 1212 米，中部深海平原中最深处达 5567 米，比大陆上西藏高原的高度还要大。

南海四周大部分是半岛和岛屿，陆地面积与海洋相比显得很小。注入南海的河流主要分布于北部，主要有珠江、红河、湄公河、湄南河等。由于这些河的含沙量很小，所以海阔水深的南海总是呈现碧绿色或深蓝色。南海地处低纬度地域，是我国海区中气候最暖和的热带深海。南海海水表层水温高（25℃～28℃），年温差小（3℃～4℃），终年高温高湿，长夏无冬。南海盐度最大（35%），潮差 2 米。

南海的自然地理位置适于珊瑚繁殖。在海底高台上形成很多风光绮丽的珊瑚岛，如东沙群岛、西沙群岛、中沙群岛和南沙群岛。南海诸岛很早就为我国劳动人民发现与开发，是我国领土不可分割的一部分。南海水产丰富，盛产海龟、海参、牡蛎、马蹄螺、金枪鱼、红鱼、鲨鱼、大龙虾、梭子鱼、墨鱼、鱿鱼等热带名贵水产。

## 秦皇岛·北戴河

秦皇岛因历史上秦始皇曾派人从此入海寻找仙药而得名，是我国重要的港口城市，市辖北戴河区。北戴河地处戴河东北，海岸蜿蜒，沙软潮平，水清风爽，气候宜人。从清代起，即为中外闻名的避暑胜地，当年各国驻华公使相继在此修建别墅，直至今日，异国风情浓郁的小洋楼仍是海滨一景。在东起鸽子窝、西到戴河口的绵长海岸线上，分布着众多海滨浴场。海滨景色秀丽，月圆前后是前往北戴河休闲的最佳日期，“海上升明月，天涯共此时”的美丽景色令人陶醉。鸽子窝、鹰角石一带是观赏日出的最佳去处，在退潮的海滩上捡拾海星、海蟹，也别具情趣。

## 三亚·大东海·亚龙湾·天涯海角

三亚是我国位置最南的城市，有辽阔的大海、明净的蓝天、亮丽的阳光和风姿绰约的椰子树。大东海位于市区东南约 3 公里处，海水清澈，沙滩洁净，一月气温约在 20℃，是中国最著名的冬泳胜地，当地人也常在黄昏到此海浴。当地开设有沙滩排球、潜水观光等娱乐项目。亚龙湾位于市区南约 20 公里处，是中国最秀美的热带海湾，这里海水异常清澈，透明度可达 9 米，长约 8 公里的海滩岸线曲折蜿蜒，沙质洁白柔细，凭高远望，仿佛夜空新月。天涯海角风景区地处市区西南海滨。因海南岛曾是封建王朝流放罪臣的地方，古人到此，远望海天茫茫，遥想中原如梦，常有身在地角天边的感触，“天涯海角”因而得名。

# 第五篇 气候气象景观

# 气候气象景观的成景因素

## 背景分析

包围地球外表的大气圈因密度、温度、压力、地域等差异，形成上升、下降的对流和大气环流，引起冷、热、干、湿、风、云、雨、雪、霜、雾、雷、电等气候与气象过程的发生，它们与人类生产、生活、旅游活动密切相关。但并非全部气候气象要素都与旅游相关，如霜、雹、雷、电与旅游直接关系不大；冷、热、干、湿、风、云、雨、雪虽可直接造景、间接育景，但其中的严寒、炎热、台风、寒潮、冰雹等灾害性天气不仅无造景功能，反而会妨碍旅游活动，破坏自然美景。因此，那些可以直接造景、间接育景并有观赏功能的大气物理现象和过程，即具有风景特征的气候、气象，称为风景气候气象或气候气象景观，它们与各类洁净的空气环境构成了大气圈旅游资源并且作为自然旅游资源的重要构景要素。

气候条件由太阳辐射、大气环流、下垫面性质等因素相互作用而成，它对自然旅游资源中风景地貌的雕塑、风景水体的形成、观赏生物的生长与演变都有着控制性的影响。它也是自然旅游资源形成不同地域特色的重要因素。如热带、亚热带形成避寒胜地，山岳与海滨形成避暑胜地，这种地域的差异是促成人们外出旅游的重要因素。人们为了避暑、避寒总是乐意去气候宜人的地方，那么康乐气候环境本身也可构成重要的自然旅游资源。另外，山岳气候的变化不仅形成不同的旅游气候景观，而且丰富了自然旅游资源的立体变化。

自然景观是各种地理要素在某一区域中相互配合、相互影响的结果。而气候气象作为地理环境中最重要的一环，自然会在自然景观的形成过程中发挥巨大的作用，我们今天所见的自然景观无不是在一定的气候气象条件下形成的，有些气候与气象现象本身就与自然环境结合在一起，形成了景观。而其他的地理要素对于某地的气候气象也有着深刻的影响，其他地理要素的变化也同样会改变当地的气候气象。

气候气象是自然界最活跃的因素之一，在能量的释放与积聚、物质的转移与堆积上，气候气象可以说是最根本的因素。因为地球表面的能量最主要的源头就来自于太阳，而气候气象条件最根本的动力也正是来自太阳的能量。所以，在长期的稳定的气候作用下，在大范围内能形成具有同质的景观。比如我国独特的黄土高原的景观，就是在百万年不断的风沙扬起沙尘然后堆积的过程中形成的。再比如喀斯特地貌，其形成有两个最关键的因素，一个是要分布着大面积的可溶性的岩石，另外一个则是要有丰富的有溶蚀能力的水。因此，虽然分布着可溶性岩石的地区要比现在形成喀斯特地貌的地区面积大的多，但许多地区由于处于干旱少雨的地区，又没有大量地下水的补给，就不能大面积发育为喀斯特地貌。各类水体与气象条件的关系最为密切。河流、瀑布、湖泊，这些水体的形成、发展与消亡，都与当地的气候条件、气候变化有着密不可分的关系。还有植物与动物的生存对气候条件十分依赖，在一定的气候条件下往往只能发育一定的物种，形成类似的生态系统。如云南西双版纳的热带雨林的景象，就只能在云南地区的气候条件下才能发育。

与这些气候气象在漫长的时间内所形成的景观相比，某些气象因素则直接参与了景观的形成，甚至本身就是人们跋山涉水、历尽千辛万苦追寻的梦中美景。佛光、海市蜃楼、虹霓、云霞、日出、云海、雾凇，这些自然慷慨赠与的美景隐身于人间的各处名山大川中，等待着合适的条件一展它们绚丽的风采。而即使不像这些现象一样成为人们旅游追逐的对象，如灿烂的阳光、微斜的细雨、清新的空气、纷飞的雪花，也给人们的旅游带来了许多的趣味，给人们留下了美好的回忆。西方人十分热衷的3“S”（sea，sand，sunshine）旅游中，灿烂的阳光就是重要的条件。

一定的气候与气象条件也与当地的地理位置、地貌等条件有着密切的关系。例如越靠近海洋，气候就越稳定，降雨也会越多，也就越有可能出现河湖纵横、水网密布的景象；而离海洋越远，则相对来说江水就会越少，大块大块的陆地就逐渐成为主要的景观。纬度越低，则相对来说平均温度就越高，四季也会越来越不那么分明；纬度越高，冬天延续的时间也就相对来说越长，所以想要领略千里冰封的景象就一定要往北走。地形的起伏对于气候条件的影响也是十分显著的。山地上的降水明显地要比山麓地带丰沛许多，但温度则要低得多。

长期稳定的气候会在一定范围内形成一种独特的景观，但在漫长的地球生命中，所谓稳定的气候也是十分罕见的。而改变的气候条件则会在地球上留下历史的痕迹，也成为奇特的景观。在地质历史时期中，冰期与间冰期不断交替。每当冰期来临时，气温下降，海平面也同时下降，冰川面积增大，分布的界线也往南移，甚至在某些一向被认为是南方的山地上留下冰川的遗迹，如著名的庐山冰川。人们在海水退走后留下的陆地上定居繁衍，但当冰期来临时，气温上升，海平面也随着上升，人们活动的痕迹就被海水所淹没。这些人类遗迹现在就静静地躺在无际的海洋里，留下了许多神秘的故事与传说，等待着人们的探索。

## 阅读提示

气象中的各种基本要素都会对自然景观和我们的外出旅行产生巨大的影响，然而这种巨大的影响往往是在潜移默化中完成的。我们十分熟悉然而又看似无关紧要的水汽、风以及气温在旅游活动中便发挥了十分巨大的作用。

空气中水汽含量的高低会很大的影响人们的感受。首先，如果空气中水汽含量过低，人的皮肤就会紧缩，人就会感觉十分难受。所以人在山地往往会觉得非常舒服，除了温度宜人、空气清新外，较高的水汽含量也是重要的因素之一。其次，空气中的水汽及水汽转化而形成的液体水、冰晶等便是十分重要的旅游景观。比如云雾等，既可以作为其他景观的背景，为其他景观增光添彩，同时自身也可以成为吸引游人的核心旅游吸引物。水汽凝结，继而降雨、雪、雹，雨、雪、雹等都可能成为旅游景观。水汽还能在物体表面形成雾凇，更是晶莹美丽。

风是空气相对于地面的运动，是大气变化的主要因素，也可以直接造景。风景看不见，摸不着，无形象色彩，但通过人的感官仍可感受其美。如“春风”、“秋风”为赏景的标志，这类风最柔和、最清爽、最舒展，令人惬情快意。如大理的“下关风”，是秋冬奇景之一。习习微风会让人觉得神清气爽，出门旅游也就成了件赏心乐事；但在大风呼啸、行走困难的天气里，旅游就是件既困难又危险的事了。除了影响我们的出行外，风向的变化往往预示着天气状况的变化，这有助于我们判断出游的时机。如果是在户外攀岩、登山，则风速、风向对于旅游活动的安全影响就会十分巨大。对于我国而言，一般说来北风总是比较干燥和寒冷的，因此当风向转变为偏北风时天气一般会转晴。除了这些作用外，风还具有造景的功能。比如说高山上的云海，当风力很强时，空气中的水汽会很快被带走，不利于云层的集结，在这种情况下很难看到云海；而云海翻滚、波涛汹涌的场面却又要靠风缓缓地推动云层运动。有些旅游景观完全是在风的作用下形成的。如我国西北荒漠地区会出现“魔鬼城”，就是大风吹动沙石，将土石打磨成千奇百怪的形状，有“石人”、“石马”、“狮子”、“大象”等动物，也有“长城”、“宫殿”、“庙宇”等不同形制的建筑。

温度改变着旅游景观的外貌，这主要是因为在不同的温度下，植物会呈现出不同的外表。在春夏气温适宜时，植物葱绿，枝叶繁茂；而到了秋冬，气温下降，植物便开始落叶，显得十分萧索。同时，冬天严寒，河湖水均有可能结冰上冻，下雪更会使大地洁白一片。气温还影响着我们的出行，冬季旅游需要穿上厚厚的冬衣保暖，行动起来就不是很方便；而在炎热的夏季，人们只需要穿上短裤、T 恤就可以投入大自然的美景中。在不同温度下开展的旅游活动自然也是多有不同。气温严寒时，可以开展冰雪旅游，可以滑雪、溜冰，还有机会看到雾凇这样的奇观，更可以观赏冰雕、冰塑等。而在气候炎热时，在那些水分充足的地方植物生长繁茂，自然景观都披上了一层富于生机的外衣。这时选择去山地或海边旅游，也不失为一大乐事。

## 知识问答

### 地球的运动与昼夜和一年四季的变化有关系吗?

地球是宇宙间一个渺小的天体，在漫无边际的宇宙中一刻不停地运动着。

地球的运动分为公转与自转。公转即是地球围绕太阳进行转动。太阳是一颗具有巨大质量和极高温度的光球。太阳表面温度约5770K，中心温度约$1.5\times10^{4}$K。它的质量占了太阳系质量的99.86%。太阳给地球带来了光和热，甚至地球的形成也与太阳有着巨大的关系。地球公转轨道是一椭圆。地球围绕轨道上转动一周所需要的时间大致为365又1/4天，这样，以地球上统一采用的公历来看，每4年就会多出来1天。为了消除这个矛盾，就有了闰年，即每4年在2月末加上1天，以使得每天仍为24个小时。

地球公转的轨道面与地球的赤道面并不平行，而是存在着一个角度的关系，这个交角就叫黄赤交角。这也就使得太阳在地球上的直射点在地球上以赤道为中心的一个区域中来回移动，太阳直射点所达到的最北和最南的纬度就叫做南北回归线。太阳直射点的移动使得地球上昼夜长短不停地变化。当太阳直射于北回归线时，北半球上经历了最长的白天，在北极圈内为太阳不落下的极昼，这一天一般为每年的6月21日或22日，就是中国农历中的夏至。而当太阳直射于南回归线时，南半球的白天在一年中为最长，而北半球的黑夜在一年中为最长，这一天一般为每年的12月21日到12月23日间，也就是节气里的冬至。而当太阳两次直射于赤道时，南北半球的白天与黑夜的长度恰好相当，这两天也就是春分和秋分。当太阳直射于北半球时，南半球得到的太阳辐射能就较少，因此气温就比较低。所以南北半球的季节正好相反，当北半球处于夏季时，南半球就处于冬季。

而在地面上，由于纬度的不同，一个地方在一年中得到的太阳辐射能也是不尽相同的。越靠近赤道的地方，一年中得到的辐射能越多，纬度越低的地方得到的辐射能越多。但是由于行星风带的分布、海陆分布以及具体地理环境的状况，一年中平均气温最高的地方却不是赤道。同样的，世界上最寒冷的地方也并不是南北极附近。

地球的自转就是指地球围绕自身轴的转动。这样的一条地轴实际上是人们抽象出来的不存在的轴。地轴与地球表面相交的两点为极点，地轴的中点为地心，通过地心且与地轴垂直的面称为赤道面，赤道面与地球表面相交的大圆为赤道。两个极点与赤道成为地球表面划分地理坐标经度和纬度的依据。

地球自转的方向自西向东，与公转方向一致，这就造成地球表面的昼夜交替并自西向东推移，所以太阳总是从东方升起。这也就造成世界上不同经线地方的地方时间不一样的问题，也就是某个时刻，地球上不同经线的地方在一天中相对的时间不一样。当地球一面的人们沐浴在明媚的阳光中时，另一面的人则在黑夜中沉睡。为了解决这个问题，人们将地球依经线每隔15°划分了若干时区，以180°经线处的时间为标准时间，各地方时区依自己所处的位置加上或减去若干个小时。

地球的自转还造成了地转偏向力，这使得在北半球一切的运动物体都会发生运动方向的偏移，如水流、气流等。具体地说来，在北半球必向运动方向的右侧偏移，在南半球必向运动方向的左侧偏转。历史上黄河多次改道，而改道的趋势就是下

海上日出——浙江舟山市朱家尖

游越来越向南，而南边也就是黄河水流的右边。

地球的自转与公转听上去似乎是悬于茫茫宇宙中的地球上十分宏观的事件，与地球上的一花一草、一石一树很难产生什么直接的关联。然而，我们在旅游中却很难说不受到这两个现象的影响。四季分明便是地球公转的产物，黑夜白昼则是自转的产物，我们出游的过程中自始至终都受着这两点的影响。日出是许多旅游景点重要的景观，而日出的时间每天都有变化，其主要原因就是因为地球在围绕太阳公转。更为重要的是，各气象要素与地球的自转和公转都有着十分紧密的联系，地球的运动通过这些要素对于人们的活动施加着更为显著的影响。

## 千变万化的水汽可形成哪些自然景观？

水是地球上最重要的物质之一，在我们的旅游活动中也扮演着重要的角色。除了能够以液体形式构成河流、湖泊、海洋或以固体冰川的形式存在并成为旅游景观之外，气体的水即空气中包含的水汽也有着其特殊的重要性。它是一地气候的重要组成部分之一，万物都需要靠大气降水进行生长，同时空气中的水汽在我们的大气层中扮演着十分重要的调节全球温度的作用。尤其是水在三种状态间的转化十分迅速，水汽往往是另外两种状态的中转，这种状态上的变化即意味着物质的迁移，更包含了能量的储存与释放。

水有三态：固态、液态、气态，这三种状态在地球上不断地循环转化，使得热量在不同地区间交换，维护了地球环境的平衡，同时也影响着天气状况。除了我们所熟知的二氧化碳外，水蒸气也是主要的温室气体之一。水在三态之间转化时呈现出多种形式，十分的丰富多彩。它们与当地的自然景观相配合，形成了许多诱人的美景。有的时候，这些形式本身就十分奇特，也会吸引大批游人前往一睹它的风采。

水汽的凝结就是指空气中水汽的含量达到一定量之后，空气中无法再容纳更多的水汽，于是多余的水汽就凝结成液态存在。在十分潮湿的房间内，我们常常会发现墙上、家具上出现许多小水珠，那就是水的凝结作用。水凝结后的存在方式有许多种，而且都是非常常见的天气现象。按水汽凝结的地点分，雾和云是水汽在大气中凝结所形成的，而霜和露则是水汽在地面上凝结所成的。在地面上水还有一种比较特殊的凝结方式，那就是“凇”，如雾凇和雨凇。雾凇俗称“树挂”，是一种十分有趣而美丽的自然景观，我国的吉林市以其雾凇的规模大、次数多、景致特别美观而驰名天下。

水汽凝结的过程最显著的便是其外形的变化。原本用肉眼看不见的气体形态存在的水凝结到地面上物体的表面，或成为固体或成为液体。其中比较特殊的是云和雾，它们是水在大气中凝结而成的，而且由于凝结所成的颗粒粒径较小，其重量也较小，被大气顶托悬浮在空中。当大量的这样的水汽凝结在一起就形成了云和雾。由于云中的水滴或冰粒的行动受周围空气的控制，云就会一刻不停地改变形状。因此无论我们在哪里，我们看到的云都是瞬息万变、捉摸不定的。云的流动性也造就了许多壮丽的景观，如云海、云瀑布。

雾的重要作用体现在为农作物的生长提供必要的水分，尤其在干旱的秋冬季节，它可增加土壤水分，减少植物蒸腾。如我国云南南部高原盆地有明显干季，但雾汽补偿了植物所缺少的水分。而庐山云雾茶的高质量与庐山多雾有关。所以名山上一般也会有名茶。

空气中的云雾还有一个重要的作用就是对阳光进行“加工处理”。由于云层及雾层与周围大气的反射率、透射率、折射率都不同，阳光在穿越云层或雾层时，便会受到这些小水滴、小冰晶的反射、折射等，从而形成许多有趣的现象。如早晨和傍晚经常出现的霞、雨后的彩虹、日晕月华以及神秘的佛光等。

大气降水是指从大气中降落到地面的液态或固态水。降水常见的方式有降雨和降雪，有时会出现较大的颗粒如冰雹。在降水开始时，总是云中的水滴或冰晶不断地增大，直至超过了空气所能承受的重量。此时，水滴或冰晶开始下落。小水滴、小冰晶由于空气阻力的作用加速度小于大水滴，于是大水滴就会赶上前面的小水滴，两者合并在一起，形成更大的水滴，更加快了下落的速度，这样就造成了降水。一般在高空形成的大冰晶在较暖气层中融化后和大水滴一起以雨的形式降落。如由于地面温度较低或降落速度较快则会以雪、霰或冰雹等固态形式降落。

降水会使人的行动不便，然而雨雪天气中有着特殊的景观。雨雪会让周围的可见度降低，不断降落的水滴、冰晶会阻挡人的视线，因此，造成一种特别的朦胧感。似乎中国人对于降水天气特别地欣赏，历来咏雨、雪的佳句层出不穷。同时，降水过程也伴随着能量的释放，因此在降水过程后，一般都伴随着天气的转好。而且由于空气中的灰尘、杂质、有毒的烟气等都会随着雨雪从空气中被冲刷掉，这就使得雨后、雪后的空气特别的洁净，使人心旷神怡。长期干燥的天气会使周围的事物蒙上一层灰尘，一场大雨正好可以让周围的景色恢复其可爱与妩媚。雨过天晴，正是出外游玩的大好时机。雪后的大地一派纯净晶莹，是许多人向往的天地。

### 风从哪里来?

我们平常所说的风，实际上就是空气的移动。当大量空气顺着一个方向移动时，就产生了风。空气移动的动力，来源于气压的高低差别。在通常情况下，气体总是从高气压的地方向低气压的地方流动。而气压的高低之别最根本的原因在于热力性质的差异。简单地说，空气受热后其密度会降低，体积发生膨胀，热空气会上升并流向较冷的区域。这样，同样高度的空气柱，热空气柱中的气体质量就小于冷空气柱中气体的质量。于是，热空气柱对于地面的压力就小于冷空气柱对于地面的压力。比较热的区域其地面附近会形成低压，而比较冷的区域地面附近会形成高压。空气就在压力的作用下，由高压区域流向低压区域，就形成了风。由于太阳辐射到地球上的能量并不均匀，同时由于地球自转作用的影响，在地球上形成了六个行星风带。如两个半球的中纬地区都是西风带，在此区域内盛行西风。

中国的冬季风来自中高纬度的亚洲内陆，空气严寒干燥。这种寒冷而干燥的空气会在高空气流的引导下向南移动，这就是通常所说的“冷空气南下”或称作“寒潮”。这种冷空气的活动在我国冬季每隔 7 ~ 10 天就会出现一次，并使我国成为世界上同纬度最寒冷的国家之一。而影响我国夏季的季风除了来自太平洋的东南季风，还有来自印度洋的西南季风。夏季风来自海上，含有大量的水分，这也就使得我国的降水大部分聚集在夏季。夏季风的活动对于我国的作用十分重大。梅雨、伏旱的发生都与季风的活动直接相关，若是季风活动不正常，则会发生大旱或多雨的现象。

以上所说的都是大范围内的空气活动情况。实际上，由于每个地区都具有自己独特的地形，因此在小尺度的地域范围内也会形成自己独特的空气运动状况类型。如海陆风，就是沿海小范围内由于海陆热力性质差异而形成的一种地方性风。白天陆地受热较快，在陆地上形成低压区，风由海上吹往陆地；而由于海洋散热较慢，反而使得到了晚上陆地气温低于海洋，在海洋上空形成低压，风改变风向，由陆地向海洋吹去。再如山谷风，是在山地形成的地方性风。白天山坡上的空气由于靠近地面，增温较快，而山谷上的空气则相对温度较低，暖空气就沿着山坡上升形成谷风，谷地上空的空气则下沉至谷底，补充流走的空气。到了晚上山坡上的空气受山坡辐射冷却影响而降温较快，谷地上空同高度的空气降温较慢，于是山坡上的冷空气顺坡下滑流入谷地成为山风。除此以外，地方性风还有焚风、布拉风、峡谷风等多种类型。

## 行星风带是如何形成的?

由于太阳照射角度的不同，太阳辐射到地球上的能量并不均匀。在靠近赤道的区域得到的太阳能量与散失的能量的差值为正值，而在靠近两极的区域这个差值为负值。这种差别使得赤道和两极间的空气不断地交换。同时由于地球自转作用的影响，在地球上形成了六个行星风带。

因为地转偏向力的作用，使直接热力环流圈中自极地高压带地表流向赤道低压带的干冷空气不能直抵赤道，而在 60 °纬度地表形成副极地低压带，并偏转成东风（称极地东风），补偿极地上空流走空气质量而形成极地环流。

自赤道高空高压带流向极地高空低压带的暖湿气流受随纬度增大的地转偏向力作用不能直抵极地，而在 30 °纬度地带高空堆积并形成地表的副热带高压带（动力高压带，也叫回归高压带)。

地表副热带高压带在水平气压梯度力推动下，分南北两支气流分别补偿副极地和赤道地表流走的空气质量。

北支气流运行中形成西风（因高层与低层大气均吹西风，称为盛行西风)，构成中纬度环流圈（费利尔环流)；南支气流运动中形成北半球的东南风（因风向常年守信而被称为东南信风）和南半球的东南信风，构成低纬度环流圈（哈德莱环流)。

赤道和两极间的热力差异是形成和维持全球大气环流的根本原因。地转偏向力（动力因素）使赤道和二极间由 T 差形成的经向环流（三个环流圈）转成纬向环流（六个风带)。

## 温度与气候对于旅游有何影响?

广袤的中华大地从北到南处处显示出不同的风采，“骏马秋风塞北，杏花春雨江南”，从北国的冰天雪地到南国的四季如春，对于在一种气候中度过了漫长时间的人们来说，反差极大的气候无疑是有着巨大吸引力的旅游资源，而温度是造成气候差异的最重要因素。

影响一个地方气温最主要的因素在于其在地球上所处的纬度。这是因为地球上的纬度决定了某一时刻太阳光线照射到地面上的角度，而这个角度意味着太阳光线在穿越大气层时所经过的路径长短。由于大气中遍布着物质，会对光线产生反射、折射等作用，因此，当太阳光穿越大气层时所经过的路径越长，到达地面时损失的能量就越多，对地面的加热作用也就会相应地减小。所以，由北到南气候逐渐变得温暖的原因就是由北到南太阳高度角逐渐变小。而由于地球的公转，太阳的直射点在地球上的南北回归线之间摆动。当直射点位于赤道之北时，北半球处于夏半年；当直射点位于赤道之南时，北半球处于冬半年。这也就是四季交替最根本的原因。

影响一地温度状况的还有许多其他的因素。比如大气透明度，当某地上空的大气中含有许多固体或液体的小颗粒使得大气的能见度降低时，光线在到达地面时会损失更多的能量。如阴天的气温一般比较低，就是因为厚重的云层阻挡了大量的光线。此外地面的状况也会影响到当地的气温。这是因为太阳照射到地球上的光线主要被地面吸收，大气增温主要靠的是地面对大气的辐射。一般来说，水体的热容量较高，吸收的热量大，热量释放也比较缓慢。因此水体上方的空气温度变化幅度较小，变化速度也比较慢。所以，滨海地区的气候比较适宜，就是因为附近的大海成为天然的空调。洋流对于其所流经的地区的气温也会产生较大的影响，寒流会使气温下降，而暖流所起的作用则正好相反。大气环流的状况也是影响空气温度的重要因素之一。比如说世界上最热的地方不在赤道，而在位于北纬20°附近的撒哈拉沙漠。就是因为这里为副热带高压所控制，常年盛行下沉气流，又处于大陆内部，无法得到由海洋带来的较冷空气和水分，所以气候常年高温少雨，成为地球的热极。此外，也受地形的影响。高大的山地还可以阻挡空气的流动，这也对气温的变化造成一定程度上的影响。比如我国东部由大小兴安岭而下到长江中下游地区几乎是一马平川的平原，当北方冷空气来袭时由于没有地形的阻挡，可以轻易地席卷中国整个东部地区。我国之所以会出现著名的气候分界线——秦岭—淮河分界线，与秦岭的作用密不可分。近东西走向的秦岭山脉阻挡了南下的气流，使得秦岭之南的地区无论从气温、降水还是从植被都与秦岭以北的地区有巨大的差别。

温度对于气候的影响是巨大的。地球上不同气候带的划分，虽然有许多种不同的分类方法，但温度是最重要的、具有决定意义的指标。四季的划分也主要依靠温度指标。高温的地区蒸发强烈，如果没有水分的补给，土地就会退化成为沙漠，如撒哈拉沙漠。然而，高温会使空气的上升运动非常强盛，气团在迅速上升过程中就会迅速的冷却，形成降雨，这种降雨类型叫对流雨，在赤道地区全年都以这种降水为主。

## 为什么说大气是光的魔术师?

阳光为我们带来了温暖，为我们提供了能量，同时也给我们创造了美景，可以说我们周围的一切都是光明所赐。而光也常常通过大气在我们面前表演一些小魔术。这些魔术绚丽夺目，让人沉醉其中。

我们肉眼所能看到的太阳的光线通常被称为白光，这实际上是一种混合光。它是由七种不同颜色的单色光混合而成的，不同颜色的色光具有不同的波长。除了那些自己能够发光的物体外，我们所看到的一切物体的景象都是因为阳光被物体反射后进入我们眼中。不同的物体对于组成白光的单色光的反射和吸收能力不同，这就形成了不同的颜色，我们也才得以区别不同的物体。水会呈现出各种不同的颜色，就是因为水中常常会含有许多不同种类的生物或是杂质，这些物质反射的光线不同，就导致了水看起来是五彩缤纷的。

在夏天的雨后，我们常常会见到一条美丽的彩虹高挂在天边。在喷泉的周围也常常可以看见小型的“彩虹”。这些都是阳光在水滴的作用下发生了折射和反射后形成的。当太阳光平行地照射到水滴上时，经历折射、反射后射出的光中多数比较暗淡，只有偏离阳光原入射方向的角度为最小（即最小偏向角）的射出光束显得特别明亮。若在与太阳相对的另一半天空中的水滴被阳光照射，在雨滴中经两次折射、一次内反射而以最小偏向角出射的光，恰好投射到背太阳而立的观测者眼帘，看到的弧形光环便是虹。而我们看到的虹都是几种色光组成的色带，那是因为阳光中七种色光的波长不同，在水滴中折射时的折射角就不一样，于是，当光线传出水滴后，各种色光就会投射到不同的地点了。但由于折射角之间的差异很小，所以我们看到七种色光还是紧密排列在一起的。

在每天的清晨和黄昏，如果天上有云，我们常常可以看到在太阳高挂时洁白无瑕的白云穿上了华丽的霓裳，这就是霞。美丽的云霞不停地运动，给人以无数的遐想。其实，这也是光给我们表演的魔术。早晚太阳高度低，阳光接近地平线，通过的大气层最厚，光波较短的各色光几乎全被水汽和尘埃散射掉，剩下的光波较长的红、橙、黄等色光映在天空或云层上，这叫霞。如果色彩绚丽的霞出现在本已风景如画的风景名胜处，那就更成为一幅绝美的图画。尤其是在湖海边观赏霞景，天空中彩霞飘飘，水面上金光万道，波光潋滟，道道白帆在天光水色中游弋，真是美不胜收。

在太阳或月亮的周围，常常会出现一圈内红外紫或内紫外红的光圈。光环彩色的排序是内红外紫时，称这七色彩环为日晕或月晕，统称为晕；内紫外红的彩环，称为华。因日光太亮，人们不易观察到日华，月华则比较常见。紧贴月盘的华又称华盖。晕和华的形成原因都是阳光或月光在穿越云层时被云层中的水汽或冰晶所作用而形成的。但由于形成的气象条件不一样，所以，最后形成的光圈的色彩排列方式就有所不同。

从以上的例子中我们不难看出，阳光的这些五光十色的把戏无不是通过富含了大量水汽的大气之手完成的，大气真可称得上是一个出色的魔术师。

# 奇光幻景

## 背景分析

在自然旅游资源中，一些罕见的自然现象，如佛光、佛灯、海市蜃楼等也是大气魔术师的杰作。如在山东蓬莱观赏海市蜃楼、在西北戈壁滩观赏瀚海幻景、在峨眉山金顶观赏佛光和佛灯，都是以观赏自然界奇光幻景为特色的旅游项目。

庄严灿烂的日出、神秘莫测的佛光、华丽又充满了传说的日晕月华、捉摸不定的海市蜃楼，还有高悬于地球两极的绚丽多姿的极光，这些都是让游人神往无比的自然奇景，而它们的形成过程，往往与光线在大气中的折射与散射有关。

当我们避开太阳朝天空张望时，看到的是蔚蓝的天空，这就是说，在那个方向的天空有光线射入我们的眼帘。从太阳发射过来的光线在天空的某个地方改变了方向，不然的话，我们所能看到的一切就只不过是星际空间的黑暗，或者是来自某个遥远星辰的亮光。原来，当光线穿过地球周围的大气时，它的一些能量就向四面八方反射，这样的过程就是散射。

光波在遇到大气分子或气溶胶粒子等时，便会与它们发生相互作用，重新向四面八方发射出频率与入射光的相同、但强度较弱的光（称子波），这种现象称光散射。子波称散射光，接受原入射光并发射子波的空气分子或气溶胶粒子称散射粒子。

当散射粒子的尺度远小于入射光的波长时（例如大气分子对可见光的散射），称分子散射或瑞利散射，散射光分布均匀且对称。当散射粒子的尺度与入射光波长可比拟时（例如飘尘粒子对可见光的散射），散射光的强度分布不均匀，分布复杂，称为米散射。

光的折射现象也是我们在身边经常遇到的。我们将一根筷子插入水中，发现筷子变弯曲了。这是因为光在密度不同的介质中传播时，其传播方向发生了一定的扭曲。我们的大气层虽然看上去浑然一体，但在不同的区域和部位其组成成分有着很大的区别，温度、组成物质成分的不同都足以使光线的传播方向发生变化而形成折射。

光在大气中折射和散射的上述性质，造成了许多绚丽多彩的现象。

全反射现象就是光在由光密介质射入光疏介质时光线不进入光疏介质、而被完全反射回光密介质的现象。前面已经说过，当光线从光密介质进入光疏介质时，入射角小于折射角，光线偏离法线。但这个偏离不会无限度的偏离，达到一定程度后，偏离现象就不再发生，折射光线就消失了，光被全部反射回原介质，这时就发生了全反射现象。这样，如果人恰好位于反射光线经过的区域内，就可以看到物体，而且认为物体距离自己很近。光的这个性质与海市蜃楼的形成有着密切的关系。而极光的形成过程与其他的现象有着很大的区别，将在下面的知识问答中详细解释。

## 阅读提示

这些奇光幻景虽然异常美丽神奇，但是非常难得遇到，因为它们的出现要满足一些很严苛的条件，而这些条件往往也只能在一个较短的时间内在一地完全达到。故此，奇光幻景往往是稍纵即逝。游人在旅游中若想观看到它们，首先必须要选择好适合的时段和天气，然后要保持高度的警觉，最后当然也还是需要一点运气。

这些奇光幻景的形成与物理上的光学知识密切相关，导游在介绍时应注意解释其科学性。

## 知识问答

### 如何才能观赏到美丽的山地日出?

太阳东升西落，每天如此。忙于生活学习的人们往往会忽略城市中日出时的庄严美丽，而当旅游时，欣赏日出就几乎成为一门必修课。看着一轮红日缓缓升起，唤醒沉睡的大地，那种庄严肃穆的美景让人久久难忘。然而，对于每天都要升起的太阳，我们翘首等待它升起的时候却往往不见了它的踪影，尤其是在一些山地中，日出从来都是胜景之一，却每每令游客怅然而返。怎样才能抓住时机，一睹旭日东升的风采呢?

山地观赏日出景观难，主要原因就在于天气的影响。山地上湿度较大，空气中的水汽较多，很容易出现云层。云层阻挡了光线，日出便不容易看到了。因此，要想观赏日出，就必须避开这些云层，选择较为晴朗的天气。一般说来，观赏日出应选择山地的少雨期前往，且在一段时间内气候状况比较稳定，这样出现晴朗天气的几率比较高，也就有较大的可能性看到美丽的日出了。

除了对于观赏时间的选择，观赏地点的选择也是非常重要的。一般说来，越高的地方日出景观越美丽。这是因为山区一般山峰林立，如果选择的地势较低，则视野范围小，影响景观。同时，山地上的云层分布在达到了一定的高度之后就不再增加，甚至有减少的趋势。因此，我们常见白云缭绕于山腰，到了山顶，就往往空气清明，万里无云了。因此，选择高处观日出，也就更可能一睹东升之日的真面目。

至于每天中具体的日出时刻，从理论上来说是可以计算出来的。因为地球围绕太阳公转有着固定的周期，根据地球与太阳的相对位置，再计算当地的经、纬度，就可以算出理论上第一束光线照射到大地上的时刻。然而由于地形的影响以及天气的因素，这个时间往往是不固定的，很多时候都要靠经验进行判断。现在许多拥有日出景观的景区都制作了各个季节观赏日出的时间表，游客只需根据表上的时间范围，再加以天气因素进行综合判断，就可以顺利地看到日出了。

## 极光是如何形成的?

极光是一种主要发生在南北两极地区的天象奇观。而它的来源竟然是遥远的太阳。太阳是一个庞大而炽热的气体球，在它的内部和表面进行着各种化学元素的核反应，产生了强大的带电微粒流，并从太阳发射出来，用极大的速度射向周围的空间。当这种带电微粒流射入地球外围那稀薄的高空大气层时，就与稀薄气体的分子猛烈地冲击起来，于是产生了发光现象，这就是极光。

瑰丽的极光是天空的奇观，它是高纬度地带晴夜天空常见的一种辉煌闪烁的光弧或光带。这种电的现象在中低纬度地带一般是不常见的。太阳的带电微粒发射到地球磁场的势力范围，受到地球磁场的影响，从高纬度进入地球的高空大气，激发了高层空气质粒，从而造成极光现象。地球是一块巨大的磁石，而它的磁极在南北两极附近。我们知道，指南针总是指着南北方向，就是因为受了地磁场的影响。从太阳射来的带电微粒流也要受到地磁场的影响，而且使带电微粒流聚集在磁极附近，所以，极光大多在南北两极附近的上空出现。在南极发生的叫南极光，在北极发生的叫北极光。

空气是由氧、氮、氢、氖、氦等气体组成的。在带电微粒流的作用下，各种不同的气体所发出的光也不相同，因此就有各种不同形状的颜色的极光。极光有的像帐幕，有的像圆弧，有的呈带状，有的呈射线状，有的是橙红色，有的是紫红色，有的色淡，有的色深。

## 在我国能看到极光吗?

在北半球距地球北磁极 22°～27°的地方有一极光带，在 5～10 公里高空极光亮度最强，色彩鲜艳夺目，形态多样，动静结合，成为该地区重要的旅游资源。在一般的年月里，在我国的纬度上，极光就比较罕见。但是我们知道，极光现象是与太阳活动有着密切关系的，每当太阳活动较强的年份，极光就可以在较低的纬度上看见。1957 年 3 月 2 日夜晚 7 点钟左右，我国东北边境的漠河和呼玛城一带出现了几十年少见的极光：一团殷红灿烂的霞光突然地升腾起来，一瞬间变成了一条弧形的光带，从黑龙江上空伸向大兴安岭的南方。在同年的9月29日到9月30日夜晚，我国北纬40°以上的广大地区也出现了一次少见的瑰丽的极光，映红了北方的天空。

## 佛光是如何形成的？

佛光，又叫宝光，常常因与宗教相伴而被蒙上了一层神秘的面纱。但佛光这种看似十分神奇的现象，其形成的原因其实一点都不复杂，与神力毫不相干。其实这只是云与光的魔术罢了。其原理就是物理学中的衍射与反射现象。当人介于云雾与太阳两者之间时，就有可能在云雾看到自己被环绕在七色的光圈中。当光源（即太阳）射出光后，在传过层层云雾时，云层就对阳光进行分光——反射，前一个云层将阳光分成各单色光，而后一个云层则将色光进行反射。我们所看到的光环就正是这些被分散然后被反射的色光在云层上排列的结果。而其中的人像自然就是我们自己的身体挡住了光而在云层上形成的影子了。而且，由于这种色光的排列只在一个视角狭小的光锥内才能被看见，所以，我们在佛光里看到的影子就都是自己的影子。光线在经过多重的反射与折射后，我们自己的影子也变得虚幻缥缈起来，这就更为佛光增添了神秘的色彩。

经过以上的分析我们可以发现，只要有稳定少动的云层以及斜射的阳光，佛光是会经常降临人间的。事实上，在许多高山上我们都可以看到这一奇特的景观，如四川的峨眉山金顶、江西的庐山小天池、安徽的黄山莲花峰、泰山的岱顶都是著名的观赏宝光的胜地。

## 日晕华盖的形成与佛光有何不同？

日晕华盖与佛光从形成的机制上说都是阳光在经过云层时被空气中的水滴或冰晶作用而成的。但从其具体的形成过程上看，则有着很大的不同。佛光是阳光在经过了多次复杂的反射和折射后投射到近地面形成的，产生佛光时近地面大气必须十分潮湿。由于视角狭小，只有在一个很小的范围内才能看到这个光圈。日晕是因为天空中有一层高云，阳光或月光透过云中的冰晶时发生折射和反射而形成。日晕是发生在高空的现象，与近地面大气状况关系比较小。只有卷层云存在才出现晕，而卷层云常处在离锋面雨区（所谓锋面，是指具有不同热力性质、密度的气团之间的狭窄过渡带）数百公里远的地方，随着锋面的推进，雨区不久可能移来，因此，晕就往往成为阴雨天气的先兆。华盖的形成方式与以上两种又有所不同。天空中有一层透光薄云，云中的水滴大小均匀，若是由冰晶组成的云则要求冰晶尺寸均匀。月光或阳光透射云层过程中，受到均匀云滴（水滴或冰晶）的衍射，结果会在月亮或太阳周围、紧贴月盘或日盘形成内紫外红的彩环。可见，华盖的形成过程并非反射和折射，而是光线的衍射，这也就使得华盖的光圈色光排列顺序与佛光和晕圈都有所不同。

### 海市蜃楼是怎么形成的?

海市蜃楼是一种神奇的景观。传说中，在中国东部的海上有仙山仙岛，还经常在半空中显露出来。还有不少皇帝派人出海去寻访仙山，希望可以找到仙山上的仙人，求得长生不老之药。在沙漠中，遥远的绿洲突然出现，栩栩如生仿佛就在眼前，口干舌燥的旅者拼命赶上去却发现除了沙漠还是沙漠，空欢喜一场。有的甚至因为跑错了方向而葬送了生命。由于这种现象非常神奇，东西方都把它与神怪结合在一起。那么，这种现象是怎么形成的呢？其实，这也不过是光线和大气玩的小把戏。海市蜃楼的出现就借助了两种光学现象：折射和全反射。

当光由一种介质中进入到另外一种介质中时，由于介质的疏密不同，光线所经过的路径会发生一个偏转，这就是光的折射现象。我们通常把光速较快的介质叫光疏介质，把光速较慢的介质叫光密介质。光线从光疏介质进入光密介质时，入射角大于折射角，光线折向法线介质交接面的线。光线从光密介质进入光疏介质时，入射角小于折射角，光线偏离法线（法线即是垂直于两种介质交接面的线）。

具体对于空气来说，温度高的空气密度较小，它是光的光疏介质；温度较低的空气密度较大，它是光的光密介质。温度较低的空气位于上方时，光线首先传过较冷空气，从光密介质射入光疏介质，折射角就会越来越大。在实际状况中，当底层空气加热的幅度很大时，底层空气就会与高空的空气交互会合，形成许多的空气层，每一层上面的密度都比下面的密度大。这样，较高的地面物体所反射的光线在空气中传播时折射角就会越来越大，光线就会离法线越来越远。直到达到一个角度，会形成光的全反射现象。如果人恰好位于反射光线经过的区域内，就可以看到物体的象，而且认为物体距离自己很近。这样就形成了海市蜃楼。

就以沙漠中看到绿洲的现象而言。夏季沙漠中烈日当头，沙土被晒得灼热，因沙土的比热小，温度上升极快，沙土附近的下层空气温度上升得很高，而上层空气的温度仍然很低，这样就形成了气温的反常分布，由于热胀冷缩，接近沙土的下层热空气密度小而上层冷空气的密度大，这样空气的折射率是下层小而上层大。当远处较高物体反射出来的光从上层较密空气进入下层较疏空气时被不断折射，其入射角逐渐增大，增大到等于临界角时发生全反射，这时，人要是逆着反射光线看去，就有了远处的绿洲了。

海面上一薄层的水被阳光加热形成水蒸气，水面上层的空气受水蒸气的影响使空气稀化，密度变小，然后和上面高密度的空气互相融合交汇，也会形成很多相继连续的空气层。所以，在海上也很容易出现海市蜃楼的现象。

海市蜃楼的种类很多，根据它出现的位置相对于原物的方位，可以分为上蜃、下蜃和侧蜃；根据它与原物的对称关系，可以分为正蜃、侧蜃、顺蜃和反蜃；根据颜色可以分为彩色蜃景和非彩色蜃景等。

## 景区景点链接

### 庐山日出

我国的名山大都以日出为其胜景，著名的有庐山、黄山、峨眉山以及泰山等。我国观日出也有很长的历史。在漫长的历史过程中，古人通过大量的实践掌握了观日出的一些规律，还形成了一些固定的观日出的地点。如庐山有汉阳峰、含鄱口等，峨眉山有宝顶，泰山有玉皇顶。江西庐山向来以云雾景观丰富多变而著称，而云雾恰恰阻挡了光线，非常不利于观赏日出。但每年的7月至次年的1月，庐山上的日照时间较长，有利于日出的观赏。其中7月份时庐山的日照天数最多，这时来庐山，既能够欣赏日出，更可以消夏避暑，一举两得。

**中国日落景观**

与日出景观相对应的还有日落景观。夕阳无限好，只是近黄昏，灿烂辉煌的黄昏也有着无限的美丽。黄昏时人们结束了一天的劳累与忙碌，迎来了一段相对闲适的时光，因此，夕阳西下时的人们心情比较放松，也更有兴致去观赏自然界中的美景。在我国也有许多闻名遐迩的日落景观，如泰山的“夕阳玉照”、西湖十景之一的“雷锋夕照”、济南的“汇波晚照”、东洞庭山的“寒山落照”、天台山的“寒岩夕照”等。在观赏日落景观时，所需的天气条件与日出景观一样，也要选择晴朗少云的天气，因此在时间的选择上与观看当地日出景观的时间基本相同。

**中外极光**

在瑞典、挪威、前苏联和加拿大北部，一年可以看到100次左右的极光，出现的时间大多在春季和秋季。在加拿大北部的赫德森湾地区，每年见到的极光多达240次左右。在我国最北部的黑龙江省漠河地区，人们常常可以看到五彩斑斓的北极光。

**峨眉山金顶佛光**

在全国的名山中，以四川峨眉山的金顶佛光最为出名。金顶的四大奇观之一就是金顶佛光。在金顶舍身岩上俯身下望，会看到五彩光环浮于云际，自己的身影置于光环之中，影随人移，绝不分离。

**蓬莱海市蜃楼**

蜃景的发生有两个特点。一是在同一地点重复出现，比如美国的阿拉斯加上空经常会出现蜃景；二是出现的时间一定，比如我国蓬莱的蜃景大多出现在每年的五六月份，俄罗斯齐姆连斯克附近蜃景往往是在春天出现，而美国阿拉斯加的蜃景一般是在6月20日以后的20天内出现。

只要满足气象条件，海市蜃楼便可发生。所以海市蜃楼发生的频率并不很低，在我国许多地方都报道过海市蜃楼的发生。海市蜃楼主要发生的地方一是位于海边，二是位于茫茫沙漠中。在中国发生海市蜃楼名气最大的地方还要算山东的蓬莱了。这个在中国历史上充满了神秘与玄奇色彩的地方也确实名不虚传。蓬莱城北海上常出现海市蜃楼，古称“登州海市”，历史上多有记载。沈括在《梦溪笔谈》中写道：“登州海中，时有云气，如宫室、台观、城堞、人物、车马、冠盖，历历可见，谓之海市。”蓬莱地区周围山东半岛、辽东半岛和朝鲜半岛三足鼎立，长山列岛横卧其间，为海市的出现具备了借以反射的客观景物。在日照充足的季节里（4~9月份），接近海面的空气呈高密度低温状态，空气密度由下而上陡然减少，光线透过这些不同密度的空气层时便发生折射或全反射，使远处景物显示在空中或海面，此即神秘的海市。由于空气层动荡不定，致使显现的景物时大时小，时断时连，忽隐忽现，千姿百态，变幻莫测，增加了海市的神秘感。

# 彩霞云雾景观

## 背景分析

霞是日出和日落时在太阳附近和云层上出现的各种色彩缤纷的光学现象。存在于大气中的水汽和灰尘是影响霞的样子的基本因素。大气中所含的水汽越多，霞的色彩越红。空气湿度的增加通常发生于坏天气的气旋逼近之前，因此当出现红色或橙色的鲜明的霞时，就可能预示着天气将变坏，当然也可能预示着降水的发生。

自古名山无云不秀，在山地景观中，云雾景观占据了一个十分重要的地位。白云总给人一种飘逸飞扬的感受，而被云掩盖了轮廓的奇石怪松则在茫茫云天中显得越发美好。更壮观的是浩荡的云海，立于山顶观看山腰的云海，但见一个白茫茫的天地，山峰就宛如大海中的小岛，而自己就像凌空欲飞的仙人，这种感受实在是无以言喻。因此，凡是去山地旅游的游客无不以观赏云海作为自己的目的之一。

云瀑是指大片的云在风的吹动下从陡坡或悬崖处倾泻而下而形成的奇景。瀑布云就是山地的云彩在随气流移动的过程中突遇悬崖峭壁一泻千里而形成的一股云流。它虽然没有水瀑布的喷珠溅玉、水声震天，但其实比水瀑布雄壮得多，大块大块的白云由山间缺口处喷涌而出，如万马奔腾般冲向山腰，雄壮中不失云的飘逸，真是妙相庄严，仪态万方，实乃云景中的神品。

**阅读提示**

霞是日光斜照天空时由于空气的散射作用而使云层呈现出红、橙、黄等色彩的自然现象。霞光是阳光穿过云雾射出的彩色光芒，它们出现在特定的山地、水汽等大气环境中，成为瞬息万变的光景。霞是我们身边常见的天象，因此在旅游过程中我们通常不会专门为了观赏霞景而去某个景点。但霞景是极其美丽的，几乎所有的自然景观在绚丽的霞光中都会呈现出异于寻常的美丽。导游也应因势利导，让游客看一看与平常不同的霞景。对于那些以霞闻名的景点，应该选好时间与地点，方便游客观赏。同时可以介绍一下与霞有关的天气现象，以增加旅游的趣味性和知识性。

各地云海均有自己不同的特色。应将普遍的规律与各山地不同的地貌环境结合起来，不能千山一面。比如在观云海时我们就要注意，云海往往在山腰飘荡，这是因为空气中能承载的水滴的重量是有限的。当高度升高后，云层中的水滴就会越来越多，水滴也就越来越大。当空气无法承受水滴的重量后，云层中的水滴便会坠落到地面上去，这就是下雨了。所以，就存在着一个云层承载水汽高度的极限，这个高度就叫做最大雨雪线。这个高度以上空气中的水含量就开始减少，因此也就无法形成云了。而这个高度也就往往是积聚着最多云量的地方。所以我们要观赏云海，最好的地点是高于山腰的山峰。云瀑也是如此。

随着高度的升高与气温的降低，热空气总是向上运行，因此在较高的山地上总是云气缭绕不散。云雾天气对于植物的生长十分有利，故高山多名茶。庐山的云雾茶之所以名闻天下，与其特别多的云雾天气有着很大关系。

## 知识问答

### 彩霞是如何形成的?

霞是日出和日落时在太阳附近和云层上出现的各种色彩缤纷的光学现象。霞的形成原因和天空呈现出蔚蓝一样，都是因为大气的散射作用。据计算，太阳在地平线上时所透过的大气层厚度为白天太阳当头时所透过的大气层的35倍。由于阳光被大量空气分子所散射，紫色和蓝色的光就减弱得最多，到达地平线上空时已所剩无几了。余下的只是波长较长的黄、橙、红色光了。这些光线经地平线上空的空气分子和尘埃、水汽等杂质散射以后，那里的天空看起来也就带上了绮丽的色彩。空中的尘埃、水汽等杂质愈多时，这种色彩愈显著。如果有云，云块也会染上橙红艳丽的颜色。这就形成了我们所看到的美丽的晚霞了。

新疆伊犁日出彩霞

存在于大气中的水汽和灰尘是影响霞的样子的基本因素。大气中所含的水汽越多，霞的色彩越红。空气湿度的增加通常发生于坏天气的气旋逼近之前，因此当出现红色或橙色的鲜明的霞时，就可能预示着天气将变坏，当然也可能预示着降水的发生。

## 怎样才能看到云海?

要成云海，则必须有云。云是空气中的水汽凝结而成，因此要成云就必须要有比较湿润的空气。这也就是为什么云海往往在高山上才能看得到。因为大气对水汽的容纳能力是随着温度的升高而增加的，就是说越热的空气能容纳越多的水汽。而我们人类生存的对流层内，大气温度是随着高度的升高而降低的。也就是说，越高的空气能容纳的水汽也就越少。所以，高山上就会有大量的水汽凝结成云。云的种类非常多，不是所有的云都能形成适合观赏的云海。形成云海的云一般是层积云、碎层云、淡积云这样的低云族，这些云的共同特点是厚度一般为几十米到三四百米，比较均匀并且对流不强，这样就能较为稳定的构成广阔绵延的云海。

江西井冈山云海

云海的出现与天气的关系也比较大。出现云海时天气必须比较稳定，不能有大风。风会带走空气中的水汽，这样就无法凝结成云。温度也不能太高，高温会很快蒸发掉云中的水汽，使云层很快消散。

## 观赏云瀑需要什么样的天气条件？

想见到云瀑可不是简单的事情，需要几方面条件的配合才行。首先，必须要有大量的云雾。只有大量的云聚集在一起才可以形成雄壮如万马奔腾的景象。因此，大气中的湿度必须要较大，这才能为形成大片的云雾创造良好的条件。其次，必须有气流的配合。云之所以会移动，就是因为气流的吹动。若是风速过小，云就无法翻越山峰，也就无法倾泻而下。若是风速变化不定，那也就无法在迎风坡上堆积大量的云雾。第三，地形条件。迎风坡必须要比较平缓，这样比较有利于云雾的堆积。而背风坡则必须要陡峭，这样，云雾才能突然地倾泻而下，而不是顺坡缓缓滑下。就是同时具备了这样几个条件，也还未必就一定能形成云瀑。所以，壮美的云瀑景观真可谓是奇景难得了。云瀑的持续时间一般不长，基本上在 10～30 分钟，稍纵即逝。

## 雾气有几种？

雾是悬浮在近地面的空气层里直径非常小的小水滴。雾的形成与空气中容纳水的能力大小很有关系。一定温度与压强的空气最多可以容纳一定的水汽。白天时，气温较高，因此，空气中可以容纳较多的水汽；到了夜晚时气温下降，空气中容纳的水汽相对地减少。如果这时空气中的水汽较多，就会使一部分水汽凝结成雾。由上面的过程我们可以看出，凡是当气温下降、而空气中的水汽较多，都有可能凝结成雾，因此，许多种方式都可以形成雾气。

首先是地面辐射雾。上面所说的白天气温高，而到了晚上气温下降，就是因为地面夜晚辐射出热量，而使得靠近地面的大气温度降低，从而形成雾。这是非常常见的雾形成的类型。我国四川盆地就是有名的辐射雾区，其中重庆在冬季晴朗少云的夜晚或是早晨形成的雾有 80% 为辐射雾，有时雾甚至可以终日不散达数天。

其次是平流雾，这是由暖湿空气平流到冷地表或冷海面上而形成的雾。由于冷地表与冷海面附近的空气所能容纳的水汽量小于暖湿气流所能容纳的水汽量，所以当暖湿气流移来时，受低温影响，空气中水汽很快凝结，于是就形成了雾。在海上形成的平流雾有时可长达几天不消散。

### 重庆为何如此多雾?

重庆因受四周山岭阻挡，风力比较微弱，江面和地面蒸发的大量水汽不容易被带走，每当早晚气温降低时，水汽就凝结成雾。同时重庆高空常有逆温层存在（一般情况下，对流层空气温度是越往上越低，但在有些时候，对流层中存在着高层空气温度反而高于低层空气温度的现象。这种高层空气就叫逆温层），它阻碍了水汽的去路，白天接近地面的雾霭受热消散，大量的水汽集聚于逆温层下面。在水汽和逆温层的相互促进和维持之下，使白天消散了的雾在第二天又重新积聚起来，这就是重庆多雾的主要原因。

## 景区景点链接

### 神州霞景

相对来说，霞在我们身边经常可以见到，所以特别的以霞闻名的景点并不很多。但风景优美的自然景区中若是出现美丽的云霞，就显得更加的瑰丽了，因此，霞景也通常成为景区的胜景。如贵州毕节八景之一的“东壁朝霞”、浙江东钱湖十景之一的“霞屿锁岚”、厦门的“鹭江晚霞”。

### 黄山云海

云海的出现表现出一定的季节性和地域性。云海的主要成分层积云在潮湿的雨季明显多于旱季，因而对某一高山来说，云海的出现就有明显的季节性。黄山、庐山的春季最容易出现云海。由于各地的雨季时间长短有差异，云海的出现自然也有一定的地域性——通常情况下，气候潮湿多雨的南方地区的高山出现云海的几率较小，倘若出现，则云海最为稳定，常常维持两三天不消散。云海最容易出现在雨雪天气过后，因为这时候的天气常常受高压控制，水汽和风的条件、大气结构比较稳定，极有利于形成连绵平坦的层积云。云海景致与光照条件也有一定的关系。一般来说，晴日早晨和傍晚时的云海属于逆光型，云层看上去很细腻，有动感，呈红黄色，和天空的界线格外分明。

以黄山为例，每年的11月至第二年的5月都是观黄山云海的理想季节，尤其是雨雪天气后，突然放晴，其日出和日落时所形成的云海五彩斑斓，称为“彩色云海”，最为壮观。因为此时大气扰动很少，云层比较稳定，所以云海容易形成，且消失较慢。观云海的地点应随云海形成的不同高度而异，当云海的云顶高度在800米以下时，于紫石峰、半山寺、桃花峰观南海，入胜亭、一道岭观东海，白云居观西海，书箱峰麓、芙蓉岭观北海较为理想。

## 重庆和峨眉山的雾

说起中国的雾，人们往往会想起一座城市，那就是地处四川盆地的重庆。重庆全年平均雾日有103天，最多可达148天以上，平均每两到三天就有一次雾。重庆是中国名副其实的雾都。

庐山向来以云雾多、云雾景观奇特而著称。然而，与重庆同处于四川盆地中的峨眉山则有着更多的云雾天气。在1953年到1970年间，峨眉山的平均雾日达到了323.4天，最少年也有309天，最多年达334天，几乎全年每天都有云雾缭绕。与峨眉山上云雾缭绕景观恰恰相反的是山下周围地区少有云雾。峨眉山麓气象站平均雾日只有4.4天。这就使得峨眉山成了一座飘浮于周围少雾地区上的“雾岛”。

## 成山角外海的云雾

海湾也多见云雾。因为大海上空有着丰富的水汽，这就为云雾的形成提供了源源不绝的物质条件。在我国漫长的海岸线上海雾都有发生。但要说海雾最多的地方就要算是山东半岛成山角的外海了。每年7~8月，这里的浓雾经常几日不散，一年中海雾多达80天以上。这里如此多雾，跟这里是两股水流的交汇之处有着密切的关系。两股水流温度不一，水流上空的空气受水流影响冷热不同，水流的交汇处也就是不同空气的交汇之处，因此，较暖气团中的水汽就较容易凝结成雾。

庐山云瀑

大凡具备了一定海拔高度的山基本上都具有产生云瀑的条件。然而，在我国众多名山中，云瀑最为出名、同时出现云瀑的机会最多的、观赏云瀑的地点最好的山恐怕就要算江西的庐山了。

庐山上有很多可以观赏云瀑的地方，如庐山的街心公园、喇嘛塔、含鄱口、五老峰、半山亭等。为何庐山会产生如此之多的云瀑呢？其原因就在庐山的地理环境上。在气候上，庐山云雾非常多，这是由于庐山山脚濒临长江、鄱阳湖，水汽来源充足。庐山地势较高，山上气温较低，特别是春夏季节，山上山下温差很大，所以水汽上升很容易形成云雾（多为层积云）。在地形上，庐山为一断裂隆起的断块山，山地周围多断崖峡谷。这样的地貌结构就为云层的下泻提供了许多的出口。湖面的水汽沿山坡上升形成的云雾在当地盛行的偏南气流即南风的吹送下不断上升，越过山峰后，云雾便沿着山坡下流，直泻山北，从而形成宏伟壮观的瀑布云。

# 冰雪雾凇景观

## 背景分析

我国的东北地区有着漫长的冬季。在冬天里，积雪长期不融化，大地一片粉妆玉砌的景象。在苍茫的大地上，挺立着成片成片的针叶林从而形成了独特的林海雪原景观。冰雪与森林，再加上东北地区高大的山脉、美丽的景色与丰富的物产，这一切构成了一个令人神往的世界。近年来，由于雪上运动在全世界范围内广泛的升温，东北地区凭借其独特的气候条件，也开展了许多雪上运动项目，如滑雪、滑冰，为东北的林海雪原增添了新的魅力。

东北全区年平均气温除辽东半岛最南端为10℃、长白山与大小兴安岭山地在0℃以下外，几乎都在10℃以下。大致是西北东三面山地丘陵温度低，中部平原温度高，成马蹄形分布。再从月平均气温看，东北各地每年至少有5个月（11月至翌年3月）在0℃以下。最冷月（1月）平均气温连辽东半岛南部也在-6℃左右，大兴安岭根河以北地区则低于-30℃。从极端最低气温来看，大部分山区和嫩江以北地区均在-40℃以下，个别地区曾达到过-52.3℃的低温。大兴安岭西连内蒙古高原，坡度平缓，寒冷的西北气流容易侵袭，往往使本区气温剧降。松辽平原以西、大兴安岭一带就成为我国最寒冷的地方。又因为东北南部有长白山的阻隔，使太平洋的暖湿气流影响大大减弱，造成本区冬季不仅寒冷，而且为期很长。东北南部沿海地区冬季有5个月的时间，松辽平原约6~7个月，兴安岭和黑龙江一带冬季长达8个月之久。正是如此之长的冬季，才为东北地区迷人的冰雪景观创造了条件。

到了冬天，气温下降，北方地区的河湖都会披上一层厚厚的冰甲，许多景致也就随之消失。但冰封的河湖并不意味着单调与死寂，冰封的河湖也会引人入胜。

水在温度达到0℃时凝结成冰，这是自然界中最常见的现象。但是，水的凝结却并不如此简单。一方面自然界中的水不是纯净的水，里面溶解了很多物质，这使水的凝固点降低，水需在0℃以下才能冻结；另一方面，当温度刚好由0℃以上降到0℃时，水是不会结冻的，因为结冰时放出的潜热很大，如果正好是冰点，刚生成的冰晶又会很快融化掉。所以，一般温度在0℃以下河水才出现冻结现象。

河湖在封冻严实之后，其上就可以承受很大的重量，冰面就可以作为人车通行的道路，而人们也可以在光滑的冰面上溜冰，享受运动的欢乐。但是看上去十分厚实的冰盖却并不安分，每天都处于运动变化之中。首先是水面的冰盖受到底部或冰盖中间水流的冲击，根基并不稳固，冰盖中会产生一些裂隙，使得局部的冰盖减薄，能承受的压力减少。在晴朗的天气里，昼夜温差较大，冰盖一胀一缩，形成很多裂纹，但都不能穿透冰盖。一个冬天之后，冰面上遍布裂纹，宛如龟裂的稻田。如果冰盖一直稳定地增湿或变冷，就能形成较深的裂隙。这种裂隙呈楔形，有时一通到底，导致冰裂水涌，但马上又愈合冻结起来。最大的裂隙常出现在湖岸边上，这是湖面冰盖膨胀时挤压湖岸、压力超过冰的强度的结果。湖面冰盖发生裂缝时伴随有各种响声，有时甚至发出巨大的轰鸣，特别在夜深人静时，日间看来平静死寂的湖面上不断传来各种声音。

在寒冷的冬天里还有一种奇特的景观，那就是雾凇。雾凇是指低温时过冷雾滴冻结或空气中的水汽直接凝华在地面物体上的冰晶物，它多附着在树枝、电线或景物的突出部位，也叫树挂或冰花。我国最著名的雾凇景观莫过于吉林树挂，它与桂林山水、云南石林和长江三峡并称我国四大自然奇景。不过，雾凇并不仅在我国的北方才会出现，在我国南部的高山上也会出现这种美丽的景观。

## 阅读提示

因为东北地区的冬季漫长寒冷，积雪时间长，所以东北地区开展的冬季旅游活动也是独具特色，驰名全国。在东北，除了可以赏雪外，还可以去滑雪、溜冰，更可以观赏东北地区独特的冰雕艺术。

冰封的河湖景观中蕴涵了很多的科学道理。导游在介绍这些景观时，除了引导游客亲身体会这些奇特的现象、感受河湖封冻形成的美景给人带来的乐趣之外，还要特别注意进行一些科学知识的讲解，使得游人可以自行趋利避害。

导游在讲解雾凇、雨凇这些景观时，应注意它们和天气状况之间的关系，即较低的气温使得空气中产生了过冷却的水，同时也给水在固体表面凝结提供了条件，而湿度较大的空气提供了大量的水使得冰粒可以在固体表面不断生长，从而形成雾凇、雨凇。

## 知识问答

### 我国东北独特的林海雪原景观其成景要素有哪些?

寒冷的气候、长时间的降雪、广阔的森林构成了东北大地林海雪原景观的骨架。

在东北整个冬季，除南部沿海地区偶有降雨外，大部分地区都是降雪。越往北或山脊越高的地区，开始下雪的时间就越早。在南方许多地区还在忍受着秋老虎煎熬的9月下旬，兴安岭山脊及黑龙江流域就开始落下了鹅毛大雪。南部沿海各地及辽河下游最迟在11月上旬下雪。而降雪的平均结束日期则与此相反，越往北越迟，越往山区越迟。大兴安岭的阿尔山一带下雪有8个月之久，到了南部沿海地区则只有不到5个月的时间下雪。

更值得一提的是东北地区积雪的时间。北部大兴安岭、黑龙江一带为期最长，达225天左右；松嫩平原有150~180天；辽河平原在120~150天。漫长的积雪期使得雪可以堆积到一个很大的厚度。大小兴安岭、三江平原、长白山区在30厘米以上，各山之脊部都超过40厘米，以山区谷地、洼地、阴坡的积雪为最深，有时可在1米以上。

林海景观的出现与东北地区所处的气候带相对应。大小兴安岭处于北方针叶林带。在针叶林带内，优良树种主要由云杉、冷杉、落叶松和松树组成。它们基本上都具有笔直的树干、圆锥状的树冠。东北森林的下层比较简单，不像南方的森林内有着多层的乔木层、灌木层。东北森林内乔木下仅有一层灌木、草本层和发育很好的苔藓地被层。当积雪覆盖了地面后，基本上在雪上就只有一层乔木挺立了。

### 河水是如何结冰的?

初冬时节河流淌凌是河流开始结冰的最初阶段。河水是汹涌流动的，流水结冰过程与静水很不相同。静水结冰时，随着温度下降，其表面温度开始逐渐向冰点接近，但其底层温度仍维持在4℃左右（因为水在4℃时密度最大），所以其结冰过程从表面开始。流水由于处在流动状态，紊流扰动强，不仅表层冷却迅速，就是底层也同时降温，水面和水内几乎可以同时结冰。所以在河流结冰时，存在着底冰这种现象。

河流封冻有两种情况。一种是从岸边开始，先结成岸冰，向河心发展，逐渐汇合成冰桥，冰桥宽度扩展，使整个河面全被封冻。还有一种是流冰在河流狭窄或浅滩处形成冰坝后，冰块相互之间和冰块与河岸之间迅速冻结起来，并逆流向上扩展，使整个河面封冻。

## 湖泊是如何封冻的?

湖泊结冰与河流结冰不同。湖泊和水库都比较安定，即使风浪滔滔，只是水体表层汹涌而已，水的深处还是安定的。湖水冬季降温，冷水下沉，暖水上浮，引起对流，这个过程在水温为4℃时自行停止。因为此时水的密度最大，继续降温，密度反而减小，表层水轻而底部水重，对流作用不能继续进行。对流停止后，湖水降温靠热传导进行，热传导远不如对流散热快。由于这个原因，冬季深水湖底层的温度大致保持在4℃左右。

由于没有像河流那样的紊流作用，湖水总是先在表层达到过冷状态。这时，如果风平浪静，湖面就能迅速结冰，有时一夜之间形成封冻全湖的冰壳。湖面结冰，首先是在水面上形成很小的片状冰晶。片状冰晶多平卧水面，在生长过程中呈星形或树枝形，因为这种形状有利于散发结晶时释放出来的潜热。

一般湖面冰盖厚5厘米即可通过单人。冰厚20厘米滑冰者可任意驰骋，马拉雪橇也能通过。冰厚超过50厘米时，可以开辟冰道通行汽车。

## 为何冬季可以冰上捕鱼?

在东北，人们可以看到这样的现象。人们敲开冰盖，打开一个孔，过了一会儿，就见鱼头攒动，鱼儿争先恐后地向冰洞处游来，人们只需守洞待鱼即可。原来，即使在最寒冷的天气，湖水仅仅是表面结冰，湖底是不会结冰的。在湖冰以下，湖水保持在4℃，因为这样，水下生物不会被冻死。但湖泊经过长期封冻，水中缺氧，一些较小的湖泊甚至会严重缺氧到使鱼类窒息至死。这时如果在冰上打开一个窟窿，鱼类为了呼吸新鲜氧气，蜂拥而至，有的迫不及待，跳到冰上来。人们在冰上捕鱼，正是利用这一特点而取得丰硕成果的。青藏高原有些湖泊和河流，冬季封冻以后，在一些不冻的涤沟冰穴里，拥挤着活鱼，简直分不清鱼在水中游，还是水在鱼中流。

## 河冰解冻会造成什么灾害?

当大地回春、气温升高的时候，河流里的冰开始化解，分解的冰块随着河水向下流动，河流开封。但是并不是所有的河冰都这样斯斯文文地解冻，让河流顺利开河，有时候解冻来得很快，特别是气温猛升或水位暴涨，大块冰凌汹涌而下，这样就容易造成冰凌。科学家们给这两种河流开河方式起了很有趣的名字，对于慢慢解冻的开河方式叫“文开”河，对于迅速解冻容易引起冰凌的开河方式叫“武开”河。

由南向北的河流特别容易发生“武开”河。当上游已是春光明媚、下游还是冰封千里的时候，融水带着冰凌顺流而下，时而阻塞，水位抬高，时而溃决，横冲直撞，使下游冰层遽然胀破，于是形成巨大的冰排，向下猛冲，对桥梁堤坝危害严重，冰凌对桥墩威胁最大。春季淌凌时出现大冰排威胁桥墩时，需要用飞机或其他措施把冰排炸碎。

由冰凌壅塞引起的暂时涨水叫做“凌汛”。黄河上游从宁夏到内蒙古的河套段和下游在山东入海的地方，由于河段北流，经常出现凌汛。凌汛期间易出险情，一是凌汛来势猛烈，二是地冻未消，取土抢险困难。据统计，新中国成立前黄河改道后的百余年间，仅山东境内因凌汛决口就有35次之多，给沿岸人民造成很大的损失和痛苦。

## 雾凇是如何形成的?

我们知道，水的冰点是0℃，也就是说，在正常情况下，当温度下降至0℃时，水便应该凝结成冰。然而，在大气中却存在着特殊的情况，大气中存在着无数的很小的水滴，它们的半径太小，表面弯曲太大，以至于无法冻结成冰。或者当大气中比较洁净，缺少固体物质作为水汽凝结的凝结核。这两种情况就会导致即使气温降至零下几度甚至零下十几度，空气中仍然有以液态形式存在的水。这些在空气中无法凝结或凝华成冰的水在碰到物体表面后便迅速地凝结或凝华成冰，就形成了我们所看到的雾凇。雾凇常呈毛茸茸的针状或表面起伏不平的粒状，结构较松脆，受震易脱落。多附在细长物体或物体的迎风面上。当它出现在各类树枝上的时候，因树冠形态而异，千姿百态，奇丽而壮观，人们就把这种天然异景叫做“树挂”。

雾凇景观

易于形成雾凇的天气必须是温度较低，气温要在 -3℃以下，同时，空气中湿度必须比较大，如雾天。因此，凡是满足这两个条件的地区都可能出现雾凇。在我国，不仅仅是在东北地区可以见到雾凇，在南方的一些山地冬季也可以见到雾凇，如庐山、黄山等。在各种不同的天气条件下，会形成不同种类的雾凇。一般说来，雾凇可以分为粒状雾凇和晶状雾凇两大类。

## 雨凇和雾凇是同一种景观吗？

“凇”在气象学中指的是天气现象中的各种凝结物及冻结物。水汽的凝结物或者是凝华物都可以称作为“凇”。然而，同为水的产物，雨凇与雾凇之间有着较大的差别。前面说了，雾凇主要是由空气中过冷却的水凝结或水汽凝华而成。而构成雨凇的则是过冷却的雨滴，其粒径要比形成雾凇的水大得多。因此，两者形成的气候条件也有较大的差距。形成雨凇的天气气温不能过低，一般在0℃～－3℃之间。除了在形成原理方面的差别外，雨凇和雾凇在外观上也有较大的不同。

## 景区景点链接

### 东北冰雪风情

我国的冰雪资源比较丰富，现在黑龙江的玉泉、通河、延寿、海林、尚志等地都辟有良好的天然滑雪场，同时还发展了专为旅游者提供的娱乐型的滑雪场、冬猎场。相信随着滑雪活动在国内的持续升温，我国将会出现越来越多的滑雪场。至于冰雕和冰塑，那就不能不提到冰城哈尔滨了，每年冰雪节都要举行冰灯冰雕活动，艺术家们借助于天工为人们雕塑出多姿多彩的冰树、冰山以及其他冰雕。

我国北方地区的许多河流在冬天严寒时都会结上厚厚的冰盖，就是一些较大的河流如黑龙江、松花江等也会在局部封冻。在去东北地区旅游时，在冰封的河湖上滑冰应该是大有趣味的。观看当地渔民在冰天雪地的天气里破冰捕鱼对于习惯了撒网捕鱼的南方人来说也应该是非常奇特的。青藏高原上的湖泊河流也经常会结冰，这就让本就纯洁美丽的高原显得更加晶莹可爱。

### 吉林雾凇

吉林多雾凇并非是个偶然的现象。松花江流域每年大约从11月下旬至翌年4月下旬为江河封冻期，长达140～160天。在此期间由于气温较低，且松花江沿岸又以偏南风为主，空气湿度在82%左右，于是出现“树挂”的机会就较多。

人为的因素也是吉林多雾凇的重要原因。尽管松花湖面结了1米厚的冰，而从松花湖大坝底部丰满水电站水闸放出来的湖水却在4℃。这25℃～30℃的温差使得湖水刚一出闸，就腾起了浓雾。数十里云雾随松花江水源源流过吉林市区，犹如一条长龙，十分壮观。这就是美丽的吉林雾凇得天独厚的原“材料”。一般低温地区不可能有不结冰的江水，而江水不冻的地区又绝不可能有如此低温的大气环境。唯独吉林由于人工电站的存在，同时具备了这两个条件。这种独特条件形成的雾凇厚达4~5厘米，而且结构疏松，因而显得特别轻柔丰盈、婀娜多姿、美丽绝伦，在全中国乃至更大范围内都是独一无二的。

据吉林气象站记录，吉林雾凇季节一般从11月下旬开始，翌年3月上旬结束。雾凇日数平均为23.5天，其中以1月9.4天为最多。多数雾凇从午夜1点前后开始形成，下半夜迅速生长，中午前后因日照升温和风速增大而逐渐脱落。吉林雾凇平均持续时间约为9.6小时，最长一次持续了44小时57分。

# 风雨雷电及特殊的天气景观

## 背景分析

雨是自然界最普遍的现象之一。当云层中水滴、冰晶不断增大直至空气无法承受、而且近地面气温并不过低时，水就会以雨滴的形式降落到地面上。雨为大地带来了洁净，带来了生机，也带来了无数的美景。

在雨中，空气能见度下降，一切都变得朦胧不清，这为周围的万物增添了一分朦胧美。透过迷蒙的雨帘，山川、原野、树木、房舍似乎变得神秘莫测。雨限制了人们的外出活动，人们在阴雨天气里往往会有一种非常悠闲的感觉，能够有更多的精力去体会大自然的那份美丽。名句“沾衣欲湿杏花雨”更是绝妙地写出了春天微雨的可爱情态，行走于这样的春雨中那自然是别有一番情趣的。

当天空乌云密布、雷雨云迅猛发展时，突然一道夺目的闪光划破长空，接着传来震耳欲聋的巨响，这就是闪电和打雷，亦称为雷电。雷属于大气声学现象，是大气中小区域强烈爆炸产生的冲击波形成的声波，而闪电则是大气中发生的火花放电现象。

点点涟漪——雨打湖面景观

闪电和雷声是同时发生的，但它们在大气中传播的速度相差很大，因此人们总是先看到闪电然后才听到雷声。光每秒能走30万公里，而声音只能走340米。我们可以测出从看到闪电起到听到雷声为止这一段时间的长短，然后据此来计算闪电发生处离开我们的距离。

闪电通常是在有雷雨云时出现，偶尔也在雷暴、雨层云、尘暴、火山爆发时出现。闪电的最常见形式是线状闪电，偶尔也可出现带状、球状、串球状、枝状、箭状闪电等。线状闪电可在云内、云与云间、云与地面间产生，其中云内、云与云间闪电占大部分，而云与地面间的闪电仅占1/6，但其对人类危害最大。

雷雨云所产生的闪电与弧光放电非常相似，只不过闪电是转瞬即逝，而电极之间的火花却可以长时间存在。因为在两根电极之间的高电压可以人为地维持很久，而雷雨云中的电荷经放电后很难马上补充。当聚集的电荷达到一定的数量时，在云内不同部位之间或者云与地面之间就形成了很强的电场。电场强度平均可以达到几千伏特/厘米，局部区域可以高达1万伏特/厘米。这么强的电场，足以把云内外的大气层击穿，于是在云与地面之间或者在云的不同部位之间以及不同云块之间激发出耀眼的闪光，这就是人们常说的闪电。

闪电的形状有好几种，最常见的有线状（或枝状）闪电和片状闪电，球状闪电是一种十分罕见的闪电形状。如果仔细区分，还可以划分出带状闪电、连珠状闪电和火箭状闪电等形状。线状闪电或枝状闪电是人们经常看见的一种闪电形状，它有耀眼的光芒和很细的光线，整个闪电好像横向或向下悬挂的枝杈纵横的树枝，又像地图上支流很多的河流。

闪电通路中的空气突然剧烈增热，使它的温度高达15 000～20 000℃，因而造成空气急剧膨胀，通道附近的气压可增至100个大气压以上。紧接着，又发生迅速冷却，空气很快收缩，压力减低。这一骤胀骤缩都发生在千分之几秒的短暂时间内，所以在闪电爆发的一刹那间，会产生冲击波。冲击波以5000米/秒的速度向四面八方传播，在传播过程中，它的能量很快衰减，而波长则逐渐增长。在闪电发生后0.1～0.3秒，冲击波就演变成声波，这就是我们听见的雷声。

提起台风，人们的眼前总是会浮现一幅幅可怕的景象。天昏地暗，暴雨倾盆，大海中航行的船如同一片树叶般被抛来抛去，海岸边巨浪滔天，一个浪头就席卷了海岸上的一切。几十米高的大树被飓风连根拔起，屋顶也被巨大的风揭开……然而，你想过有一天亲临其境，站在暴风的中央去领略这壮丽的奇景吗？

台风是一个典型的海陆水循环的气象事例。台风生成在赤道附近的热带海洋上。赤道附近，太阳终年直射海面，海水吸收并储存了大量的太阳能量。海洋又不断地把水分和能量供给海面上的空气，海面上高湿高温的空气加速旋转上升形成热带风暴。热带风暴产生于菲律宾以东的太平洋上，达到一定强度，向我国和日本方向运动的称为台风。在大西洋加勒比海生成、袭击美洲大陆的叫做飓风。

台风在其形成之后的移动过程中，其行进路线是十分奇怪的。虽然总的说来是往西往北的大陆方向前进，但在大气环流场的复杂影响下，台风在移动过程中有左右摆动或打转等奇怪运行路线。我国东部沿海地区，北至辽宁，都有可能受到台风的袭击。

台风由于巨大的能量，所以会对途经地区造成许多巨大的破坏，如毁坏地面设施、摧毁农作物等，破坏力极强。而台风在海洋上带来的暖湿气流则会造成连绵的暴雨，甚至当台风登陆后，其中心气压值已大大升高，风力变得较为微弱后，暴雨仍能在当地徘徊很长一段时间，除了引发洪涝灾害外，还有可能造成山体滑坡、泥石流。可以说，台风带来的危害是巨大的。凡事利弊往往相依而存，我国长江中下游地区往往在台风暴发时正处于伏旱，台风带来的降水可以大大缓解这些地区的旱情。

沙尘暴是一种十分可怕的自然灾害。当沙尘暴发生时，巨大的风吹起了风源区的细小的沙粒和石粒。由于沙石的量极为巨大，空气变得污浊不堪，能见度大大降低，就如同天空中覆盖着厚重的云层一样，真可谓是遮天蔽日。而同时，沙尘暴也给人们的生活、自然环境带来了巨大的影响。空气中众多的沙尘使得人们出行时呼吸困难，小沙粒和石子甚至可以划破人的皮肤。携带细沙粉尘的强风可以摧毁建筑物及公用设施，造成人畜伤亡。风中携带的大量沙石在风速减弱时就会沉积下来，掩埋农田、道路、沟渠等，对于农业和交通的影响巨大。大风还会吹走影响区的土壤颗粒，使得土地退化，土壤肥力下降。当然，风携带来的沙石颗粒还会造成严重的大气污染。所以说，沙尘暴是一种危害十分巨大的自然灾害。

沙尘暴对我国历来有着巨大的影响，历史上最早记载的沙尘暴可以追溯到汉朝。最近十年来，由于自然环境破坏的加剧，沙尘暴对环境的影响越来越多地受到人们的关注。我国的北部地区近年来常常受到大规模的沙尘暴侵袭，尤其是首都北京到了春天便屡屡出现沙尘蔽日的景象。前面已经说过，要产生沙尘暴，必须首先要有沙尘的源地，而影响北京的沙尘主要来自北部附近的草原和荒漠地带。经常是起自中亚、蒙古南部荒漠区，经过蒙古高原草原区继续加速，大量沙尘参与，最终形成了影响华北等地区的大规模沙尘暴。因此，北方草原地区，特别是临近的锡林郭勒草原是关键地带。而目前我国内蒙古草原上由于聚居的人群越来越多，加重了草原的负担，使得草原的沙化较之以往更加严重，也使得近年来沙尘暴的规模与破坏程度都极大地增加。

## 阅读提示

一般说来，在旅行中遇到阴雨天气并不是什么好事，因为降雨会给户外的活动造成诸多的不便，湿滑的道路也会给户外活动增添危险，如果雨下得过大甚至会影响行程。但凡事皆有利弊，雨天的景色也可以说是旅游的“意外收获”，因为许多景观在晴天是无法欣赏到的。就以山地为例，降雨使得树木葱茏，青翠可爱。尤其是山地的水体景观，在雨天才能充分展示其流动的美丽。雨天的瀑布较之晴天的瀑布要壮观有气势得多。山径小溪这时由于汇集了大面积的地表径流，展宽了许多，混浊的溪水滚滚而流，发出轰鸣，也是别有一番粗犷的情调。这样的美景，千万不能错过。

雷鸣电闪往往是暴风雨的征兆，所以在外旅游遇到雷暴也是不好的事情，尤其是户外活动时，雷电会对人造成一定的危险。但雷电也为我们留下了一些景观，最常见的莫过于被电烧焦或劈开的大树了。有些大树被电击后已经被劈为两半或树干已被烧空，但依然坚强地活着，引起人们的赞叹。

台风作为一种危害巨大的天气现象，近距离的观察它是十分危险的，但是，这也正构成了它独特的魅力。目前我国就有人提出要开发台风景观。首先，从气候条件看，海上多台风时段正是七八月海岛的旅游旺季，观赏台风可以与海岛旅游相结合；其次，目前我国的气象监测网已较为严密，地球上任何一个角落中生成的热带风暴从一开始形成就立即能被气象监测网所跟踪观测。传递迅速的风暴气象情报，对于旅行社和导游十分有用，为观赏台风提供了气象科技保障；第三，目前许多海岛都有钢筋框架结构的房屋，如果在室内观赏台风，安全性强，有惊无险；第四，便利的交通条件使观赏台风成为可能，不会出现“进去出不来”的情况。这样看起来，也许有一天我们真的可以站在狂风暴雨之中看看天地如何在我们的眼中变色。

沙尘暴与台风一样，通常也作为一种灾害性天气来处理。沙尘暴过处不仅给人们的出行带来极大的不便，而且还会使得周围环境都蒙上一层沙尘，降低了旅游景观的美感。所以，在旅游过程中遭遇到沙尘暴时，导游可以向游客讲述有关沙尘暴的科学知识，还可以向游客宣传保护环境的思想。

## 知识问答

### 为何巴山以夜雨而闻名?

唐朝大诗人李商隐的名作《夜雨寄北》中写道：“君问归期未有期，巴山夜雨涨秋池。何当共剪西窗烛，却话巴山夜雨时。”这首诗让西蜀巴山的夜雨名闻天下。为什么偏偏巴山的夜雨能够出名呢?

这里的巴山不仅指大巴山，而是泛指了四川的山地。四川盆地的夜雨率一般在60%～70%。如此之高的夜雨率，怪不得大诗人李商隐要和夫人好好谈谈在四川那些绵绵不断的雨中度过的孤寂的夜晚了。

四川多夜雨，是有它的地理条件决定的。原因主要有两个方面：一是盆地内空气潮湿，天空多云。白天云层使地面接受太阳辐射减弱，云层下部接受地面的长波辐射相应减少（地面向外辐射的波波长相较太阳辐射的光波的波长要长，故被称为长波)。这使得大气对流不旺盛，不易致雨。夜晚，云层下部和地面之间通过多次辐射、吸收，再辐射、吸收的过程，使云层下部的温度不致降得过低。相反，云层上部辐射散热快，温度下降快，云层上冷下暖，大气层不稳定，易造成对流而凝结致雨。二是在靠近山地的地方，晚上由于山坡辐射冷却，冷空气沿山坡下沉，抬升盆地内的暖湿空气而形成降水。

### 为何会有多种多样的雷声?

人们常说的炸雷，一般是距观测者很近的云对地闪电所发出的声音。在这种情况下，观测者在见到闪电之后，几乎立即就听到雷声；甚至有时在闪电的同时听见雷声。因为闪电就在观测者附近，它所产生的爆炸波还来不及演变成普通声波，所以听起来犹如爆炸声一般。

如果云中闪电，雷声在云里面多次反射，在爆炸波分解时，又产生许多频率不同的声波，它们互相干扰，使人们听起来感到声音沉闷，这就是我们听到的闷雷。一般说来，闷雷的响度比炸雷来得小，也没有炸雷那么吓人。

拉磨雷是长时间的闷雷。雷声拖长的原因主要是声波在云内的多次反射以及远近高低不同的多次闪电所产生的效果。此外声波遇到山峰、建筑物或地面时，也产生反射。有的声波要经过多次反射。这多次反射有可能在很短的时间间隔内先后传入我们的耳朵。这时，我们听起来，就觉得雷声沉闷而悠长，有如拉磨之感。

## 为何要给台风命名?

因一个热带气旋常持续 1 周以上，在大洋上同时可能出现几个热带气旋，有了名字，就不易混淆。据说，首次给台风命名的是 20 世纪早期的一个澳大利亚预报员，他把热带气旋取名为他不喜欢的政治人物，借此，气象员就可以公开戏称政治人物。

在西北太平洋，正式以人名为热带气旋命名始于 1945 年，开始也只用女人名，以后据说因受到女权主义者的反对，从 1979 年开始，交替使用一个男人名和一个女人名。2000 年 1 月 1 日起，西北太平洋地区启用了一套完全不同于以往的新命名表，它们均采用由 WMO 所属的台风委员会成员的 14 个国家和地区所提供的亚洲名字。新名表有两个与其他地区热带气旋命名表显著不同的特点。第一，极少用人名，大多使用了花、动物、鸟、树甚至食品等的名字，有些还是描述性的形容词；第二，名表没有采用名字的字母顺序，而是按提供名字的国家或地区的字母顺序。每个国家和地区提供 10 个名字，名表中共有 140 个名字。中国内地和中国香港地区各提供了 10 个名字。中国内地提供的名字有：龙王（Longwang）、悟空（Wukong）、玉兔（Yutu）、海燕（Haiyan）、风神（Fengshen）、海神（Haishen）、杜鹃（Dujuan）、电母（Dianmu）、海马（Haima）、海棠（Haitang）。中国香港所提供的热带气旋名字有：启德（Kai-tak）、珊珊（Shanshan）、万宜（Man-yi）、玲玲（Lingling）、凤凰（Fung-wong）、欣欣（Yanyan）、彩云（Choi-wan）、婷婷（Tingting）、马鞍（Ma-on）、榕树（Banyan）。

### 沙尘暴的形成需要什么条件?

沙尘暴的形成需要以下三个条件：第一是沙源，提供细小的沙粒。地面上裸露的干燥、疏松的物质等可以形成沙源，如沙尘、沙漠和粉尘；第二是动力条件，即大风；第三是环境气候条件，如降温。在这三个因素中，大风是卷扬沙尘的动力，沙源是形成沙尘暴的物质基础，而不稳定的空气是将沙尘卷入高空的热力条件。也就是说不稳定的空气产生强风，强风卷起地面上裸露的干燥、疏松的沙尘，便产生了沙尘暴。

### 沙尘暴有没有益处?

作为一种自然现象，沙尘暴其实也是有着一定的益处的。首先，沙尘暴有利于成云致雨。因为空气中的水汽凝结，除了需要温度条件外，空气中的凝结核也是重要的条件之一。而沙尘暴中所含有的大量沙尘正好为水汽的凝结提供了大量的凝结核。在许多沙漠地区，虽然常年干旱少雨，但天空中却并不缺乏白云，就是因为沙漠上空沙尘非常多。其次，沙尘暴有利于缓解酸雨。我国北方地区工业比较发达，大型工厂比较多，但北方地区却较少发生酸雨。原来北方常有沙尘天气，而沙尘含有丰富的钙等碱性阳离子，这些外来的和地面扬起的碱性沙尘都能有效地中和酸雨。最后，沙尘暴还有利于海洋生物的生长。沙尘所带来的铁和磷正是海洋生物生长所需而海洋中含量较少的。

## 景区景点链接

### 中国风雨雷电及特殊的天气景观

雨是一种经常发生在身边的自然现象，人们常说的“雨景”并非是专属于某些旅游景点的自然景观，但是我国仍然有许多以雨闻名的景点。比如山地由于降雨较多，自然环境又比较优美，因而形成以雨为主的景观，如峨眉山的“洪椿晓雨”、鸡公山的“云头观雨”、麦积山的“麦积烟雨”。此外一些具有特色的雨也可以形成旅游景观，如因我国诗人李商隐的名诗而蜚声天下的“巴山夜雨”。江南地区的梅雨也因为是诗人们经常吟咏的对象，也具有很大的吸引力。

雷电的故乡在天空中的积雨云中。我国由于大部分地区处于温带，只有夏季出现高温时才能使水滴猛烈汽化而膨胀，因此各地雷暴一律以夏季为最多。我国雷暴最多的地方在云南的西双版纳和广东琼雷地区，一年中平均的雷暴天气都在120天以上。在广东省，甚至有个以雷命名的雷州半岛。

台风与沙尘暴都是破坏性极强的自然灾害天气，目前尚不能完全作为旅游景观来看待。但随着技术的进步和人们旅游需求的多样化，这些灾害也不是没有可能成为人们喜闻乐见的自然景观。

除了这些景观之外，我国还有一些气象之最。这些地方在长期受一个极强的气象因子的影响，因而形成独特的吸引人的景观。

最热的地方　中国最热的地方要算是新疆的吐鲁番盆地了。其绝对最高气温达到47.8℃，7月平均最高气温40℃，7月平均气温33℃，每年炎热日平均有100天，酷热日数每年有38.2天，其中6月下旬至8月下旬，每旬中总有9天以上最高气温超过40℃。所有这些指标都居于全国之冠，这里是中国最大也是最热的火炉。在小说《西游记》中让齐天大圣孙悟空一筹莫展的八百里火焰山，据专家考证，其原型就是这里。

最冷的地方　黑龙江的漠河。据多年的观测所得到的结论，漠河一月平均气温多在－30.6℃左右，每天都出现－35℃的低温值，全年低于0℃的日子长达241天，低于－10℃的日子为175天，低于－20℃的日子为139天，低于－40℃的日子为35.1天，整个冬季长达8个月之久，无霜期仅有五六十天。特别是在1969年2月13日创造了－52.3℃的低温，打破了1月21日新疆富蕴创造的－51.5℃的低温纪录。虽然这里如此严寒，却是一处旅游的好地方。因为在这里短暂的夏天中，人们可以来这里避暑，看日出，而且还有机会看得到极圈地区绚烂的极光。

最干燥的地方　说起干燥，人们首先就会想到遍地黄沙的大沙漠，那里黄沙万里，满目都是不毛之地。被副热带高压所控制的沙漠盛行下沉气流，降水非常少。而高温又带来了巨大的蒸发量，使得这里难觅水踪。我国最干燥的地方也就在沙漠戈壁中，如新疆的塔里木盆地、吐鲁番盆地、柴达木盆地，甘肃的河西走廊等，年平均降水量都在50毫米以下。其中吐鲁番盆地西侧的托克逊年平均降水量只有5.9毫米。而在盆地南侧的觉勒塔格荒漠及塔克拉玛干沙漠内部，甚至全年没有降水，是全国雨量最少的地区，是名副其实的干极。

*降水最多的地方* 虽说降水是由大气带来的，但真正降水多的地方却几乎都是受地形的影响比较大。原来，空气在翻越高山的时候，伴随着气温降低，空气中能容纳的水汽量迅速降低，多余的水分就降落下来。就我国而言，四川盆地中的峨眉山年平均降水量达到1400毫米以上，最多一年为7609毫米，创造了我国大陆年平均降水量最多的纪录。喜马拉雅山脉南坡由于来自印度洋的湿润气流北上遇到巨大山形的阻挡，在这里降下大量的水分而成为我国大陆年降雨量的冠军。还有一处多雨区在台湾岛中央山脉的迎风坡，年平均降雨量为4413.4毫米，1920年甚至高达6960毫米。我国真正的“雨极”还得算基隆东南面14公里处的火烧寮，年平均降水量高达6489毫米，其中最多的1921年降水量曾达8409毫米。

*降雪最多的地方* 我国积雪和降雪日数都以东北为最多。据观察记录，这里全年降雪日数可达30天以上，其中黑龙江西北部的“冷极”地区全年平均降雪日数可以达到77.5天。在我国的图里河，有一年曾出现过118天的降雪日数，是我国降雪日数的冠军。

# 第六篇 动植物景观

# 动植物景观的成景因素

## 背景分析

地球是一个充满了生命的星球，是无穷的生命让地球变得与众不同，是无数奇妙的生命让地球如此的绚丽多姿。

地球上的生命起源于海洋，在海水里，各种有机物质进行了十分复杂的化学反应后，终于产生了能够生长与繁殖的新的物体，这就是生命最初的起源了。

地球上的生命大约在35亿年前形成，经过漫长的地球与生物演化，这些生物与其生命活动的区域一起构成一个有生命的、具再生能力的生物圈，它包括大气圈的下层、水圈、土圈和岩石的表层，厚约20公里。其中大部分生物个体集中分布在地表上下约100米厚的、环绕地球的薄层范围内。

生命的产生，给我们生存的地球带来了巨大的影响。

我们今天成分相对稳定的大气的形成在相当程度上应归功于动植物。在今天的大气中，氧气约占了其中的21%。而氧的化学性质是相当活泼的，很容易参与到化学作用中去。而且人类与其他一切生物在进行呼吸作用时，都需要消耗空气中的氧。因此，如果没有绿色植物的光合作用合成氧气的话，大气中的氧很快就会消耗殆尽，生命的繁衍也就无从谈起了。大气中氮的存在则是因为另外一种不弱于光合作用的过程——细菌分解各种氮化合物而析出氮。

生命的产生在地球上已经有了几十亿年的漫长历史。在这个过程中，生物所起的作用不断的强化扩大，对于地球表层景观产生了巨大的影响，坚硬的岩石在顽强的生命面前也要退避三舍。生物风化是岩石风化过程中非常重要的一项，植物的根系生长可以撑破岩石。在一些山区经常会出现一棵大树从一块巨石中长出、而且将巨石劈开的“根劈”现象。动物可以在岩石表面进行挖掘和穿凿。生物的各种分泌物含有多种化学物质，可以腐蚀岩石，或成为溶剂溶解岩石表面的物质。然而，生物又会参与到岩石的构造中去。我们所看到的夹在片片岩石间的动植物标本就说明动植物的遗骸已经成为了岩石的一部分。实际上，许多岩石在亿万年前就是地表的土壤以及土壤上的堆积物。随着时代的迁移，原先的地表慢慢为后来的物质所覆盖，或者是因为地质活动而沉到了地下。这些地表物质在巨大的压力与漫长的时间作用下就成为坚硬如铁的岩石。而动植物的遗体自然也就随着这些地表物质成为岩石的一部分。所以，如果说地球的内力、大气的运动、流水的运动、温度的高低变化塑造了地貌的骨架的话，生物则在这个骨架上精雕细琢，并赋予这个骨架以血肉和生机。生物对于地貌的改变最令人赞叹的莫过于珊瑚礁了。个体非常小的珊瑚礁在漫长的岁月中累积的尸体居然可以高达几十米甚至上百米，还能够从海底出露到海面形成面积很大的岛屿。

生物具有富集金属元素的本领，因此，许多金属矿床的形成都要依赖于生物的活动。如，铁、锰矿的形成，就是有些微生物能够从外界吸取分散的金属，把它们集中在自己的身体内；当这些生物死后，这些聚集的金属元素就在它们死亡的地方沉积起来。

生物作用于周围的环境，周围的环境自然也会作用于生物。事实上，生物的分化与进化在很大程度上都是在对周围环境进行适应的结果。在漫长的进化过程中，地球表面的任何一个角落都出现了生物的足迹。生物在与周围环境的不断协调中慢慢形成了一个个各具特色然而又都高度和谐的统一体，就宛如一首首巧心构思的交响乐，虽然结构规整，旋律优美，却完全是自然的无心之作，令人称奇。

生物的出现改变了地球的环境。但是，生物毕竟是地球环境的产物，周围环境如何对于生物的生长发育、交配繁殖具有决定性的影响。当周围环境发生变化时，生物为了适应环境变化带来的对于自身的影响，不断地改变自己的外形习性等。在环境与生物不断作用的过程中，就形成了一系列有趣的景观。这也就是动物对环境的适应过程。

生存，对于生活在这个星球上的大多数动物而言几乎是全部生命的唯一意义。它们必须不停地寻找食物，寻找合适的栖居场所，小心翼翼地在这个强敌环伺的环境中度过生命中的一天又一天。这初看上去很残忍，但强者生存却不仅仅是生物生存的残酷法则，而且也是促进生物进化的重要因素。激烈的竞争和严酷的环境保证了能够发育到成熟期的个体的健壮，从遗传学的角度上看可以为其下一代提供优良的基因；而且生物在这样的环境中生存，需要其身体的机能不断地强化锻炼，对于高等动物而言还需要积累大量的生存经验，这样动物的机能在后天的发育中不断地被强化，可以更好的生存下去。

竞争不仅是生物界中的法则，也是协调生物和环境间关系的重要法则。一定空间在一定时间中所赋存的资源总是有限的。任何一种生物包括我们人类在内都无法无限制的增长和生长，而调节生物种群并使之与环境和谐的往往就是生物种群之间或种群内部的竞争。

然而，生物们为了生存也并不是一味的相互残杀，激烈竞争。面对复杂多变、严酷可怕的大自然，生物们也会同仇敌忾，互相帮助。我们所见到的群居动物，如狮子、狼，或是具有社会性的动物，如蚂蚁、蜜蜂就是这方面的典型。还有许多生物在自然竞争中结成共生关系，一种生物向另外一种生物提供某种福利或便利，而同时也从那种生物那里得到一定的好处。我们都知道鳄鱼生性凶残，但却为飞到它血盆大口里在它的牙缝之中挑肉吃为自己剔牙的小鸟大开方便之门。

## 阅读提示

对于今天的旅游者而言，动植物是自然界中最富有生气的组成部分。单有山清水秀，自然界依然是单调的；只有再加上鸟语花香，自然景观才能变得生机勃勃，令人流连忘返。自然景观资源中的风景地质、地貌、水、气候等要素都是无机的因素，它们的活动只是在能量的流动驱动下的物质转移，没有属于生命的那种律动。动植物可以感知阴晴雨雪、黑夜白昼、四时流转以及周围环境的改变，并针对这些改变对自身的生活方式进行调整，从而能够更好地适应周围的环境。生物的这种适应性，对于我们人类有着很大的启示，许多动物适应艰苦环境的韧劲更是令人十分敬佩。动植物们也是我们人类很好的老师。随着人口的日渐膨胀，环境却在日益恶化，全世界掀起了生态旅游的热潮。居住于城市的人向往走出城市，回归自然。这里除了希望感受更好的环境因素之外，那些铺满了大地的绿色植物、在自然中自由生活的野生动物也是整天生活在水泥丛林中的现代人渴望一见的景观。

蜻蜓点花

我们今天所看到的各种各样的动植物表现出的不同的外观，无不是动植物在漫长的演化过程中适应环境的结果。就以植物为例，我们今天所看到的高等植物大部分都具有根茎叶花等不同器官的划分，各种器官都具有不同的功能，各种器官分工合作，使得一粒种子可以茁壮成长为参天大树。然而同样是植物，不同的植物为了适应不同的环境也会产生区别。同样是乔木，温带的乔木为了度过干燥寒冷的冬天而必须使得叶子变黄脱落，热带的乔木则一年四季常绿，不需要落叶的过程。在动物界中我们也同样可以发现类似的情况。据研究，低温可以延缓恒温动物的生长和性成熟，并使得动物可以活得更久，长得更大些。因此同类恒温动物在寒冷地区的个体通常比在温热地区的个体大，例如我国东北虎的躯体就要大于华南虎的躯体。这被称为贝格曼定律。另外，哺乳动物其身体的突出部分，如四肢、尾、耳等在寒冷地带的通常要比温暖地带的有明显的缩短现象，这个被称为阿伦定律。

不仅是生物的形态，看似千奇百怪的生物的行为归结到最终也都是在不断适应环境的过程中慢慢形成的。这里尤以活动性较强的动物表现得最为明显。在炎热夏季鸟类多活动于晨昏时刻；许多动物以冬眠、夏眠或迁徙等方式抵御高温或低温的威胁。在海洋中，自下而上的上升流会带来大量的微生物，这为鱼类提供了丰富的食物。于是当上升流出现的时候鱼类就会离开自己惯常的栖息地，追逐这股上升流。

动植物在生存的过程中所遇到的最普遍的情形就是竞争了。

所谓“竞争”，是指种内或种间的两个或更多个个体间、由于它们的需求或多或少地超过了共同资源的供应而产生的一种生存斗争现象，所以在这些竞争着的个体间相互施加着不利的影响。简单地说来，某一区域内的资源在某一时间内总是有限的，而生物种群的个体数量如不加限制是一直在增加的，这就必然导致了生活在同一时空中的生物之间相互竞争。从物种关系来考虑，竞争则分为种内竞争和种间竞争。种内竞争是指同一物种不同个体之间对资源的竞争，种间竞争是指两个或多个物种之间对资源的竞争。

然而，无论什么样的生物，其能力必然有限，其所具备的本领通常也仅限于一个很小的范围内，而另一种生物有时就可以“恰好”弥补这种生物的这个缺陷。而助人为乐的生物通常也不是毫无所求，被帮助的生物有些特点正好可以被施以援手的生物所利用。所以，谁帮助了谁难以说清，这两者之间结成了一种共生的关系。互利共生是指两种生物生活在一起，彼此有利，两者分开以后都不能独立生活。人和人体肠道的正常菌群之间也是共生关系。人体肠道的正常菌群在一般情况下它们的巨大数量足以排阻和抑制外来肠道致病菌的入侵，还为人提供维生素 $B_1$、$B_2$、$B_{12}$、K、叶酸等营养物质。而人体肠道为这些微生物提供良好的栖息场所。当人长期服用广谱抗生素致使肠道中正常菌群失调后，就会出现维生素缺乏症。海洋生物群落中共生现象也十分普遍，如小丑鱼和海葵之间、某些小虾和海葵之间、珊瑚鳟和隆头鱼之类担任“清洁工作”的鱼之间的关系。太平洋中有一种大珊瑚——石芝，呈美丽的翠绿色，非常漂亮，这是因为其组织中共生着一种微小的海藻的缘故。

## 知识问答

### 影响生物分布的两大因素是什么？

这两大因素一曰水分；一曰热量。它们的影响产生了生物分布中最为重要的两条规律，一个是水平分布规律性，一个是垂直分布规律性。热量，其来源自然是太阳辐射，由于地表接受的热量从赤道至两极的规律性差异，形成了不同的热量带，因而地面上的陆地生物群也呈带状从赤道向两极更替。这种沿纬度方向有规律的生物群的分布，称为生物群分布的纬度地带性。人们对于这种分布规律研究最深入的领域在于植被类型中，我国由北至南，我们可以看到苔原（在我国很少分布）—针叶林—针阔混交林—夏绿阔叶林—常绿阔叶林—季雨林—雨林这种序列的更替。越往南，植物群的生产力越高。同时，在陆地同一纬度的不同地点，各地的水分条件由于与海洋的距离不同、大气环流和洋流性质的影响，差异往往十分明显。水分条件的差异，使生物群的分布呈现出从沿海向内陆呈带状更替。生物群这种因水分差异而大体上按照经度方向呈带状依次更替的现象称为生物群分布的经度地带性。这一点在我国北部温带地区植被类型的变化上体现的尤为显著。从我国北部降水丰沛的松嫩平原地区往西，气候越来越干燥，植被类型也逐渐由森林演变为草原、草甸，最后成为荒滩戈壁。

垂直分布规律也同样是水热分布状况在生物界中的反映，生物群随着海拔高度的增加而发生更替。在较高的山地上，从下往上依次出现不同的生物带，它们在外貌结构上均产生一定的差异。随着海拔增加，气温下降，风力增加，在高山上常因风的影响限制森林向上分布。在爬山的过程中，注意一下不同高度的植被变化，留心阴坡与阳坡植被的不同，也是十分有趣的。

## 生物适应的两大趋势是什么?

生物对于环境的适应有着趋同与趋异两大趋势。趋同就是指不同种类的生物由于生活在相同或相似的环境中、受到生态因子的长期作用、产生相同或相似的适应方式。如鲸、海豚等和鱼的亲缘关系很远，前者是哺乳类，后者是鱼类，但体形相似；植物种类繁多，但依据其生态习性可分为乔木、灌木、草本、藤本等几大类。趋异指同一种生物由于不同环境的影响，在形态、生理和行为等方面产生不同的生态适应。如北极熊是从棕熊发展而来，但随着环境的差异和时间的推移，它们在形态、毛色等方面均有差异，并最终成为两个不同的种类，而且二者在食性上也出现差别，即北极熊肉食，而棕熊却以植物为主要食物。

## 风景生物有何构景特点?

风景生物是自然旅游资源总体系中最富有生气的组成部分，是各地富有生气、动静结合的自然风光的景观综合体。如青海的鸟岛，秦岭山地落叶阔叶林中栖息的金丝猴、熊猫、朱鹮等，它们会使环境山清水秀，鸟语花香，生机勃勃。

风景生物除一般意义上的绿叶红花、森林灌木丛、动物外，最突出的指奇花异草、珍禽贵兽，这其中的“奇、珍、异、贵”，就是风景生物所特有的旅游构景功能。

风景生物虽以自然属性为主，但可利用自然营造部分人造景观环境来适应旅游观光活动的需要。如动物园、野生动物园、植物园、药物园、水族馆、标本馆、森林公园，都是人工造园的风景生物景点。

除人工造园外，一般多数动植物不单独构成景点，只对其所在地景色起装点、打扮强化的辅助作用。如九寨沟主体水景配以绿色的树木、晶莹的雪峰、原始的山野趣、珍贵的动植物，吸引众多游人。

风景生物种类数量繁多，生态环境三维分布（地表、地面、地下、土内、水下、空中）。各生物有不同的生活习性、色彩、造型……可满足人们不同的观赏目的：娱乐、狩猎、垂钓、疗养、考察、交易、使用等。

风景生物可以根据生态环境遗传等特点被引种、栽培、饲养、驯化，根据旅游环境的需要更新、增减、替代、补充，以构成新的旅游环境。

## 什么是动物的拟态？

拟态，通常指的是某些生物在进化过程中形成的外表形状或色泽斑，与其他的生物或非生物异常相似的状态。拟态包括三方面：模仿者、被模仿者和受骗者。生物的拟态是一种很有趣的自然现象，被认为是生物长期适应环境的必然结果。有了它，生物可以逃避敌害、捕捉猎物、帮助传粉和繁殖后代等，更有利于生物在复杂多变的自然环境中求生存。生物的拟态种类多种多样，有些生物会模仿环境中的非生物，如枯叶蝶（仿枯叶）、负泥虫幼虫（仿鸟的粪便）、南美鲈鱼（仿漂浮于水面上的败叶）、藻屑蟹（仿海底岩石）；也有一些生物模仿环境中的生物，如叶（仿叶）、竹节虫（仿竹）、雀纹天蛾幼虫（仿蛇）、举尾虫（仿蝎）等。

伪装成树枝的虫

生物的拟态可以分为两种类型，一是贝氏拟态，即由模型、拟态生物和信号接受者三部分组成的系统。例如尺蠖的幼虫在树皮上斜伸不动，和小树枝一样。这种拟态的特点是一种生物由于模拟另一种生物而获得的生存优势。另外一种拟态是著名的缪勒拟态，是 19 世纪德国动物学家 Fritz Mller 命名的，他首先描述了这种现象。在这种拟态类型中，许多没有联系的生物在形态和行为上彼此相似，形成看上去是一群的效果，从而得到好处。由于在这一拟态系统中没有欺骗，模型与拟态生物没有明显区别，无所谓谁模拟谁的问题，所有参与者贡献相同，共同获益，这些与贝氏拟态显然不同。因此许多生物学家认为这不是真正的拟态，只是生活在相同环境中的生物以相似的方式进化的结果（即趋同进化，典型的例子是沙漠中肉质植物的进化）。

# 野生动物景观

## 背景分析

动植物是自然景观中富有生机与活力的部分，它们使得自然界变得色彩绚丽、丰富多彩。其中动物更是深受人们的喜爱，它们可以灵活地运动，具有可爱的外形，还可以和人进行一定程度上的交流。所以，在许多地方，动物景观都可以成为主要的旅游资源与旅游项目。

风景动物有野生和家养动物两类，其中不少动物具观赏特点，成为自然旅游资源的重要组成部分。风景动物的观赏构景功能源于动物在形态、生态、习性、繁殖、迁移、活动等方面的奇特性、珍稀性、表演逗乐性、食用疗疾性等。

我国幅员辽阔，气候类型多样，有着各种各样的地貌环境、土壤类型和森林植被的分布。因此，我国动物的种类也非常多。珍稀的动物也为数不少，一些动物如大熊猫等更是作为国宝被人们所珍爱。我国的这些珍稀动物还成为我国形象的象征，让其他国家的人一看到这些动物的形象，就可以联想到遥远的东方和神秘的中国。

由于人类历史以及科技发展水平的关系，海洋对于人们永远显得那么神秘莫测。但当人们开始把自己探索的视野投入茫茫大海中时，立刻就为海洋那无边无际的美丽所折服。所以越来越多的人拥向海边，开展了各种各样与海洋有关的旅游。而珊瑚礁，由于被人们认识的较早，而且是海洋生物聚居的场所，是近来海洋旅游的热点景观之一。

珊瑚虫是海洋中的一种腔肠动物（没有内脏，身体只有一个空腔），它能捕食海洋里细小的浮游生物，在生长过程中能吸收海水中的钙和二氧化碳，然后分泌出石灰石，变为自己生存的外壳。每一个单体的珊瑚虫只有米粒那样大小。它们一群一群地聚居在一起，一代一代地新陈代谢、生长繁衍，同时不断分泌出石灰石，并黏合在一起。俗称中的珊瑚是指珊瑚礁，是珊瑚死后留下的骨骼和外壳体。古人常用“千年一开花，千年一结果”形容珊瑚生长的艰辛，其生长速度十分缓慢，最快也不过每年 1 厘米左右，生成一支高约半米的珊瑚需几百年甚至上千年，地球上的珊瑚积聚生长了 2.5 亿年，才有今天的形态和规模。珊瑚礁形成了今天世界热带海洋中的许多岛屿和礁石，甚至在大洋上的一些海岛国家的全部领土都是由小小的珊瑚虫（也包括一些能分泌石灰石的藻类植物）经过千万年努力建造起来的。所以人们称珊瑚虫是海洋上伟大的建筑师。

珊瑚礁既是珊瑚居住的场所，也是许多海洋生物十分喜爱的栖息地。它为深海中的植物提供了附着地点，让其可以接受到更多的阳光。也正是因为如此，珊瑚礁生态系统有着很高的生产力，就与地球上的热带雨林一样，可以为各种各样的海洋生物提供其所需的食物。珊瑚礁在全球海洋中所占面积虽不足 0.25% ，但超过 1/4 的已知海洋鱼类靠珊瑚礁生活，并相互依存。人们也因此称珊瑚礁是海底的“热带雨林”。珊瑚礁本身又色彩绚丽，再加上形形色色的海洋生物悠游其间，真如海底花园一般五光十色，令人目不暇接。

在动物们的诸多习性中，迁徙对于人类而言具有谜一样的魅力，人类至今尚无法确切地解释动物为何会不远万里进行大迁徙。迁徙的动物往往成群结队，甚至成百上千，排成浩浩荡荡的阵势进行大迁徙。他们有的不远万里，回到自己的栖息地进行繁殖，不管身在何处都要让自己的子孙在同一个地方出生。

有的动物因为无法忍受冬季的严寒和食物的缺乏而迁徙到较为温暖的地方。有些动物能感知自然灾害的来临，在自然灾害来临之前举家搬迁，以保存自己的生命。

动物的迁徙一般说来极具规律性。海豹和鲸鱼等海洋哺乳动物按照年节律，迁徙到南部水域交配和养育幼仔，然后回游到北方它们的进食基地。灰鲸的迁徙是出了名的。12 月初，它们离开白令海峡，向南方游去，大约在翌年 2 月末抵达加利福尼亚州的墨西哥拔加环礁湖。它们的抵达就像卡匹斯特诺的燕子的到来那样有规律。观光者们不远千里来看这些壮观的哺乳动物的游行。北美的虹鳟鱼在发育成熟之后，总要逆流而上，回到自己的出生地进行繁殖。其行程不下千里，而且经常要在湍急的水流中逆流而上，在遇到河流中的陡坎时还经常上演鱼跃龙门的好戏。

动物在迁徙过程中对于目的地的定位之精确令人惊叹不已。为了准确地回到目的地，这些迁徙的动物们个个练就了一身奇特的本领。比如南美的绿海龟在迁徙时，除借助海流与海水化学成分导航外，还有凭借地球重力场导航的本领。它的日游的特定活动时间是由体内的生物钟确定与控制的。许多鸟类靠着体内的生物钟，在感觉上能随时探知太阳位置，因而总能以太阳位置确定方位，这就是所谓的依据“太阳罗盘”进行的导航。迁飞昆虫之所以能准确无误地到达目的地，是由于它们的机体内含有四氧化三铁，因而具有感觉地球磁极的高超本领。

## 阅读提示

从动物分类的角度来说，动物景观主要由以下这些类型的动物组成。

**（1）非脊椎动物**

就是身体上没有脊椎的动物，如昆虫、各种软体动物以及更低等的一些动物。这些动物数目十分巨大，在自然界中的地位也十分重要。有许多非脊椎动物具有十分艳丽的外形以及奇特的习性，具有很高的旅游价值。在这其中，当属陆地的昆虫与海洋中的许多非脊椎动物最有旅游价值。全世界各地建有许多的昆虫馆，供爱好自然的游客去参观学习。

在非脊椎动物中尤为值得一提的是蝴蝶与珊瑚。蝴蝶是昆虫的一种，因翅上有鳞片，鳞片上生色素粒，而形成五颜六色、金光闪闪的花纹，被人们称为“会飞的鲜花”，受到爱美的人们的喜爱。目前世界已知有蝴蝶 14 000 种，我国有 1300 余种。我国著名的蝴蝶产地有台湾、香港、福建和云南。我国台湾省不仅蝴蝶数量多，而且有许多珍贵的蝶种，还有多处“蝴蝶谷”的胜景，因此人们称台湾“蝴蝶甲天下”。在云南大理有“蝴蝶泉”的著名蝴蝶景观。

珊瑚是热带、亚热带海洋中的一种腔肠动物，在生物学上称为“花虫纲”。珊瑚也被人们称为“石花”，可见其美丽的形态。珊瑚主要由钙质（石灰质）骨架组成，它保护珊瑚虫的活体部分。由于它们的外表和身体的不可动性，人们曾将它们当做植物。大多数珊瑚虫聚集在一起生活。有些种类例如石珊瑚，甚至用它们的骨架逐渐堆积形成巨大的结构——我们所熟知的珊瑚礁。巨大的珊瑚礁可以形成岛屿，我国南沙群岛便是珊瑚礁群岛，世界上最著名的珊瑚礁岛莫过于澳大利亚的大堡礁了。海底珊瑚颜色十分繁多，有白、绿、棕、黄、桃红等，非常漂亮，因此珊瑚也是十分宝贵的装饰品。我国的台湾便是世界上出产珊瑚产量最大的地方。珊瑚对于海洋生态也有重要的影响，生长珊瑚的地方一般海水比较洁净，而且可以引来许多海底植物如海藻等。珊瑚还能为小型的动物提供巢穴，所以珊瑚礁里总是生机勃勃的。因此，珊瑚礁也就成为潜水以及海底观光的合适地点了。

**（2）鱼类**

具有旅游观赏价值的鱼类可以分为两类，一类是人工培养的观赏鱼。这些鱼类我们不仅可以在博物馆、动物园中看到，更走进了人们的日常生活，成为人们的朋友。在这里必须要说一说起源于我国的金鱼。金鱼由鲫鱼演化而成，一般体短而肥，尾鳍四叶，颜色多种多样。在 12 世纪，我国便开始了金鱼家化的遗传研究。目前世界各地的金鱼都是或直接或间接由我国引进的。

当然，还有一种鱼类，也许它们“其貌不扬”，但它们有着奇怪的形状与特殊的习性，有些具有非常特殊的本领。如射水鱼，它有一套高明的射水“枪法”，它可以从自己的嘴中吐出一根高压水枪，用它可以击落岸边和空中飞舞的昆虫。再如游弋于海中的鮟鱇鱼，它有奇特的背鳍骨线，被用作“渔竿”来引诱小鱼上钩。更奇特的是当雄鮟鱇鱼找到自己的伴侣后，就会毫不犹豫地将牙齿咬进雌性身体的柔软部位，依附在妻子身上，合二为一地成为一体，常见的组织排异性面对它们如胶似漆地结合也无济于事。这样一来，雄性鱼就成为依附于雌性鱼的“懒汉”，其各类器官退化，甚至消化系统等器官完全废弃了，只有它的生殖器官功能依旧如前。其所有维持生存不可或缺的氧气和营养成分都从雌鱼的血液中获取。这样，这种懒家伙干脆就变成了无须食物的“吸血鬼”。再如大名鼎鼎的电鳗，它可以从特有的器官中放出电压来电死猎物。但是这些奇特的鱼类却不易看见，也很难成为稳定的旅游资源。好在现在人们对于自然和动物的兴趣日益高涨，各地都修建了水族馆，有兴趣的人们可以去那里一睹为快。

**（3）两栖爬行类**

具有观赏价值的两栖爬行类动物主要有蟾、蛙、鲵、龟、鳄、蛇等。这些动物不仅其貌不扬，而且大都外貌丑陋，有些甚至阴森恐怖，蛇、鳄这些动物更使人毛骨悚然。但它们却是地球上古老的居民，几亿年前的地球上就有了它们的身影。在漫长的年月中它们的进化却十分缓慢，是活着的“动物化石”。

**（4）鸟类**

赏鸟是一种世界性的风尚，我国也不例外。我国同时也是世界上的多鸟之国，计有81科，1186种（包括亚种达2145种），占世界鸟类总数的14%，比欧洲、北美洲都多。

具有观赏价值的鸟类主要由以下几种构成。

观形鸟类　如世界上最大的鸟类——鸵鸟。鸵鸟身躯庞大，可达2米长，2.75米高，体重90公斤。它的翅膀不足以负担这么大的体重，所以它无法飞翔，但它长有强有力的双脚，是跑步健将。再如世界上最小的鸟类——蜂鸟，我国称太阳鸟。最小的古巴蜂鸟体重仅1克。还有我国人民十分喜爱的丹顶鹤，被中国人称为“仙鹤”。它身姿秀丽，举动优雅，引颈高鸣，展翅作舞，行止有节，被古人看做是秉承了天地灵气的鸟，是“神鸟”，被赋予了许多幸福吉祥的意义。

观色鸟类　鸟类长有羽毛，这就如同一件外衣。大自然赋予了这件外衣以艳丽的色彩，常让我们人类叹为观止。中国的红嘴相思鸟、绣眼黄鹂、孔雀等都是深受人们喜爱的艳丽的观赏鸟类。

正因为鸟类羽毛漂亮多姿，因此也成为人们的装饰品，这也就为许多鸟类带来杀身之祸甚至灭顶之灾。世界上最美丽的鸟——极乐鸟就因为人们对其华丽羽毛的疯狂追逐而迅速减少。

听鸣鸟类　我国著名的听鸣鸟类有画眉、百灵、鹦鹉、鹪鹩等。画眉是我国著名的听鸣鸟类，它鸣声嘹亮，悦耳动听，并能模仿很多鸟类的鸣声，深受人们的喜爱。八哥是我国华南常见的留鸟，它也擅长模仿他鸟音调，甚至能效人言。世界上著名的鸣鸟还有澳大利亚的琴鸟，它是澳大利亚人最爱戴的鸟类。它鸣叫的声音很像铜铃，鸣声悦耳，胜盖百鸟之声。它模仿的各种声音不下数十种，如马嘶、狗吠、锯木声、喇叭声等等，几乎鸟类、哺乳动物和人类活动发出的声音它都能模仿出来。

此外还有一些生性奇特的鸟类也使得人们十分感兴趣。如生活在冰天雪地的南极里的企鹅，因为它们可爱的外形，以及能生活在极度严寒中的本领而成为著名的鸟类。

**(5) 兽类**

这里的兽类即主要指哺乳动物类。哺乳动物种类很多，而且很多都具有很高的智慧。人们对于奇兽也总是有着很大的兴趣。总的来说，有以下几种兽类可以作为观赏的对象。

形体奇特的兽类　哺乳动物形体千姿百态。地球上最大的动物——蓝鲸就是哺乳动物。最大的蓝鲸可以达到 33 米长，150 吨重，它的舌头就有 3 吨重。陆地上最大的动物就是大象了。非洲象一般高达 3.5 米，身长 4.5 米，重 5 吨。最高的动物则是长颈鹿，高度在 3.8 米以上，英国曾饲养过一只长颈鹿，它高达 6.09 米。最小的鹿鼷鹿体重只有约三四公斤，只有一只猫那么大。有些动物魁伟雄壮，如稀世之珍东北虎，常被看作是男性雄风的典范，被人们称作“百兽之王”。有些动物则矫捷善跑，如体形匀称的马被看做是精神奋发的象征。还有一些奇特的动物，如我国的特有物种“麋鹿”，俗称四不像，它尾巴似马非马，角似鹿而非鹿，蹄似牛而非牛，颈似骆驼而非骆驼，所以被称作为“四不像”。

色彩多变的兽类　鲜艳的色彩总能引来欣赏的目光。我国海南的坡鹿背部有一条黑褐色的条带，从颈部沿脊梁一直伸到臀部。褐色条带削面，点缀着若干平行排列的白斑。肋和腿部呈土黄色，腹、胸和脚趾则为一片雪白，非常的娇美，宛若一位千金小姐。许多兽类都以其独特的毛色而闻名天下，如我国的珍稀动物大熊猫，除眼圈、耳壳、肩和四肢为深黑色外，其余部分均为乳白色，黑白两色也就成为熊猫的标志性特征。还有金丝猴，雄猴肩上披有长达 35 厘米的金黄色毛，金光闪闪。还有哺乳动物家族中的白色一族，如白熊、白虎、白猴等十分的珍贵。

鸣身悦耳的兽类　哺乳动物中也不乏歌唱家，许多动物的鸣声颇具观赏价值。我国大诗人李白的名作《早发白帝城》中就有“两岸猿声啼不住，轻舟已过万重山”之句。我国海南和云南的长臂猿也是出色的歌唱家。

动作可爱的兽类　哺乳动物的动作或笨拙，以其憨态可掬惹人喜爱；或是动作矫健敏捷使人瞩目。如笨重的大象，长着一条十分灵活的鼻子。大象的鼻子可以作为大象的手，从地上卷起东西，还可以用来打人。经过训练后，大象还可以像篮球运动员一样把皮球放入篮筐之中，当然大象是用的自己的鼻子。再如我国的长臂猿，在树丛中穿梭十分的敏捷，一手勾住树枝，用力一甩就可以飞到十几二十米远的另外一棵树上，空中飞行姿态十分的优美。可当它在地面上行走时，就显得非常的笨拙。两脚蹒跚，而且由于双臂过长，常常把双手举起作投降状，十分可笑。

## 知识问答

### 我国有哪些著名的珍稀动物?

我国有着许多珍稀的野生动物，在世界上享有盛名。

**(1) 大熊猫**

大熊猫又称熊猫、猫熊，属哺乳科猫熊纲，世界著名珍稀孑遗动物。几百万年前，它曾广泛地生活在长江流域和珠江流域，是我国南方的典型动物之一。后来由于第四纪冰川引起气候、食物和环境的变化，再加上敌害的加剧，其分布区域愈缩愈小，现仅分布在四川盆地西部边缘，从西秦岭经岷山、邛崃山至大小凉山一带2000~4000米高的高山上。与其同时代的古动物剑齿虎、猛犸象、巨貘等均已因冰川的侵袭而灭绝，因此劫后余生的大熊猫便显得十分的珍贵，有动物“活化石”之称。大熊猫有文字记载的历史可以追溯到晋朝的《尔雅》中。

大熊猫体色黑白相间，不仅美观而且显得十分有趣。它体形丰满，性情温顺，憨态可掬，十分惹人喜爱。而且由于其极其稀少且具有非常高的科学研究价值而备受瞩目。它现在已经成为了我国的国宝和“友谊使者”，曾作为国家的最高礼品赠送给前苏联、法国、朝鲜、美国、日本等许多国家。由于大熊猫具有很高的国际知名度，世界野生生物基金会就选择大熊猫作为其组织的标徽。

为了保护大熊猫，我国在四川卧龙、王朗、九寨沟等地建立了大熊猫自然保护区。我国还建立了大熊猫的人工饲养繁殖基地。

**(2) 金丝猴**

金丝猴是我国特有的珍贵动物之一。它毛色金黄，光亮如丝，又因其鼻孔向上仰，故又称为仰鼻猴。金丝猴喜群居，常结成百只左右的小群和数百只的大群。其活动范围约在海拔1500~3400米之间。

中国金丝猴包括川、滇、黔三种。滇金丝猴远居滇藏的雪山杉树林中，数量仅千余只；黔金丝猴仅见于贵州梵净山，数量才700多只；大家比较熟悉的当属川金丝猴，川金丝猴分布于四川、陕西、湖北及甘肃，深居山林，结群生活。

金丝猴为灵长目、猴科、仰鼻猴属。在这个仰鼻猴属中，还有一支中国以外的金丝猴家族，即越南仰鼻猴。这是一种小型、黑色腹及四肢内侧浅黄的长尾素食猴子，1910年被发现，曾失踪半个世纪，到1989年才又发现，仅有200只，栖息于越南北部。

三种金丝猴都是一级保护动物，滇金丝猴和黔金丝猴是国际自然保护联盟（IUCN）红皮书的“濒危”级，川金丝猴为“易危”级（越南金丝猴为“极危”级）。盗猎、伐木、毁林开荒都对它们的生存构成威胁。我国目前已建成了以金丝猴为主要保护对象的湖北神农架，四川白河，贵州梵净山，云南白马雪山、黄连山、铜壁山，陕西周至等自然保护区。

**（3）白鳍豚**

白鳍豚为中国长江中下游的特有水兽。全球豚类有 70 多种，淡水仅 5 种，中国仅此 1 种淡水豚，分布狭窄，比大熊猫更古老、更稀少。白鳍豚体态娇美，皮肤滑腻，长吻似剑，身呈纺锤，眼小如豆，耳小像针，上下颌密布小牙 130 多颗，头顶左上方有一圆形鼻孔。

白鳍豚在约 2000 万年前曾在陆地上生活，后来由于水陆变迁，才移居水中。适应水下生活环境后，前肢成为鳍状，后肢退化消失，眼睛因为长江水混浊而退化，鼻子只剩下小圆孔，长在头顶上，听觉—声呐系统特别灵敏，大脑很发达，有一定的记忆能力和思维能力。

白鳍豚已是一种注定要灭绝于我们手中的美丽传奇的动物，它被国际保护人士称为“活着的死物种”。现在估计长江中白鳍豚已不足百头，目前人工饲养的仅有一只，名为“淇淇”。围湖造田、有害渔具、修闸建坝、繁忙的航运、渔业及严重的污染都在威胁其生存。已经被国际自然保护联盟（IUCN）红皮书列为“极危”级物种，也是中国一级保护动物。目前在安徽大通镇附近建有白鳍豚保护区。

**（4）华南虎**

华南虎的英文为“中国虎”，是我国特有的亚种，原为中国分布最广、数量最多、体型较小、但资格最老的一个虎种。全球的虎仅有一种，均产于亚洲，20 世纪尚有 8 个亚种：孟加拉虎、东北虎、爪哇虎、华南虎、里海虎、巴厘虎、苏门答腊虎、新疆虎，但后三个亚种相继灭绝，中国的新疆虎（尚未搞清属于哪个亚种）是在 20 世纪初灭绝的。

华南虎雄性约重 149 ~ 225 公斤，雌性约重 90 ~ 120 公斤，个头虽然不是最大，但对华夏民族文化的影响可谓源远流长，人们谈虎色变，畏虎、敬虎，认为“老虎吃人”的心理根深蒂固。由于人类长期的捕杀以及生存环境日益受到人类文明的威胁，华南虎正处于垂危状态，野外数量约 20 只，呈孤岛分布，且捕食对象稀缺。人工饲养下的50 只呈严重近亲，退化现象十分明显。

华南虎被国际自然保护联盟（IUCN）红皮书列为“濒危”级物种，属中国一级保护动物。

**（5）朱鹮**

这种被动物学家誉为“东方明珠”的美丽涉禽是一种人们一度认为已经灭绝的鸟类，它们原是东亚地区的特产鸟类，仅在中国、朝鲜及俄罗斯有分布，但 20 世纪 60 年代后都失去了踪影。经过我国鸟类学家的艰苦搜索，终于在 1981 年于陕西洋县姚家沟发现两窝共 7 只朱鹮，轰动了世界。

朱鹮得以幸存，是由于洋县深山里有适应其存在的自然条件，一是湿地觅食条件，二是高树营巢条件。这里的百姓因敬重祖宗的坟山而没有滥砍山林，为这种奇异之鸟的一息尚存提供了机会。朱鹮的高度濒危与过度猎杀、森林锐减及广泛施用农药化肥有关。

**（6）褐马鸡**

褐马鸡是一种产于中国山西庞泉沟、河北小五台山及北京门头沟的珍禽，因耳部有两个雪白的耳羽，好似长角，或有人称之为角鸡或耳鸡。尾羽上翘后，披散垂下，如同马尾，故名马鸡。马鸡属共有 4 种，均产于中国，即藏马鸡、白马鸡、蓝马鸡和褐马鸡。

褐马鸡虽名为鸡，可羽色黑褐，油光瓦亮，生性更为惊人，勇猛善斗，宁死不屈。在山西庞泉沟褐马鸡自然保护区，农民们就曾见过褐马鸡与老鹰搏斗的情景，两只鸟扭成一团，满地翻滚，鹰爪扼住鸡脖，鸡爪抓住鹰眼，两败俱伤，十分惨烈。正因为褐马鸡有勇猛好斗的精神，中国早在汉代就有将其尾羽装饰武将帽盔以示英武的记载，东汉的虎贲中郎将要以“鹖羽”做冠。

明李时珍在《本草纲目》中说褐马鸡“有被侵者直往奋斗，虽死忱不置”。（褐马鸡古语称“鹖”）将其羽毛赐予武将的形式称“鹖冠之制”。这种制度世代相袭，直至清朝，能被赐这种羽翎顶戴，乃是一种殊荣。褐马鸡在国际上与大熊猫齐名，被世界雉类协会作为会徽。许多动物学家建议，应把褐马鸡定为中国国鸟。目前，褐马鸡为国际自然保护联盟（IUCN）红皮书列为“濒危”级物种，属一级保护动物。

**（7）扬子鳄**

扬子鳄是中国唯一的鳄种。全球鳄鱼共有25种，中国只有湾鳄和扬子鳄。但是作为体形最大的鳄（10米长），湾鳄早已在几百年前灭绝了，而扬子鳄现为我国特有。作为爬行动物，扬子鳄体长2米，善于游泳而栖息于水中，营巢在河湖浅滩、植被密生的草丛中。寒冬，扬子鳄钻到地下洞之中蛰伏，洞深2~3米，带有1~3个出口，洞顶有通气小孔。洞窟是长达几米到20米不等的隧道，内铺枯木、杂草等。冬眠至四五月份，扬子鳄出蛰。五六月份进入繁殖期，七八月份产卵，卵白如鸡蛋，两个月后孵化出壳，出生小鳄十分虚弱，常受到其他动物威胁。

扬子鳄，主食螺、蛙、虾、蟹、鱼及鼠、鸟等。遇上较大猎物，会以粗硬的尾巴击打，饱食一顿可长时间不食。目前，由于长江下游湿地遭到严重破坏，河湖被围成农田，野生扬子鳄极为罕见，人工繁殖扬子鳄相当成功。国际自然保护联盟（IUCN）红皮书将扬子鳄列为“极危”级物种，属一级保护动物。

**（8）黑颈鹤**

黑颈鹤是世界上唯一一种高原鹤类，是藏族人民心目中神圣的大鸟，也是世界十五种鹤中被最晚纪录到的一种鹤，它是俄国探险家普热尔瓦尔斯基于1876年在中国青海湖发现的。黑颈鹤夏季在西藏繁殖，冬季迁至云贵越冬，少数还飞越喜马拉雅山至不丹越冬。黑颈鹤的颈、尾、翅羽均为黑色，体灰白，头上亦有红顶，但不如丹顶鹤的明显。

据国际鹤类基金会调查，西藏拥有中国也即世界最大的黑颈鹤种群，估计达4000只。黑颈鹤目前已经被列为国际自然保护联盟（IUCN）红皮书的“易危”级物种，属一级保护动物。

**（9）藏羚羊**

藏羚羊近年来极受世人瞩目，主要原因是由于1980年以来西方时装界对藏羚绒披肩即“沙图什”的消费需求，刺激了不法分子疯狂偷猎藏羚羊，另外，一些采金者也在对其肆意杀戮，致使生活在生命极限的高寒地区的藏羚羊正以每年近万只的速度减少。为打击盗猎，这几年青海、新疆、西藏的林业公安一直在为保卫藏羚羊等野生动物而战斗，其中的佼佼者即“野牦牛队”，他们已经有两位英雄为此献身。我国导演陆川于2004年摄制了故事片《可可西里》，反映了这些可歌可泣的藏羚羊守护神的英勇事迹，在社会上引起了极大反响。

藏羚羊是青藏高原特有物种，为偶蹄目、牛科，与已在中国本土灭绝半个世纪的高鼻羚羊亲缘关系最近。藏羚羊又名“一角兽”，1个世纪前多达数百万只。藏羚羊被藏民称为大雁的朋友，它们在高原上奔跑如飞，狼也很难追上，但以汽车和枪支装备起来的盗猎者却可以成片的杀戮它们。目前中国的藏羚羊不足7万只，年复一年、禁而不止的非法交易与屠杀使其数量直线下降。藏羚羊目前被列为一级保护动物，被国际自然保护联盟（IUCN）红皮书列为“濒危”级物种。

**（10）“四不像”麋鹿**

“四不像”为麋鹿的俗名。作为中国特有的湿地鹿类，麋鹿曾于1900年在中国本土灭绝，幸亏有少量存活于欧洲，最后仅剩18头，被养在英国乌邦寺，经过一个世纪的养护，种群才得以恢复。1985年回归到北京南海子，这里是麋鹿这一物种的模式标本产地（1865年被法国传教士大卫发现）。麋鹿是湿地动物，由于对湿地生态环境的适应，形成特殊的形态，即所谓的“四不像”，角似鹿非鹿，脸似马非马，蹄似牛非牛，尾似驴非驴。

中国麋鹿在1985年首批回归38头，被放养于北京南海子的千亩鹿苑，逐渐繁衍壮大，后来迁往长江之畔的湖北石首，从而成功完成回归野外的“重引入”工程。另外，在江苏大丰黄海之滨的麋鹿饲养也蓬勃发展，加上全国20几处动物园等饲养的麋鹿，至2001年初，麋鹿已经达到1300只。麋鹿失而复得、重引入的成功向国际社会展示了中国保护野生动物的成就，它是人与自然协调发展的可能性与必要性的重要范例。

## 动物为何要进行迁徙?

动物的迁徙是一种非常复杂的行为，几乎每种迁徙的动物都有其独特的迁徙目的和方式。就以鸟类而言，鸟类进行迁徙通常有三种原因：①冰川时期的影响。在冰川时期，地球北大陆多被冰川覆盖，大批昆虫、植物死亡，鸟类为了生存，多次被迫向南方迁飞，每次冰川融化后，又迁回它的出生地，久而久之，就形成了鸟类的本能而遗传下来了。②繁殖地的选择。鸟类的繁殖地需要具备丰富的食物和必要的安全条件，越冬地不适宜营巢繁殖，所以每到春天，它们又返回故乡。③生理上的刺激。鸟类的迁徙在很大程度上取决于鸟体内内分泌刺激的结果。这三点原因也往往通用于大多数的迁徙动物。但在鸟类的迁徙中，繁殖作为原因通常是不成立的。如果鸟类冬季之前的栖息地气候温暖且有稳定的食物来源的话，许多候鸟会选择作为留鸟留在原地过冬繁殖。而在鱼类、爬行类、哺乳类动物的迁徙行为中，繁殖则通常是最为重要的原因。

## 珊瑚何以会五彩缤纷?

美丽的珊瑚五彩缤纷，自古便被我国人民视为珍宝。但实际上，珊瑚本身是单调的白色。珊瑚美丽的颜色来自于体内的共生海藻，珊瑚依赖体内的微型共生海藻生存，海藻通过光合作用向珊瑚提供能量。如果共生藻离开或死亡，珊瑚就会变白，最终因失去营养供应而死亡。据国外学者研究，近年来全球许多海域的海水温度呈现上升趋势，致使大量海藻死亡，海中珊瑚白化的现象十分严重。

## 珊瑚礁有哪几种类型?

现代海洋中的珊瑚礁有岸礁、堡礁、环礁三种类型。

岸礁生长在大陆沿岸和海岛周围的边缘地带，它的分布宽度从十米到百米，分布范围、形态与沿岸水下地形特征和水深情况密切相关。岸礁石珊瑚生长发展的初期一般规模较小，但它分布的范围较广。我国海南岛四周就有零星的珊瑚岸礁分布。

堡礁生长在离岸较远的海上，它像城堡一样围绕在陆地周

珊瑚景观

围，所以称它为堡礁。堡礁与陆地之间隔着一个宽度几公里至数十公里的水域，这个水域基本上被珊瑚礁围着，所以称它为潟湖（潟湖原指水较浅的海湾被泥沙淤积口门封闭成湖泊，但涨潮时能与海洋相通）。潟湖的水深一般为几十米，最深可达上百米。堡礁自身的宽度从几百米到数公里不等。堡礁不是完全连续的，有的地方有缺口，使潟湖与外海相通。潟湖里面有时会有暗礁，航行于潟湖里的船只要特别小心，否则会触礁沉没。

环礁我国古代称为“石塘”。环礁呈环状或马蹄状，其上往往堆积有由珊瑚礁碎屑组成的沙帽，即形成珊瑚岛（如我国永乐群岛的环礁）。被包围的水面称为礁湖，有水道和外海相通，礁湖可成为优良的避风港口。

## 景区景点链接

我国有“野生动物的家园”的美誉，这固然是因为我国面积广大，地形复杂，为众多不同类型和生活习性的野生动物提供了广泛的生存空间，同时也是因为我国有一些著名的自然保护区，拥有着惊人的动物多样性。下面就简单介绍一下我国的几个以保护珍稀动物为主要目标的自然保护区。

## 武夷山国家级自然保护区

武夷山位于闽赣两省交界处，方圆570平方公里，为全国五个重点自然保护区之一。

保护区内的野生动物多达400多种，脊椎动物中兽类近百种。被国家列为保护物种的脊椎动物有华南虎、猕猴、短尾猴、毛冠鹿、云豹金猫、大灵猫、小灵猫、白颈长尾雉、黄腹角雉、穿山甲、苏门羚等。崇安髭蟾、丽棘蜥、竹鼠、地蜥、长脚鼠耳蝠、短脚鼠耳蝠、闭壳龟及蝾螈、雨蛙、棘蛙等在全国都是仅见或少见的。

挂墩和大竹岚位于保护区中心。挂墩一带是候鸟南北迁飞的歇脚地，也是世界上鸟类资源最多的地区之一，大约有300多种，被誉为“鸟的天堂”。大竹岚是“世界生物模式的标本产地”，被誉为“昆虫的世界”。全国昆虫有32个目1000个科，而这里已定名的就有31个目300多个科5000多种。这里蛇比大连蛇岛上的蛇还要多，已发现有5科26属50万条以上，真可谓是“蛇的王国”。

## 西双版纳国家级自然保护区

西双版纳位于云南省西双版纳傣族自治州，面积241776公顷（由勐腊、尚勇、勐仑、勐养、曼搞五大片组成），生长着热带北缘雨林，物种资源十分丰富，被誉为“动植物王国”。1958年经云南省人大常委会批准建立，1981年云南省人民政府重新区划调整，1986年晋升为国家级，1993年加入联合国教科文组织国际“人与生物圈”保护区网，主要保护对象为热带森林生态系统和珍稀动植物。

自然保护区以中低山地地貌为主，最低海拔475米，属热带湿润气候。全区低山连绵，河流纵横，四季常青，为各种生物提供了良好的生存环境，是中国热带原始林保存最好的地区，已鉴定的高等植物约3890种，在100平方米样地上竟有乔木60多种。林木具有板状根、支柱根和气生根，藤本植物丰富，附生、寄生植物到处可见，老茎生花和绞杀植物占植物总数的1/8。其中被列为国家重点保护的珍稀、濒危植物有58种，占全国的15%。这里有与珍贵的柚木相媲美的云南石梓、国内仅见的四数木，以及山白兰、毛麻楝、肉豆蔻等珍贵树木。古老的树蕨、苏铁、鸡毛松、天料木也在此地残存下来。经济植物种类繁多，已知药用植物有800多种。有特殊用途的龙血树、风吹楠、萝芙木等植物种类也很多。本区的特有植物有细蕊木莲等30种，还有栽培植物的原生种如野生稻、野黄瓜等。因此，该区在全国植物区系中占有特殊地位。

这里的动物具有热带特色，种类繁多，大多数是树栖种类和热带森林种类。现有资料表明，区内有哺乳动物102种、鸟类427种、两栖类38种、爬行类60种、鱼类100种，其中被列为国家重点保护的野生动物达109种，如黑长臂猿、白颊长臂猿、懒猴、野牛（2种）、亚洲象、印支虎、云豹、鼷鹿、巨蜥、犀鸟（4种）、绿孔雀、原鸡、鹦鹉（3种）、双带鱼螈等。

## 四川九寨沟国家级自然保护区

九寨沟位于四川省南坪县境内，面积6万公顷，1978年经国务院批准建立，主要保护对象为大熊猫及森林生态系统。

本区地处岷山南端马杠岭的东北侧，主体为一南北走向、纵深40公里的沟谷，最高海拔4764米，相对高差达2500米以上。气候属于北亚热带与暖温带的过渡地区，自然植被垂直分布较明显，动植物资源比较丰富，区内栖息着大熊猫、羚牛、金丝猴、兰马鸡等珍稀动物。区内百余处美丽的高山湖泊、众多而壮观的冰山雪峰共同构成了优美而神奇的自然风景，为闻名中外的旅游胜地。1992年被联合国教科文组织批准列入“世界文化与自然遗产名录”。

## 三亚珊瑚礁自然保护区

我国海南岛三亚附近海域生长着大片美丽的珊瑚礁，吸引着大批中外游人。为了保护这里珍贵的珊瑚礁资源，经国务院批准，这里被定为国家级珊瑚礁海洋自然保护区。三亚珊瑚礁自然保护区位于海南岛南端，三亚市鹿回头半岛沿岸，东西眉洲、亚龙湾海域，海陆总面积为85平方公里。

# 植物群落景观

## 背景分析

目前，在旅游中具有十分独特的造景功能的植物群落主要有三种类型：森林、草原以及湿地。

森林具有净化空气、涵养水源、保持水土等多种生态功能。森林中空气新鲜，人在森林中会感觉神清气爽，十分舒适。森林中植被层次多，是众多野生动物栖息的家园。在森林中可以感受到城市中感受不到的天然之趣，因此森林旅游悄然兴起于世界各地。在森林中游览，当以强身健体、感受大自然的乐趣为要旨，要注意对于森林景观和森林生态系统的保护。

草原一般指的是天然的草地植被，是指在不受地下水或地表水影响下而形成的地带性草地植被。我国大兴安岭以西的内蒙古草原，青海、甘肃的荒漠草原都是这种类型，都叫做草原。草原以其一望无际、牛羊成群的景象以及奇特的游牧民族生活习惯和文化而吸引着天南海北的游人。

草原生态系统是比较脆弱的生态系统，草原生态系统的生产力不高，而且草原上降水往往并不丰富。游牧民族逐水草而居，就是为了使得一地的草原不致在短时间内遭到不可逆的破坏。随着人口日益增多，人类所需要的资源越来越多，牛羊的放牧量不断增长，许多草原被辟为耕地，这不但导致了草原景观的破坏，也使得沙尘暴等灾害天气频发。在许多地方，已是“天苍苍，野茫茫，风吹草低见黄沙”了。虽然我国大力实行“退耕还草”工程，但天然的环境一被破坏，就不知何时才能恢复如初了。

湿地与森林、海洋并称为全球三大生态系统，湿地具有维护生态安全、保护生物多样性的功能。湿地具有十分重要的功能，它是自然界中最具有生物多样性的生态景观和人类最重要的生存环境之一，在蓄洪防旱、调节气候、控制土壤侵蚀、促淤造陆、降解环境污染等方面起着极其重要的作用，被人们称为“地球的肾”。

不同的地区有着不同类型的湿地，这使得湿地具有一定的景观价值，成为开展旅游的基础。在意识到湿地对于环境、对于生物的重大作用以及在景观和旅游方面的诸多优势后，全国各地相继建立了许多湿地公园，许多地方的湿地成了野生动物特别是水禽的保护区。

## 阅读提示

植物群落的形成，大致可分为以下三个阶段。

**（1）开敞或先锋群落阶段**

这一阶段的特征是一些生态幅度较大的物种侵入定居并获得成功，虽然刚开始时这些物种中仅有少数个体能幸存下来繁殖后代，或只有很小的一部分存活下来，但这种初步建立起来的种群却对以后环境的改造、为以后相继侵入定居的同种或异种个体起了极其重要的奠基作用。

**（2）郁闭未稳定的阶段**

随着群落的发展，种群数量的增加，生活小区逐渐得到改善，对资源的利用由不完善到充分。因此，在这一阶段，物种之间的竞争激烈，有的物种定居下来，并且得到了繁殖的机会，而另一些物种则被排斥。同时，那些能充分利用自然资源又能在物种的相互竞争中生存下来的物种得到了发展，它们从不同角度利用和分摊资源。通过竞争，逐渐达到相对平衡。

**（3）郁闭稳定的阶段**

物种通过竞争平衡地协调进化，使资源的利用更为充分、有效。有时可能再增加一些共存的物种，使群落在结构上更加完善，使群落发展成为与当地气候相一致的顶极群落。这时群落有比较固定的物种组成和数量比例，群落结构也较为复杂。

群落的组成结构形态等从来都不是稳定不变的，群落总是在不停地变化中。有些时候，一种群落会被另一种群落替代，这种现象叫做群落的演替。演替可按照演替前的地面群落状况分为原生演替和次生演替。

原生演替指发生于以前没有植被覆盖过的原生裸地上的群落演替。原生演替可分为发生于干燥地面的旱生演替系列和发生于水域里的水生演替系列。

次生演替则是指发生在有过植被覆盖和动物生存、后来由于某种原因原有生物被消灭、环境中（主要为土壤中）常常还保留着植物种子或其他繁殖体的次生裸地上的群落演替。

演替还可根据演替的方向分为顺向演替与逆向演替。

顺向演替指群落结构由简单到复杂、生物种类由少到多、群落由不稳定到稳定，并逐渐符合当地主要生态环境条件的演替。逆向演替指群落由于受到干扰破坏超过一定限度后朝着更加简单化、不稳定的方向发展的演替。

## 知识问答

### 我国有哪些森林类型?

中国现有原生性森林已不多，它们主要集中在东北、西南天然林区。按森林外貌划分，针叶林和阔叶林面积约各占一半，前者占49.8%，后者占47.2%，其余3%为针阔叶混交林。现分述如下：

**(1) 针叶林**

针叶林在中国分布广泛，但作为地带性的针叶林则只见于东北和西北两隅以及西南、藏东南的亚高山针叶林，其余的为次生性针叶林，如各种次生松林，更多的是人工营造而成，如杉木林等。针叶林不仅植物组成丰富，而且还栖息着大量的动物种类，成为众多特有种类的栖息地和避难所。

A. 北方针叶林和亚高山针叶林

它们分别作为高纬度水平地带性植被和较低纬度的亚高山带植被类型。在分布区和地理环境方面差异很大，但都属于亚寒带类型，其外貌、组成、结构都十分相似。

a. 落叶松林。中国的落叶松属有10个种和两个变种，主要的建群种有落叶松、西伯利亚落叶松、华北落叶松、太白红杉、四川红杉、大果红杉和西藏落叶松等。

针叶林景观

b. 云杉林、冷杉林。中国的云杉林和冷杉林大多属山地垂直带类型，分布广，蓄积量最大。东北地区主要建群种为鱼鳞云杉、红皮云杉、臭冷杉，华北为白杆、青杆。向西至西北一带为青海云杉、雪岭云杉和西伯利亚冷杉。西南山地主要有丽江云杉、川西云杉、林芝云杉、麦吊油杉、油麦吊杉、云杉、紫果云杉、巴山冷杉、岷江冷杉、黄果冷杉、长苞冷杉、鳞皮冷杉、喜马拉雅冷杉、苍山冷杉、冷杉、滇冷杉等。

c. 松林主要建群种有樟子松、偃松和西伯利亚红松。

d. 圆柏林主要分布于西南和西部山地亚高山森林带上部的阳坡，海拔高度在 2800～4500 米之间，主要建群种有方枝圆柏、祁连圆柏、垂枝香柏、大果圆柏、塔枝圆柏和曲枝圆柏等。

B. 暖温带针叶林

主要分布在华北和辽东半岛，主要的建群种有油松、赤松、侧柏和白皮松。

C. 亚热带针叶林

类型很多，如马尾松、云南松、细叶云南松、卡西亚松、华山松、高山松、杉木、柳杉、柏木、冲天柏（干香柏）、油杉、铁坚杉、银杉等。

D. 热带针叶林

树种很少，且多零星分布，不成林，如南亚松、海南五针松和喜马拉雅长叶松。

**（2）针叶与落叶阔叶混交林**

A. 红松阔叶混交林

红松阔叶混交林是中国温带地区的地带性类型，主要分布于东北长白山和小兴安岭一带山地，向东一直延伸至俄罗斯阿穆尔州沿海地区以及朝鲜北部，主要建群种是红松和一些阔叶树，如核桃楸、水曲柳、紫椴、色木、春榆等。

针叶、落叶阔叶混交林景观

B. 铁杉、阔叶树混交林

主要分布在中国亚热带山地。是常绿阔叶林向亚高山针叶林过渡的一种垂直带森林类型，主要有长苞铁杉和铁杉与壳斗科植物混交的森林。亚热带西部山地海拔较高，在海拔 2500～3000 米之间形成特殊的针阔混交林带，喜马拉雅铁杉与阔叶树混交林常常占据主要的地位。

**（3）阔叶林**

A. 落叶阔叶林

广泛分布在温带、暖温带和亚热带的广阔范围。主要的森林类型有华北、西北地区的落叶阔叶混交林、栎林、赤杨林、钻天柳林、尖果沙枣林；由亚热带常绿阔叶林被破坏后形成的栗树林、拟赤杨林、枫香林；北方针叶林和亚高山针叶林的次生林类型的山杨林和桦木林以及发育在亚热带山地的山毛榉林和亚热带石灰岩山地的化香林、青檀、榔榆林和黄连木林等。

B. 常绿阔叶林

常绿阔叶林是中国湿润亚热带森林地区的地带性类型，所含物种丰富，就高等植物而言，约占全国种类的1/2以上。常绿阔叶林的优势种不明显，经常由多种共建种组成。有青枫林、拷类林、石栎林、润楠林、厚壳桂林、木荷林、阿丁枫林、木莲林。

C. 硬叶常绿阔叶林

在川西、滇北和藏东南一带曾为古地中海的地区有类似地中海硬叶常绿阔叶林残遗的群落存在，主要见于海拔2000～3000米的山地阳坡。一般山地常见的类型有滇高山栎林、黄背栎、长穗高山栎林、帽斗栎林、川西栎林、藏高山栎林。河谷地区常见有铁橡栎林、锥连栎林、光叶高山栎林和灰背栎林的分布。

D. 落叶阔叶与常绿阔叶混交林

这类森林种类组成相当复杂。它又可分成几种不同的类型，如分布在北亚热带地区的落叶常绿阔叶混交林，主要见于东部亚热带山地海拔1000～1200米以上至2200米左右的山地常绿、落叶混交林，以及分布于亚热带石灰岩山地的石灰岩常绿、落叶阔叶混交林等。

E. 季雨林

中国季风热带的地带性代表植被类型，大多数分布在较干旱的丘陵台地、盆地以及河谷地区。它们多数属于长期衍生群落性质。如麻楝林、毛麻栎林、中平树林、山黄麻林、劲直刺桐林、木棉林、楹树林、海南榄仁树林、厚皮树林、枫香、红木荷林等最为常见。

F. 雨林、季节性雨林

多见于我国热带地区海拔500～700米以上山地，海南岛一带山地以陆均松、柯类等为主，云南南部则多为鸡毛松、毛荔枝等，石灰岩季节性雨林主要见于广西南部，组成种繁多。

## 热带草原与温带草原各具有什么样的特点?

草原主要有热带稀树草原与温带草原两大类。热带稀树草原又称萨王纳（Savanna）群落，是一个含有散生乔木或灌木的热带性旱生草原群落，分布于季节性干旱地区。主要见于东非、南美巴西高原、北澳大利亚和印度等地，我国云南、海南岛、台湾地区也有少量分布。该生物群落以高1米以上的旱生禾草为主要成分所组成的草被层占优势，在草被层上散生着一些小型的旱生乔木。这种草本繁盛、乔木稀疏且开旷的环境，造成了草食性动物占明显优势，地栖种类多，穴居、善跑类型突出。因此，斑马、羚羊、长颈鹿、非洲象等就成了这里的标志性动物。这些奇特的动物也使得这里成了大型的天然野生动物园。

河谷草原景观

温带草原则主要分布于欧亚大陆温带地区，西起匈牙利，大致沿纬线方向延伸，至我国松嫩平原。此外，北美中部和阿根廷等地也有分布。这种草原的植被主要由针茅、羊茅等丛生禾草组成，此外有许多莎草科、豆科、菊科等杂类草植物。它们普遍具有旱生特征，群落结构简单，季相更替频繁而明显。草原上动物有野驴、黄羊等，鼠、兔等穴居啮齿类也是草原上常见的动物。我国的内蒙古大草原便是温带草原，这里是我国著名的天然牧场。那里雄壮的“风吹草低见牛羊”的景观在历史上就是人们心目中向往的圣地。

温带草原是重要的牧场，但是近年来过度放牧、不合理开垦等造成草原的退化、碱化、沙化以及草原的水土流失都是很严重的环境问题。我国北部地区春季常见的沙尘暴的沙尘的来源就与草原的退化有着很大的关系。

**湿地作为生态旅游的目的地有什么得天独厚的优势?**

随着人类生存自然环境的不断恶化，因而那些优良环保有益于人类身心健康的生态旅游就日益成为现代旅游所追求的目标。而湿地相较于传统的自然观光型景点，就有许多得天独厚的优势，最有可能在21世纪生态旅游的大潮中脱颖而出。湿地生态系统是介于森林生态系统和海洋生态系统之间的一种生态系统，湿地可以认为是介于陆地和水体之间的一种景观类型，它是生态学上所说的“边缘区”。由于边缘区的地带环境条件复杂，可以为各种不同的生物提供适合的生存环境，所以边缘区具有边缘效应，在这里动植物的种类、数量都非常的多。在自然界状态下遵循自然演替规律发展的湿地其生态系统结构的复杂性和稳定性很高，不仅能够为大量的水生动植物提供优良的生存场所，而且为多种珍稀濒危野生动物提供了栖息、迁徙、越冬和繁殖的场所。没有湿地的存在，许多野生动物将无法完成其生命周期，生物多样性将失去栖息之地。所以许多湿地都成为野生动物的保护基地，如我国的麋鹿、丹顶鹤的保护基地就是湿地。几乎所有的鸟类都非常喜欢湿地的环境，所以湿地景观，如沿海的滩涂等，常常可以见到群鸟翔集的景象。此外，湿地号称“地球的肾”，具有集中有毒物质的作用，为保护周围的环境产生了巨大的作用。

## 景区景点链接

我国有着众多的森林类型，同时也有着许多非常珍贵的原生森林，这些都是天赋的宝贵财富。新中国成立后，人们逐渐意识到了保护生态、保护环境的重要性，建立了许多自然保护区和森林公园，这样既保护了环境，又为旅游提供了便利。下面就介绍几个著名的森林公园。

**张家界国家森林公园**

1982年由国务院委托国家计委批准成立的中国第一个国家

森林公园。它属原大庸市境内，因张家界国家森林公园闻名于世，经中华人民共和国国务院批准，湖南省原大庸市从1994年4月4日起正式更名为张家界市。它与天子山、索溪峪自然保护区连成一体，构成武陵风景名胜区。1992年12月，联合国教科文组织世界遗产委员会正式批准以森林公园为主体的武陵源列入《世界遗产名录》。

张家界国家森林公园位于湖南省西北部张家界市境内，距市区32公里。公园面积4810公顷。最高处兔望月峰海拔1334米，最低处水绕四门海拔426米。年平均气温12.8℃，年平均降水量1228.5毫米，属中亚热带北部气候区，森林公园小气候明显。

公园景区森林覆盖率达98%，木本植物93科517种，其中属国家一级保护的珍稀树种7种，比整个欧洲所有的木本植物种数多1倍以上，如“珙桐”、“银杏”就有活化石之称。这里鸟类、兽类丰富，而且很珍贵。鸟类有41种，兽类有28种，其中属国家保护的珍稀动物有7种，被誉为“天然动物园”。

这里的自然风光以峰称奇，以谷显幽，以林见郁，以水见秀，以云见神。其间翠峰有3800柱之称，相对高度100~300米。群山绿丛覆盖，四季常青。峰石如人如兽，如器如物，形象逼真，气势壮观。峰间，溪流潺潺，峡谷幽深，浓荫蔽日。有“三千翠微峰，八百琉璃水”之美誉。春天山花烂漫，万象更新；夏天林茂树密，凉风习习；秋日天高气爽，遍山红叶；冬天冰雪覆盖，银装素裹。

张家界是从深闺走出来的一位美丽少女，是武陵山脉腹地的一颗风景明珠。公园现已开辟6条游览线、136个景点，其中黄石寨、金鞭溪被推介为国际黄金游览线。

## 太白山国家森林公园

太白山国家森林公园位于秦岭主峰太白山北麓的眉县境内，1991年经国家林业部批准成立。地处西安、咸阳、宝鸡三城市之间，总面积2949公顷，包括10个景区、180多个景点。公园海拔高度从620~3511米，是我国海拔最高的森林公园。

太白山国家森林公园以森林景观为主体、苍山奇峰为骨架、清溪碧潭为脉络，文物古迹点缀其间，构成了一幅静态景观与动态景观相协调、自然景观与人文景观浑然一体、风格独特的生动画卷。这里山峦叠翠、山清水秀、烟雾浩渺，湖光山色恬静瑰丽，曲流溪涧晶莹碧透，奇峰怪石如塑似画。

巨大的高差形成了太白山国家森林公园内气候、动植物带明显的垂直分布。在海拔 620～3511 米的山地范围内分布了地球上数千公里范围内才有的气候带、植物带和动物带，形成了包括 3 个植物带、7 个植物亚带、15 个植物群系在内的植被垂直分布带谱。

太白山国家森林公园生物种类繁多，起源古老，是天然的植物基因库，素有“亚洲天然植物园”、“中国天然动物园”之称。

太白山国家森林公园保存完好的自然景观和良好的生态环境为人们回归大自然提供了良好的场所。茂密的原始森林能有效地调节气候、吸碳制氧、消除烟尘、吸收毒气、杀灭细菌、隔音消声、净化水源、美化环境、改善人类生活环境。经西安医科大学环境卫生教研室同太白山国家森林公园管理处测定，太白山国家森林公园内空气负离子日平均浓度为 15000 个/立方米，最高值为 25000 个/立方米，是进行森林浴的“天然氧吧”。园内天然矿泉水井口水温达 70.9℃，水中含 20 多种对人体有益的矿物成分和微量元素，为优质医疗矿泉水，对各种皮肤病、风湿病、心血管疾病、消化系统疾病等有很好的疗效。

## 千岛湖

千岛湖位于中国浙江淳安县境内，是国务院首批公布的 44 处国家级风景区之一，也是目前国内最大的国家级森林公园。它是 1959 年为建造新安江水电站而筑坝蓄水形成的人工湖。

千岛湖国家森林公园拥有 448 平方公里的森林面积，森林覆盖率已达 81%，茂密的森林净化了千岛湖的大气环境，空气十分洁净。千岛湖水域面积 573 平方公里，平均水深 34 米，透明度可达 7 米，属国家一级水体，不经任何处理即可达饮用水标准。

千岛湖四周群山连绵，林木繁茂，鸟语花香，生态环境绝佳，资源丰富。共有植物1786种，盛产茶叶、蚕桑、木材、毛竹等。湖内淡水鱼有87种，年捕鱼量达4000多吨。四季时新鲜果、土特产品不断，闻名的有无核柿、金丝蜜枣、山核桃、淡水鱼干、野生蕨菜干。

千岛湖山水天下秀，优美的自然风光和良好的生态环境使千岛湖展现出广阔的发展前景。随着交通条件的进一步改善、旅游资源的进一步开发和知名度的进一步提高，它将成为世界旅游的热点景观。

千岛湖岛屿众多，风光旖旎，水碧、岛绿、石怪、洞奇是千岛湖的“四绝”。

湖水澄碧清澈，水下能见度可达7～9米。湖中的1000多座岛屿或聚或分，碧如翡翠。岛上有奇岩怪石，其中以猴岛、鹿岛、蛇岛、孔雀园、桂花山、龙山最为有名。群岛与湖岸之间形成众多曲折幽深、龙走蛇行的迷宫式湖湾。被分别称为水洞、风洞、云洞的灵泉洞、清风洞、霭云洞就在不远的铁帽山下，幻变迷离，千秋各具，是游人必去的佳地。

中国天然草地面积广达53亿亩，包括温带草原、干旱荒漠草原和高寒草原。其中温带草原面积广阔，形成许多优良牧场。草原主要分布于内蒙古、新疆、青海、甘肃等地。下面就为大家介绍一下我国的草原之最。

## 最干热的草地

在我国云南南部元江、澜沧江、怒江及其若干支流所流经的山地峡谷地区，分布着我国最为干热的草地，这里气候炎热而干旱，年平均降雨量小于1000毫米，集中于雨季，而旱季较长，蒸发量一般大于降雨量的2～4倍，具有非常明显而特殊的干热河谷气候。土壤是红褐色的红壤，多含砂质和石砾或碎石。水土流失严重，土层浅薄而贫瘠。在河漫滩以上较低的台地上，首先形成稀疏的旱生草丛，逐渐演化形成稀树草原。

## 最“豪华”的草原

世界上所有草地中组成最复杂、景观最华丽、产量最高、自然条件最为优越的一类草原不在别的地方，就在内蒙古东部呼伦贝尔盟、锡林郭勒盟东部以及其他类似的一些地区，这就是温带草甸草原。温带草甸草原是森林向草原过渡的一种植被类型，它形成在比较湿润的气候条件下，年平均降水量一般在450毫米左右。土壤为黑钙土。这类草原植物种类组成相当复杂，一般每平方米内有不同植物35种，其中多数是对水分条件要求较高的种类，如贝加尔针茅、地榆、黄花、日阴营等。草甸草原植物群落的高度可达到40～50厘米，每公顷可产干草1600～2400公斤，因而是温带草原中草产量最高的一种类型。这类草原是发展牛、马等大家畜较好的畜牧业基地，也是草原生态旅游极好的去处。由于这类草原自然条件较好，因而大面积被开垦做农田，种植春小麦、油菜。也正由于如此，草甸草原保存面积不大。一旦被开垦为农田，草甸草原将不可避免地发生严重退化现象。

## 最干旱的草原

地球上最干旱的草原是荒漠草原。在我国，荒漠草原主要分布于内蒙古的京二线以西地区，如西苏旗等地。荒漠草原是草原向荒漠过渡的一类草原，是草原植被中最干旱的一类草原。这类草原年平均降水量一般只有200毫米左右，生产力较低，平均每亩产草约455公斤。不过在这些地区有许多特殊的植物很有价值，发菜就是其中一种。发菜是一种低等植物，形状如头发，故而得名。因其蛋白质含量较高，更重要的是因为发菜与“发财”谐音，因而受到希望发财的人们的喜爱。搂取发菜对草场常造成严重破坏，故我国政府禁止搂取发菜，自2000年起，更颁令取缔发菜市场。荒漠草原地区生态环境严酷，放牧牛、绵羊都很困难，只有山羊、骆驼等可以生存。

## 最耐盐的草地

在我国内蒙古、陕北、宁夏、青海、甘肃和新疆等省区，分布着较大面积的盐生草甸。这是一种最耐盐的草地，这种草地由具适盐、耐盐或抗盐特性的多年生盐生植物（包括潜水中生植物）所组成。盐生草甸由于环境条件严酷，种类组成比较贫乏，很多种类具有适应盐化土壤的特征。有些种类根系很深

（如大叶白麻、甘草、芨芨草），以躲避含盐量很高的表层土壤；有的叶肉质化（如西伯利亚蓼、盐爪爪等）；有的通过向外分泌盐分以避免过剩金属离子的危害（如补血草、柽柳等）。

## 最高寒的草地

世界上海拔最高、温度最低、气候最寒冷、自然条件最为严酷的草地分布在我国的青藏高原。

青藏高原是我国第三个地形阶梯，其海拔高度都在 3000 米以上。这里温度低，气候寒冷，太阳辐射强，尤其是紫外线辐射强，风大、风多，植物生长期很短。土壤被强烈风化，且土层浅薄。在这种条件下生长的植物必定能适应这一恶劣的生态环境，蒿草等植物就具备这一能力。在青藏高原有大面积的以蒿草为主的草地，如西藏东部、青海东南部以及阿坝等比较湿润地区就有这种草地。构成这一草地的植物，除蒿草外，还有高禾草、苔草及杂类草等。蒿草高寒草甸草丛平均高度低于 20 厘米，产草量较低，但地下部分生物量很高，而且植物地下部分根系纵横交错，密集成网，十分发达。这类草地由于温度低，故有机物质分解很慢，土壤有机质含量很高，但有效养分常很缺乏。青藏高原的这种高寒草甸由于草质柔软，营养丰富，食口性强，是很好的牧场。家畜也很具特色，牦牛、藏羊是其代表。长期以来由于重农轻牧、重家畜而轻草场，所以青藏高原高寒草地也同样面临着严重的退化问题。

## 最湿润的草地

草原多形成于干旱、半干旱气候条件下，降水量较少，土壤和大气很长时间内都处于极度缺水的状态。但是有一种草地不仅不缺水，反而很湿润，这就是沼泽，它是草地的一种。在我国辽阔的东北平原，除羊草草地外，还有大面积的沼泽草地。沼泽草地主要分布于相对低洼的地方，如齐齐哈尔附近的札龙。沼泽草地植被的植物种类组成比较简单，主要以禾本科植物为主，如芦苇、香蒲、茭笋、水烛等。芦苇沼泽草地植物高度一般较高，可达到 150～250 厘米，生产量较高，每公顷可产干草 3000 公斤。沼泽草地常与大面积的水体相连，因而常成为湿地的重要组成部分。由于沼泽草地特殊的生态环境，所以成为许多候鸟迁徙停留之处，如有名的丹顶鹤和许多其他鹤类从3月底到8月底常在这些地区停留、繁殖、生活，因而在这些地区建立自然保护区就十分必要，我国有名的札龙、向海、达里诺尔等自然保护区就是这方面的代表。这类沼泽地有绝佳的景观和极好的科研价值，所以要很好保护。

# 植物个体景观

## 背景分析

绿色是生命之色，也是植被最基本的色彩，绿色植物能引发旅游者愉悦、轻松的心理和生理感受，使之具有旺盛健康的精神活力。所以，以田野、森林植被为主体的“绿色旅游”受到现代旅游者的崇尚。不同的植物在不同的部位能散发出特别的香味，如皮香、木香、叶香、花香、果香等。许多植物以香命名，如香蕉、丁香、香水花、香椿、香菇、香茅等。植物以不同的香味给人以味觉美，使游人既能尝香，又能闻香。植物中的奇树、奇花、奇草，给游人提供了索奇寻特的对象。一些古树名木因物以稀为贵，而成为重要的旅游观赏对象。中国的活化石树种。不仅具有科学价值，而且也是珍稀的风景观赏树。如珙桐，树干通直，叶如桑叶，花分为两瓣，状如卵形，在阳光下闪闪发光，像飞鸽展翅，随风跳动，故称“中国鸽子树”。观赏植物常带有一定的寓意，具有意境美，象征着某种人格或某类人物形象。如“岁寒三友”（松、竹、梅），“四君子”（梅、兰、竹、菊），“花草四雅”（兰、菊、水仙、菖蒲），“园中三杰”（玫瑰、蔷薇、月季），十大名花：花王牡丹、花相芍药、花中皇后月季、花中隐士菊花、空谷佳人兰花、花中君子莲花、花中仙子海棠、花中妃子山茶、凌波仙子水仙、雪中高士梅花。一些花卉被选作城市的市花，一些树木被选为城市的市树，更具观赏寓意。除花外，竹也具有寓意美，竹寓意谦虚、刚强、不屈不挠的精神。

植物具有构景造园功能不仅表现在形成植物园、森林公园上，而且体现在营造城市的中小园林、绿地及塑造花卉图案、绿墙、绿篱、绿桥、绿色球场、绿色植物报时钟等。植物将构景造园艺术与环境观赏旅游结合起来，构成现代城市绿色旅游的风范。

植物不仅改善城市旅游环境，构成城市绿地旅游景观，而且植物还可以吸尘滞尘，减少扬尘，减弱噪声传播，给人以镇静感和安全感。

## 阅读提示

我国是世界上动植物区系成分最丰富的地区之一。以种子植物为例，全国有 301 科、2900 属、32 000 种，其中仅木本植物就有 7000 多种，木本中仅乔木就有 2000 多种，而比我国面积约大 2 倍的北美洲仅有乔木 600 多种，与我国面积相当的欧洲仅有 250 种。有许多的植物都起源于我国，其中仅种子植物特有属就有 196 个。在如此丰富的植物宝库中，自然有着无数的奇珍异宝。它们是植物界中的奇葩，吸引着八方的游人。

每个生命都有自己的包括发育与繁殖在内的全部生命过程。相较于人类和一些动物而言，一些植物的生命历程可以用“漫长”二字来形容，一些乔木的寿命可达几百年甚至几千年。由于这些默默地经历了历史风霜的大树见证了人类文明历史，所以更具有特殊的价值与意义。人们正日益意识到这些珍贵树木的价值和意义。在我国，已把这样的树木称为“古树名木”，并加以保护。

正是因为古树有着上述种种的特点，使得古树在旅游中有着特殊的价值。古树本身往往就是重要的旅游对象。古树生长了千百年，树形或挺拔，或扭曲，总会引起人们很多的联想。在古树身上总会有一些神话传说、名人故事，这无形中增添了景点的人文魅力。许多高大挺拔的古树更是具有改善环境的功能。千年古木华盖般的树冠给烈日下的游客带来大片的清凉，高大的树木无言的挺立也让人无形中感受到一种庄严与肃穆，所以高大的古树往往可以给寺庙带来佛门清静的氛围。

观赏古树名木，不在于满足耳目之娱，更多的是在于了解古树名木背后的故事、它所经历的历史，以及古树苍遒的姿态所反映出的生命的精神与态度。

在漫长的地质历史时期中，我们的地球一直是在不断变化的过程中演进的。冰川期是地球历史气候中十分重要的一环。当地球上处于冰川期的时候，全球的平均温度要比今天低，冰川在地球上大面积的分布，由此带来了诸如海平面变化、全球水循环改变乃至全球能量分配发生重大调整等各种事件。这些因素作用在一起，使得动植物的生活环境发生了巨大的变化。大量的动植物死亡，而余下的物种为了适应新环境，又开始了新一轮的演化。因此，到了今天，许多在久远年代以前在地球上十分繁盛的物种就只能在化石中去探寻它们的踪迹了。

但是，在某些地方，由于特殊地形的关系，地球上总的气候变换却对这些地方影响甚小，那些奇异而珍贵的物种也就顽强地保留了下来。这些被认为早已在地球上灭绝的物种的出现，对于科学研究而言有着重大的意义。这些从几亿年前保存下来的物种向我们透露着地球气候变迁的秘密，向我们展示着地球上几亿年前的生物界是怎样的一番景象。同时，这些物种对于人们研究生物的演化也有着重要的意义。

这些珍贵的“活化石”，在历经了漫长岁月的重重劫难后终于存活了下来。其本身既是自然界规律作用的结果，又是超出了一般自然规律的奇迹。也许有些树种今天已经遍地皆是了，但在其发现地的原始林却依然是科学研究的无价瑰宝。

花，色彩艳丽，形态优美，几乎没有人不为美丽的鲜花着迷。我国历史悠久，自古便有爱花的传统。最早的花卉栽培的记载见于《礼记》，3000 多年前开始培植的菊花品种已达 3000 多个。美丽的花又被文化赋予许多美好的意义，更激发了人们对于花卉的喜爱。如自古以来兰花就被看作是君子的象征，文人雅士也非常喜爱培植一两盆兰花来体现自己高洁的品质。其中一些著名的花卉更是成为中国传统文化精髓的符号，不仅给人以感观上的享受，更给人以一种精神上的陶冶。

国花表达人民的情感，寄托民族的理想，象征民族的特性，代表国家的荣誉，显示政治的进步。市花与国花类似，也反映了一个地区的文化历史乃至这个地区人民的精神面貌、风俗传统等。因此，无论是市花还是国花，都是一个地区或国家最好的名片，是一个城市的无形资源。当我们去一个城市旅游时，这个城市的居民往往会用自己的市花将自己的城市装扮起来；而当我们离开这个城市到了其他地方再看到这种植物时，脑中自然会浮现出市花所代表城市的种种美景以及自己在那里所度过的一段美好时光。

每种市花背后都必然有着一段精彩的故事，那一定是这个城市千百年来历史的积淀，是这个城市文化精神的体现。这些或优美或激昂或曲折的故事也会随着满街的花朵和飘逸的香气久久留在我们的记忆中，成为我们印象中这个城市的一部分。

## 知识问答

### 珍稀植物的价值何在?

珍稀植物之所以会闻名遐迩，自然首先是因为其稀有罕见，这自然就有了科考价值，普通游人也可以借此增长见识。而且越是稀有，越是罕见，就越有审美价值。这些植物因为“养在深闺人未识”而与常见的植物在形、色、香等方面有着差异，而差异就会产生审美。除了这些价值外，有些珍稀植物还有着精神文化方面的价值，因为珍稀植物往往为一地所独有，而这些植物就可以成为某地的形象代表，体现出这个地区的文化与精神。

### 古树名木的价值何在?

古树名木的价值一是在于它的古。古老的树木可以指示环境的变迁。我们都知道，由于在不同季节里树木的生长速度不同，因此树木在生长过程中会在树干中留下年轮。古树的年轮对于研究植物以及环境的学者而言就是十分珍贵的“天书”，通过它，学者们就可以了解在植物生长过程中外界环境是如何变化的。树龄越长，这种记录也就越完整。同时，一些原本不该出现在该地的古树依然存活下来，也提示我们，在许多年前，这里的气候条件也许与今天有着很大的差异。与名人有关的古树更在其古之上加上一层文化价值。许多名人种植的古树今天都已成为人们争相拜访、凭吊的对象。如安徽滁州琅玡山就有一株由欧阳修手植的梅树，今天已是根深叶茂、蔚然成荫，每年前去观瞻的游客不计其数。许多古迹都有名木，看到这些参天蔽日的大树，人们就仿佛想起了当年的历史事件，想起了那些叱咤风云的历史人物。如陕西黄陵的“世界柏树之父”——“轩辕柏”，它的下围有10多米，高达20米，树龄已有4000多年。看到它，我们自然就会想到我们中华民族的先祖们当年筚路蓝缕地开创了源远流长的华夏文明。在城市中的古树更是有着不可取代的文化价值。在飞速的城市化进程中，古树代表的是一个城市的历史以及对传统的尊重与继承。

二是古树的奇。古树生长了千年，历经了各种各样的环境变迁和各种各样的动物与人的干扰，却依然挺立。在这个生命过程中，古树要不断地调整自己，以适应环境的变化与干扰，这就使得古树有时会以十分奇特的姿态出现。很多古树便是以其奇特的姿态而出名。如北京天坛的“九龙柏”，树形如翻飞的蛟龙。再如黄山的龙爪松，其根暴露在地面之外，宛如虬结的龙爪。黄山的迎客松，枝叶伸展有如迎接远来的游人。

### 我国有哪些珍贵的植物“活化石”？

我国最为著名的植物“活化石”有以下几种：

**（1）水杉**

1943年，植物学家王战教授在四川万县磨刀溪路旁发现了三棵从未见到过的奇异树木，当时谁也不认识它，甚至不知道它应该属于哪一属，哪一科，一直到1946年，由我国著名植物分类学家胡先骕和树木学家郑万钧共同研究，才证实它就是亿万年前在地球大陆生存过的水杉，从此，植物分类学中就单独添进了一个水杉属、水杉种。

一亿多年前，当时地球的气候十分温暖，水杉已在北极地带生长，后来逐渐南移到欧、亚和北美洲。到第四纪时，地球发生大量冰川，各洲的水杉相继灭绝，而只在我国华中一小块地方幸存下来。1943年以前，科学家只是在中生代白垩纪的地层中发现过它的化石。自从在我国发现仍然生存的水杉以后，曾引起世界的震动！人们称水杉为植物界的“活化石”！目前已有50多个国家先后从我国引种栽培水杉，水杉几乎遍及全球。我国从辽宁到广东的广大范围内都有水杉的踪迹。

**（2）银杉**

银杉是我国特有的世界珍稀物种，和水杉、银杏一起被誉为植物界的“大熊猫”、“活化石”。

远在地质时期的新生代第三纪时，银杉曾广布于北半球的欧亚大陆，在德国、波兰、法国及前苏联曾发现过它的化石。但是，在距今200万~300万年前，地球发生大量冰川，几乎席卷整个欧洲和北美洲，但欧亚的大陆冰川势力并不大，有些地理环境独特的地区没有受到冰川的袭击而成为某些生物的避风港。银杉、水杉和银杏等珍稀植物就这样被保存了下来，成为历史的见证者。

银杉在我国首次发现的时候和水杉一样，也曾引起世界植物界的巨大轰动。那是1955年夏季，我国的植物学家钟济新带领一支调查队到广西桂林附近的龙胜花坪林区进行考察，发现了一株外形很像油杉的苗木，后来又采到了完整的树木标本，他将这批珍贵的标本寄给了陈焕镛教授和匡可任教授，经他们鉴定，认为就是地球上早已灭绝的、现在只保留着化石的珍稀植物银杉。20世纪50年代发现的银杉数量不多，且面积很小，自1979年以后，在湖南、四川和贵州等地又发现了十几处，共1000余株。

**（3）银杏**

银杏又称为白果，是与恐龙同时代的生物。原本有众多弟兄的银杏如今也只是单纲、单科、单属植物，现在的植物界已经没有它的任何近亲。这种古老而珍贵的树种集食用、材用、药用、绿化和观赏等多种用途于一体，素有“活化石”、“摇钱树”之称，其经济、社会和生态效益相当高。特别是银杏果叶中的有效化学成分具有特殊的医药保健作用，利用银杏果叶加工生产保健食品、药物和化妆品，正引起国内外研究、开发、生产单位的重视。

除了这些之外，我国还发现了诸如金钱松等古老的植物

"活化石"。

## 我国的"十大名花"是哪些?

在中国历史上，有"十大名花"。

**(1) 花中之王——牡丹**

牡丹又名富贵花，因河南洛阳盛产，又名洛阳花，也有称之为木芍药的。陕西秦岭一带尚有野生种。我国栽培牡丹的历史悠久，唐代的长安、宋代的洛阳、明代的亳州均以牡丹负盛名。目前以山东菏泽牡丹最盛。牡丹的品种虽多，但"绿牡丹"更为人们所赏识。

**(2) 凌波仙子——水仙**

水仙别名雅蒜、天葱，产于我国浙江、福建两省。福建漳州的水仙闻名中外，每年都为国家出口创汇。北方人养水仙，在水仙开过花后连茎带叶一齐扔掉，因为已经开花的那个大球茎，来年就不再开花了。水仙原产欧洲，据记载唐代自意大利传入中国。水仙作为名贵花卉栽培，至今已有1200年历史。无论在宫廷或民间都有栽培玩赏水仙的习惯，水仙作为园艺花卉有较广的影响。

**(3) 花中珍品——山茶花**

山茶花又叫耐冬或陀蔓树。山茶花为我国原产著名花卉，是常绿灌木或小乔木。栽培历史悠久，盛栽于江浙地区，品种繁多。大多在2~4月间开花，花期1个月左右。有名的云南山茶品种繁多，姿色各异，有花盛开时宛如雄狮的"狮子头"，有植株突出矮小的"恨天高"。在昆明的一个风景点的院子里，至今还保留了"一株千花"的古山茶。

**(4) 天下第一香——兰花**

兰花被尊为"花中君子"，成为超凡脱俗、高雅纯洁品格的象征。兰有四清：气清、色清、神清、韵清。兰花自古以来，就以其简单朴素的形态、高雅俊秀的风姿、文静的气质、刚柔兼备的秉性和"在幽林亦自香"的美德而赢得了人们的敬重。兰花具淡雅之香，人称"国香"。

**(5) 花中皇后——月季**

月季别名长春花、月月红、四季花，属蔷薇科植物。月季花月月盛开，花容秀美，色彩鲜艳，被誉为“花中皇后”。月季花在中国已有千年以上的历史，在我国有着很高的声望和巨大的造园价值。

**（6）花中西施——杜鹃**

杜鹃花又名映山红，泛指各种红色的杜鹃花。其实杜鹃花不是只有红色的。杜鹃花自然分布于北半球温带及亚热带，中国是杜鹃花的原生地。杜鹃花的花期依所处气候带和种类而不同，其体态风姿也是多种多样。我国分布很广，南方多有野生，品种及类型很多。至今贵州省境内还保留着高山杜鹃的原始林，树身高大，颇为壮观。人们栽培观赏的多为灌木状的杜鹃。杜鹃花的习性与山茶花略同。

**（7）九里飘香——桂花**

桂花又名木樨，是木樨科的常绿木本观花植物。原产我国的西南及南部各省。桂林素以桂花著称，很多街道以此作行道树，花开时节，大街小巷香气袭人。桂花树形美观，终年翠绿，花小而芳香，其古朴典雅、清丽飘逸的风格深受人们的喜爱。自古以来，桂花被当做吉祥、友谊的象征互相馈赠。

**（8）雪中高士——梅花**

蔷薇科，原产我国西南及台湾省，性喜阳光，又较耐寒，南方的二三月露地栽种的梅花就盛开了。花可入药。经过长期的栽培，至今已有300个以上的品种，成为著名的中国传统园林花卉。在我国梅花有着美好的寓意，它迎风傲雪，向来是高贵人格的象征。与松、竹并称“岁寒三友”。

**（9）花中隐士——菊花**

菊花又名秋菊或菊华，是原产我国的多年生宿根草本花卉，栽培历史悠久，品种及类型繁多。从古至今，人们养菊从不间断，今天菊花仍广泛地为人们所喜爱。菊花有着傲霜的性格，常常成为诗人写诗、画家作画的题材。

**（10）花中君子——荷花**

荷花出淤泥而不染，迎骄阳而不惧，姿色清丽而不妖，成为中国园林水景的重要花卉。中国栽培荷花历史悠久，当今已形成162个以上的荷花品种。

## 景区景点链接

### 贵州梵净山

我国由于面积广阔，地形复杂，成了许多劫后余生的植物“活化石”的繁衍地。尤其在西南四川盆地、云贵高原、横断山区等地，由于地形以及大气环流的影响，一直比较温暖多雨，适于植物的生存，因此保存了许多珍贵的物种。如我国被列入联合国人与自然保护圈的贵州梵净山，在地质构造上属武陵古陆，以后经过隆起与断裂，山体明显高于周围地区，成为一个断块山地。这里有1 800多种植物、800多种动物，既是生物多样性的基地，又是典型的垂直植物带谱。贵州梵净山列入国家重点保护的珍稀植物有25种，还有一些中国和贵州特有的植物。珙桐是劫后余生的古老树种，因为是中国特有，被称为“中国鸽子树”。这种树开出一种特别漂亮的花，在微风吹拂下，像是一群展翅欲飞的洁白鸽子，因而得其美名。紫薇花在梵净山长成30余米高的巨树，为贵州特有，科学界把它命名为“贵州紫薇”，它也是贵州的“省树”。

### 神州古树

古树名木由于景观体量较小，一般难以形成景区的核心景观，但古树名木所附带的悠久的历史文化气息却可以为景观增添不少魅力，因此各景区中的古树名木也往往成为游人寻幽访胜、观光流连的佳处了。下面就介绍几株名闻天下的古树：

轩辕柏　在陕西黄陵县城北桥山黄帝庙内。树高19米，下围周长10米，为庙内群柏之冠。轩辕柏相传为黄帝公孙轩辕氏手植，历来被尊为神州古树之首。

凤凰松　在安徽九华山闵园中，传为神僧怀渡手植，至今已1400余年。松针茂密，苍翠欲滴，主干略呈扇关，形似凤凰展翅，被人誉为“天下第一松”。

迎客松　在安徽黄山玉屏楼东文殊洞顶。松破石而长，枝干苍劲，形态优美，寿逾千年。一枝长丫低垂文殊洞口，恰似好客的主人舒畅手迎接四面八方的游客。

银杏王　在山东莒县城西浮来山定林寺内。树高25.4米，干径15.7米，冠似华盖，荫遮数亩，形似山丘，气势磅礴。此树已有3300余年的历史，被联合国教科文组织列为世界名树。

二将军柏　在河南登封县城北嵩阳书院内。树干高大雄伟，枝叶茂盛，周长近15米。相传于汉武帝游嵩阳书院时被封为二将军，迄今已有2000余年的历史。

阿里山神木　在台湾嘉义县东阿里山中，是一株树龄高达3000余年的老红桧，俗称“周公桧”。原树有如人形，高约53米。可惜的是近年遭到雷击，已被劈断。

## 主要参考书目

王柯平主编．旅游美学．北京：旅游教育出版社，2006

苏文才，孙文昌主编．旅游资源学．北京：高等教育出版社，1998

陈福义，范保宁主编．中国旅游资源学．北京：中国旅游出版社，2003

丛书策划：丁海秀
责任编辑：陈　志　李荣强

**图书在版编目(CIP)数据**

自然景观鉴赏/张兆干，赵宁曦主编. —北京：旅游教育出版社，2007.4
(导游知识丛书)
ISBN 978-7-5637-1502-2

Ⅰ. 自…　Ⅱ. ①张…②赵…　Ⅲ. 自然地理－基本知识　Ⅳ. P9

中国版本图书馆 CIP 数据核字(2007)第 047611 号

导游知识丛书
**自然景观鉴赏**
张兆干　赵宁曦　主编

| | |
|---|---|
| **出版单位** | 旅游教育出版社 |
| **地　　址** | 北京市朝阳区定福庄南里 1 号 |
| **邮　　编** | 100024 |
| **发行电话** | (010)65778403 65728372 65767462(传真) |
| **E－mail** | tepfx@163.com |
| **排版单位** | 首都经济贸易大学出版社激光照排部 |
| **印刷单位** | 中国科学院印刷厂 |
| **装订单位** | 河北省三河市金星装订厂 |
| **经销单位** | 新华书店 |
| **开　　本** | 850×1168　1/32 |
| **印　　张** | 10.375 |
| **字　　数** | 245 千字 |
| **版　　次** | 2007 年 7 月第 1 版 |
| **印　　次** | 2007 年 7 月第 1 次印刷 |
| **印　　数** | 1—5000 册 |
| **定　　价** | 18.00 元 |

(图书如有装订差错请与发行部联系)